MBA
MPA
MPAcc
MEM

全 国 硕 士 研 究 生 招 生 考 试

2024

管理类综合能力
数学攻略

樊笑笑◎编著

吉林科学技术出版社

图书在版编目(CIP)数据

管理类综合能力:数学攻略 / 樊笑笑编著. -- 长春：吉林科学技术出版社，2022.1(2022.12 重印)

ISBN 978-7-5578-9178-7

Ⅰ. ①管… Ⅱ. ①樊… Ⅲ. ①高等数学–研究生–入学考试–自学参考资料 Ⅳ. ①O13

中国版本图书馆 CIP 数据核字(2022)第 004854 号

管理类综合能力　数学攻略

GUANLILEI ZONGHE NENGLI　SHUXUE GONGLÜE

编　　著	樊笑笑	
出 版 人	宛　霞	
特约编辑	孙佳林	
责任编辑	李玉铃	
幅面尺寸	185 mm×260 mm	
开　　本	16 开	
字　　数	380 千字	
印　　张	14	
印　　数	5 001-8 000 册	
版　　次	2022 年 3 月第 1 版	
印　　次	2022 年 12 月第 2 次印刷	

出　　版　吉林科学技术出版社
发　　行　吉林科学技术出版社
地　　址　长春市南关区福祉大路 5788 号龙腾国际大厦 A 座
邮　　编　130000
发行部电话/传真　0431-81629529　81629530　81629531
　　　　　　　　　81629532　81629533　81629534
储运部电话　0431-86059116
编辑部电话　0431-81629516
网　　址　http.//www.jlstp.cn
印　　刷　大厂回族自治县彩虹印刷有限公司

书　　号　ISBN 978-7-5578-9178-7
定　　价　68.00 元

使用指南

《管理类综合能力 数学攻略》

管理类综合能力考试数学部分占75分，分为"问题求解"与"条件充分性判断"两种题型，主要考察学生的运算能力、逻辑推理能力、空间想象能力和数据分析能力，通过问题求解和条件充分性判断两种题型来进行测试。

大纲要求考生具有运用数学基础知识、基本方法分析、解决问题的能力。本书紧扣考试大纲编写。对考试大纲涵盖的知识点进行了全面覆盖和分类归纳。

本书可作为备考管理类综合能力数学部分基础及强化阶段用书，考生通过阅读本书，能系统、完整地掌握"综合能力"考试数学部分的应试要求。

数学部分共25道题，一般来说要在1小时内完成（否则会影响到其他科目的做题时间），平均每道试题的解题时间不超过2分24秒。考生在阅读完题目后，必须在很短的时间内就做出选择。考生在备考初期，凭借已有的数学知识和经验，似乎能做对不少题目，但是随着备考的深入，会发现解题速度慢、解题步骤繁琐、解题准确率不高。

因为管理类综合能力考试题量大、时间紧，因此必须训练考生仅做适度的计算，这才能"应试"，而不是陷入"解题"——综合能力考试毕竟是三个科目放在三个小时中同时考查，仅仅做好一科，其他两科时间不充裕或者精力不充沛，都是无法顺利通过考试的。

由于考试中相同题型、类似的解题方法不断复现，编者总结出了数学解题三步骤：

1. 从问题或结论处找题眼；

2. 在问题或结论附近判断题型特征；

3. 根据题型特征获得解题方法。

通过对知识点和命题规律的总结，可以帮助考生在考场上快速识别"题眼""题型特征"，从而达到又快又准确解题的目标。

从往年的辅导实践来看，考生充分掌握特定方法之后，就可以减少计算量，定性判断答案。这种辅导思想可以帮助考生，花费相对较少的备考时间，获得更好的备考效果，从而实现高效率备考。

既然基础相对薄弱的在职考生可以通过这种辅导思想获得较好的复习效果，那么对于基础相对较好、复习时间相对更充裕的应届考研学生来说，这种辅导思想将会帮你更上一层楼。

希望本书能够让考生"见一叶而知深秋，观滴水可知沧海"，提高备考效率、提升备考质量。

阅读本书过程中如果有疑问，可以通过新浪微博"笑过研考"、微信公众号"樊笑笑不止考研"与编者交流。

作者：樊笑笑

微信公众号：樊笑笑不止考研

微博＠笑过研考

2022 年 12 月

目录
CONTENTS

第 一 章

化简求值

本章思维导图

第一节　本章初识

一、算术基本知识

1. 整数相关概念、定理

(1) 以 0 为界限,可将整数分为三大类:正整数、0、负整数.其中 0 既不是正整数也不是负整数,而是介于正整数和负整数之间的数.0 和正整数统称为自然数.

(2) 整数中,能够被 2 整除的数,叫作偶数;不能被 2 整除的数叫作奇数.当 n 是整数时,偶数可表示为 $2n$,奇数可表示为 $2n+1$(或 $2n-1$),两个相邻的整数必是一奇一偶,0 也是偶数.

(3) 正整数可分为三类:1、质数(素数)、合数.质数即只有 1 和它本身两个约数的数,最小的质数为 2,其余质数均为奇数;合数即在大于 1 的整数中除了能被 1 和它本身整除外,还能被其他数(0 除外)整除的数,最小的合数为 4.1 既不是质数也不是合数.

(4) 质数的性质:

① 若 p 是质数,则 p 的约数只有两个:1 和 p.

② 质数的个数有无限个.

③ 若 n 为正整数,则在 n^2 到 $(n+1)^2$ 之间至少有一个质数.

④ 所有大于 10 的质数中,个位数只有 1,3,7,9.

(5) 合数的性质:

① 所有大于 2 的偶数都是合数.

② 所有大于 5 的奇数中,个位为 5 的都是合数.

③ 除 0 外,所有个位为 0 的自然数都是合数.

④ 最小的偶合数是 4,最小的奇合数为 9.

⑤ 每一个合数都可以以唯一形式写成质数的乘积,即分解质因数.

(6) 整数的质因数分解:

任何一个大于1的整数都能分解成若干个质数的乘积,即若 a 为大于1的整数,则有 $a = p_1 \times p_2 \times p_3 \times \cdots \times p_n$.

其中 $p_1, p_2, p_3, \cdots, p_n$ 是质数,且要求 $p_1 \leqslant p_2 \leqslant p_3 \leqslant \cdots \leqslant p_n$,则这样的分解式唯一. 例如:$100 = 2 \times 2 \times 5 \times 5$.

2. 整除相关概念、定理

(1) 两个整数的和、差、积仍然是整数,但用一个不等于0的整数去除另一个整数所得的商不一定是整数,因此,设 m, n 是任意两个整数,其中 $n \neq 0$,如果存在一个整数 q,使得 $m = nq$ 成立,则称 n 整除 m 或 m 能被 n 整除,记为 $n \mid m$,此时 n 为 m 的因数,m 为 n 的倍数.

(2) 整除的性质:

① 传递性:若 $c \mid b, b \mid a$,则 $c \mid a$.

② 若 $c \mid b, c \mid a$,则对于任意整数 m, n,有 $c \mid (ma + nb)$.

(3) 整除的特征:

① 若一个数的末位是单偶数,则这个数能被 2 整除.

② 若一个数的所有数位上的数字之和能被 3 整除,则这个数能被 3 整除.

③ 若一个数的末尾两位数能被 4 整除,则这个数能被 4 整除.

④ 若一个数的末位是 0 或 5,则这个数能被 5 整除.

⑤ 若一个数能被 2 和 3 整除,则这个数能被 6 整除.

⑥ 若一个数的末尾三位数能被 8 整除,则这个数能被 8 整除.

⑦ 若一个数的所有数位上的数字之和能被 9 整除,则这个数能被 9 整除.

⑧ 若一个数的末位是 0,则这个数能被 10 整除.

3. 带余除法相关概念、定理

(1) 设 a, b 是两个整数,其中 $b > 0$,则存在整数 q, r,使得
$$a = bq + r, 0 \leqslant r < b$$
成立,而且 q, r 都是唯一的,q 称为 a 被 b 除所得的不完全商,r 称为 a 被 b 除所得的余数,例如:2 除 13,不完全商为 6,余数为 1,因为 $13 = 2 \times 6 + 1$.

(2) 用带余除法根据余数可将整数集合分类,设 a, b 是两个整数,若 $b = 2$,则余数 $0 \leqslant r < b$,即余数为 0 和 1,则整数可分为 $2q$ 和 $2q + 1$. 若 $b = 3$,则整数可分为 $3q, 3q + 1$ 和 $3q + 2$ 三大类.

4. 约数与倍数相关概念、定理

(1) 公约数:如果一个整数 c 既是整数 a 的约数,又是整数 b 的约数,那么 c 叫作 a 与 b 的公约数.

(2) 最大公约数:两个数的公约数中最大的一个,叫作这两个数的最大公约数,记为 (a, b),若 $(a, b) = 1$,则称 a 与 b 互质.

例如:若 $a = 12, b = 30$,则 1,2,3,6 都是 a, b 的公约数,其中最大的是 6,故 6 是 a, b 的最大公约数.

(3) 公倍数:如果一个整数 c 能被整数 a 整除,又能被整数 b 整除,则称 c 为 a 与 b 的公倍数.

(4) 最小公倍数:a 与 b 的公倍数中最小的一个,叫作它们的最小公倍数,记为 $[a,b]$.

例如:若 $a=12,b=30$,则 $60,120,180$ 等都是 a,b 的公倍数,其中最小的是 60,故 60 是 $12,30$ 的最小公倍数.

(5) 两个整数的乘积等于它们的最大公约数和最小公倍数的乘积,即 $ab=(a,b)\times[a,b]$.

(6) 最大公约数和最小公倍数的求法:短除法

例如:求 72 与 84 的最大公约数与最小公倍数,则

$$
\begin{array}{r|rr}
2 & 72 & 84 \\
2 & 36 & 42 \\
3 & 18 & 21 \\
\hline
 & 6 & 7
\end{array}
$$

故有:

$72=2\times2\times3\times6,$

$84=2\times2\times3\times7,$

$(a,b)=2\times2\times3,$

$[a,b]=2\times2\times3\times6\times7.$

(7) $[a,b]=\dfrac{ab}{(a,b)}$,当最大公约数 $(a,b)=1$ 时,最小公倍数 $[a,b]=ab$.

5. 实数相关概念、定理

(1) 实数的分类:

$$
\text{实数}\begin{cases}\text{有理数}\begin{cases}\text{整数(正整数、0、负整数)}\\\text{分数(正分数、负分数)}\end{cases}\\\text{无理数(无限不循环小数)}\begin{cases}\text{正无理数}\\\text{负无理数}\end{cases}\end{cases}
$$

(2) 若 a 是任意实数,则 $a^2\geqslant0$ 成立(任意实数平方非负).

(3) 实数的运算:

① 有理数之间的加、减、乘、除运算结果必为有理数.

② 有理数和无理数的乘积为 0 或无理数.

③ 有理数与无理数的加、减必为无理数.

④ 任何一个有理数都可以写成分数 $\dfrac{m}{n}$ 的形式(m,n 均为整数,且 $n\neq0$).

⑤ 实数的整数与小数部分:整数部分指一个数减去一个整数后,若所得的差大于等于 0 且小于 1,那么此减数是整数部分,差是小数部分.例如:$\sqrt{3}$ 的整数部分是 1,小数部分是 $\sqrt{3}-1$.

⑥ 乘方运算:当实数 $a\neq0$ 时,$a^0=1,a^{-n}=\dfrac{1}{a^n},a^ma^n=a^{m+n},(a^m)^n=a^{mn},\dfrac{a^m}{a^n}=a^{m-n}$.

负实数的奇数次幂为负数,负实数的偶数次幂为正数.

⑦ 开方运算:在实数范围内,负实数无偶次方根;0 的偶次方根是 0;正实数的偶次方根有两个,二者互为相反数,正的称为算术根.

在运算有意义的前提下,$a^{\frac{n}{m}} = \sqrt[m]{a^n}$.

乘积的方根:$\sqrt[n]{ab} = \sqrt[n]{a} \times \sqrt[n]{b} \, (a \geqslant 0, b \geqslant 0)$.

分式的方根:$\sqrt[n]{\dfrac{a}{b}} = \dfrac{\sqrt[n]{a}}{\sqrt[n]{b}} \, (a \geqslant 0, b > 0)$.

(4) 小数:小数是实数的一种特殊的表现形式.所有分数都可以表示成小数,小数中的圆点叫作小数点,它是一个小数的整数部分和小数部分的分界号.其中整数部分是零的小数叫作纯小数,整数部分不是零的小数叫作带小数.

(5) 分数:表示一个数是另一个数的几分之几,或一个事件与所有事件的比例.把单位"1"平均分成若干份,表示这样的一份或几份的数叫分数.分子在上,分母在下.

根式的方根:$(\sqrt[n]{a})^m = \sqrt[n]{a^m} \, (a \geqslant 0)$.

根式的化简:$\sqrt[np]{a^{mp}} = \sqrt[n]{a^m} \, (a \geqslant 0)$.

分母有理化:$\dfrac{1}{\sqrt{a}} = \dfrac{\sqrt{a}}{a} \, (a > 0)$.

6. 比与比例相关概念、定理

(1) a, b 是两个数或两个同类的量,为了把 b 和 a 相比较,将 a 与 b 相除,叫作 a 与 b 的比,记作 $a : b$ 或 $\dfrac{a}{b}$,其中 $b \neq 0$. a 称为比的前项,b 称为比的后项,若 a 除以 b 的商为 k,则称 k 为 $a : b$ 的比值.

(2) 比的基本性质:比的前项和后项同时乘或除以相同的数(0 除外),比值不变.

$$a : b = k \Leftrightarrow a = bk \; ; \; a : b = ma : mb \, (m \neq 0)$$

(3) 比例:如果 $a : b = c : d$,说明 a, b, c, d 成比例,也可写成 $\dfrac{a}{b} = \dfrac{c}{d}$,其中 a, d 为比例外项,b, c 为比例内项.

如果两个比例内项相同,即 $a : b = b : c$,那么 b 叫作 a 和 c 的比例中项.当 a, b, c 均为正数时,b 是 a 和 c 的几何平均值.

(4) 百分比:把两个数的比值写成 $\dfrac{n}{100}$ 的形式,称为百分数,也叫作百分比或百分率,记作 $n\%$.

应用:及格率 $= \dfrac{\text{及格人数}}{\text{总人数}} \times 100\%$ 合格率 $= \dfrac{\text{合格数}}{\text{总数}} \times 100\%$

增长率 $= \dfrac{\text{增长量}}{\text{增前量}} \times 100\%$ 利润率 $= \dfrac{\text{利润}}{\text{成本}} \times 100\%$

（5）比例的性质：

① 等式定理：$a:b=c:d \Rightarrow ad=bc$（将比例问题转化为等式问题）.

② 更比定理：$\dfrac{a}{b}=\dfrac{c}{d} \Leftrightarrow \dfrac{a}{c}=\dfrac{b}{d}$.

③ 反比定理：$\dfrac{a}{b}=\dfrac{c}{d} \Leftrightarrow \dfrac{b}{a}=\dfrac{d}{c}$.

④ 合比定理：$\dfrac{a}{b}=\dfrac{c}{d} \Leftrightarrow \dfrac{a+b}{b}=\dfrac{c+d}{d}$.

⑤ 分比定理：$\dfrac{a}{b}=\dfrac{c}{d} \Leftrightarrow \dfrac{a-b}{b}=\dfrac{c-d}{d}$.

⑥ 合分比定理：$\dfrac{a}{b}=\dfrac{c}{d} \Leftrightarrow \dfrac{a+b}{a-b}=\dfrac{c+d}{c-d}$.

⑦ 等比定理：$\dfrac{a}{b}=\dfrac{c}{d}=\dfrac{e}{f}=\dfrac{a+c+e}{b+d+f}$.

以上公式的任一分母均不为 0.

7. 绝对值相关概念、定理

（1）绝对值的几何意义：

① 一般地，数轴上表示数 x 的点与原点的距离叫作数 x 的绝对值，记作 $|x|$.

② 数轴上两个实数 x，x_1 之间的距离为 $|x-x_1|$.

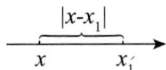

（2）定义：一个数在数轴上对应的点到原点的距离叫作这个数的绝对值，即实数 a 的绝对值定义为 $|a|=\begin{cases} a, & a \geqslant 0, \\ -a, & a<0, \end{cases}$ 零点分段去绝对值，再有：$\dfrac{|a|}{a}=\dfrac{a}{|a|}=\begin{cases} 1, & a>0, \\ -1, & a<0, \end{cases}$ 即 $\dfrac{|a|}{a}$，$\dfrac{a}{|a|}$ 有且只有两个值 1 或 -1.

（3）性质：

① 非负性：$|a| \geqslant 0$，任何实数 a 的绝对值非负.

② 对称性：$|-a|=|a|$，互为相反数的两个数的绝对值相等.

③ 平方性：$|a|^2=a^2$.

④ 根式性：$\sqrt{a^2}=|a|$.

⑤ 当 $b>0$ 时，$|a|<b \Leftrightarrow -b<a<b$；$|a|>b \Leftrightarrow a<-b$ 或 $a>b$.

⑥ $-|a| \leqslant a \leqslant |a|$，任何一个实数都在其绝对值和绝对值的相反数之间.

⑦ 运算性质：$|a \times b|=|a| \times |b|$，$\left|\dfrac{a}{b}\right|=\dfrac{|a|}{|b|}(b \neq 0)$.

二、整式与分式剖析

1. 整式概念、定理

(1) 单项式:有限个字母与数字的乘积叫作单项式,形如 $a(b+c)$,最后运算为乘除.

(2) 多项式:有限个单项式的和叫作多项式,形如 $ab+ac$,最后运算为加减.

(3) 同类项:若单项式所含字母相同,并且相同字母出现的次数也相同,称为同类项.

(4) 条件等式化简:

① 若 $ab=0$,则 $a=0$ 或 $b=0$(实质是因式分解).

② 若 a,b 是实数,且 $a^2+b^2=0$,则 $a=0$ 且 $b=0$(实质是配方).

其中 a,b 均可表示代数式,且不一定只有 a,b 两项;条件等式化简,等式一边要为 0.

2. 一元 n 次多项式

(1) 定义:设 n 是一个非负整数,多项式 $a_nx^n+a_{n-1}x^{n-1}+a_{n-2}x^{n-2}+\cdots+a_1x+a_0$,其中 a_0, $a_1,\cdots,a_n$ 都是实数,则称为实系数多项式,若 $a_n\neq0$,则称为一元 n 次实系数多项式,简称 n 次多项式.

(2) 常用 $f(x),g(x),\cdots$ 代表多项式.

(3) 多项式 $f(x)=a_nx^n+a_{n-1}x^{n-1}+a_{n-2}x^{n-2}+\cdots+a_1x+a_0,g(x)=b_mx^m+b_{m-1}x^{m-1}+b_{m-2}x^{m-2}+\cdots+b_1x+b_0$ 的和、差、积仍然是一个多项式,但两个多项式的商不一定是一个多项式,因此整除是两个多项式之间的一种特殊关系.

(4) 若代数式 ax^2+bx+c 是完全平方式,则有:

①$b^2-4ac=0$.

②ax^2+bx+c 可表示为 $(dx+e)^2$,即有 $ax^2+bx+c=(dx+e)^2=d^2x^2+2dex+e^2$.

根据多项式对应相等有:$\begin{cases} a=d^2, \\ b=2de, \\ c=e^2. \end{cases}$

(5) 两个多项式对应相等,则

① 其对应次数项的系数相等.

② 两个多项式任意取值,多项式值也相等.

3. 整式的因式定理与余式定理

(1) 多项式整除:对任意两个多项式 $f(x)=a_nx^n+a_{n-1}x^{n-1}+a_{n-2}x^{n-2}+\cdots+a_1x+a_0$,$g(x)=b_mx^m+b_{m-1}x^{m-1}+b_{m-2}x^{m-2}+\cdots+b_1x+b_0$,若存在多项式 $h(x)=c_kx^k+c_{k-1}x^{k-1}+c_{k-2}x^{k-2}+\cdots+c_1x+c_0$,使得等式 $f(x)=g(x)h(x)$ 成立,则称 $g(x)$ 整除 $f(x)$,记为 $g(x)\,|\,f(x)$,其中 $g(x)$ 是 $f(x)$ 的因式,$f(x)$ 是 $g(x)$ 的倍式.

(2) 带余除法:对任意两个实系数多项式 $f(x),g(x)[g(x)$ 不是零多项式],一定存在多项式

$q(x),r(x)$，使得 $f(x)=g(x)q(x)+r(x)$ 成立，$r(x)$ 为零多项式或 $r(x)$ 为次数小于 $g(x)$ 的次数的多项式，且 $q(x)$ 和 $r(x)$ 都是唯一的，$q(x)$ 称为 $g(x)$ 除 $f(x)$ 所得的商式，$r(x)$ 称为 $g(x)$ 除 $f(x)$ 所得的余式.

(3) 因式定理：$f(x)$ 中如果有 $ax-b$ 的因式，则 $f(x)$ 能被 $ax-b$ 整除，即 $f\left(\dfrac{b}{a}\right)=0$.

(4) 余式定理：$f(x)$ 除以 $ax-b$ 的余式为 $f\left(\dfrac{b}{a}\right)$.

4. 分式概念、定理

(1) 定义：用 A,B 表示两个整式，若 B 中含有字母，则称 $\dfrac{A}{B}$ 为分式，其中 A 为分子，B 为分母，分母不为 0，即分式有意义. 分子为 0，即分式等于 0.

(2) 最简分式（既约分式）：分子和分母没有正次数的公因式的分式叫作最简分式或既约分式.

(3) 运算：

① 加减运算要通分.

② 乘除运算要提取公因式约分化简.

③ 分母若能进行因式分解，将分母拆分.

④ 分母必不为零.

⑤ 无解题思路时考虑将括号打开，头尾相连.

(4) 特殊分式：

① $x+\dfrac{1}{x}$ 型分式：交叉项乘积为 1.

② 齐次分式：可用赋值法.

━━▪ 第二节　见微知著 ▪━━

一、考点精析：奇偶性

正向思考：

奇数 ± 奇数 ＝ 偶数　　奇数 × 奇数 ＝ 奇数

奇数 ± 偶数 ＝ 奇数　　奇数 × 偶数 ＝ 偶数

偶数 ± 偶数 ＝ 偶数　　偶数 × 偶数 ＝ 偶数

逆向思考：

若两个整数之和为奇数，则这两个整数必定一奇一偶.

若两个整数之积为奇数，则这两个整数必定都是奇数.

例 1:已知 m,n 是正整数,则 m 是偶数.

(1)$3m+2n$ 是偶数.

(2)$3m^2+2n^2$ 是偶数.

答案:D 解析:条件(1)中 m,n 是正整数,$3m+2n$ 是偶数,其中 $2n$ 必为偶数,所以 $3m$ 是偶数,3 是奇数,则 m 是偶数,条件(1)充分;

条件(2)中 m,n 是正整数,$3m^2+2n^2$ 是偶数,其中 $2n^2$ 是偶数,所以 $3m^2$ 是偶数,3 是奇数,则 m 是偶数,条件(2)充分,选 D.

例 2:m^2n^2-1 能被 2 整除.

(1)m 是奇数.

(2)n 是奇数.

答案:C 解析:条件(1)与条件(2)单独显然都不充分,考虑联合起来,$m^2n^2-1=(mn)^2-1$,当 m 和 n 均为奇数时,mn 为奇数,所以 m^2n^2-1 为偶数,能被 2 整除,联合充分,选 C.

例 3:设 a 为正奇数,则 a^2-1 是(   )的倍数.

A. 5　　　　　　B. 6　　　　　　C. 7　　　　　　D. 8　　　　　　E. 9

答案:D 方法一解析:

设 $a=2n+1$(n 是非负整数),则 $a^2-1=(2n+1)^2-1=4n^2+4n=4n(n+1)$.

因为 n 是非负整数,所以 n 与 $n+1$ 之中至少有一个是偶数,即 2 的倍数,故 $4n(n+1)$ 是 8 的倍数,选 D.

方法二解析:

特殊值法:令 $a=3$,则 $a^2-1=8$,选 D.

二、考点精析:质数与合数

小整数穷举,大整数质因数分解

解题方法:

1. 关注特殊质数:2(质数中唯一的偶数).

2. 分解质因数法.

3. 穷举法,根据整除的特征、奇偶性缩小穷举范围.20 以内的质数:2,3,5,7,11,13,17,19.

例 1:设 a,b,c 是小于 12 的三个不同的质数(素数)且 $|a-b|+|b-c|+|c-a|=8$,则 $a+b+c=$(   ).

A. 10　　　　　B. 12　　　　　C. 14　　　　　D. 15　　　　　E. 19

答案:D 解析:令 $a>b>c$,$|a-b|+|b-c|+|c-a|=a-b+b-c+a-c=2\times(a-c)=8$,得 $a-c=4$,12 以内的质数有 2,3,5,7,11,所以 $a=7,b=5,c=3$,所以 $a+b+c=15$,选 D.

总裁有话说:绝对值与质数的综合题、较小质数问题,用穷举法.

例 2:设 m,n 是小于 20 的质数,满足条件 $|m-n|=2$ 的 $\{m,n\}$ 共有(   )组.

A. 2　　　　　　B. 3　　　　　　C. 4　　　　　　D. 5　　　　　　E. 6

答案:C　**解析**:穷举得到{3,5},{5,7},{11,13},{17,19},共 4 组,选 C.

总裁有话说:1 既非质数也非合数.

例 3:已知三个质数的倒数和为 $\dfrac{1661}{1986}$,则这三个质数的和为(　　).

A. 334　　　　　　　　　B. 335　　　　　　　　　C. 336

D. 338　　　　　　　　　E. 不存在满足条件的三个质数

答案:C　**解析**:因为是三个质数,所以 1986 一定为这三个质数的乘积,则对 1986 进行质因数分解有:$1986=2\times3\times331$,可知 $\dfrac{1}{2}+\dfrac{1}{3}+\dfrac{1}{331}=\dfrac{993}{1986}+\dfrac{662}{1986}+\dfrac{6}{1986}=\dfrac{1661}{1986}$,满足条件,因此三个质数分别为 2,3,331,则其和为 $2+3+331=336$,选 C.

例 4:已知 p,q 都是质数(素数),且 $3p+7q=41$,则 $p+1,q-1,pq+1$ 的算数平均值是(　　).
A. 6　　　　B. 14　　　　C. 18　　　　D. 24　　　　E. 32

答案:A　**解析**:题目中 p,q 前面系数都是奇数,和也是奇数,所以 p,q 中必然有一个偶质数 2,进一步分析可得 $p=2,q=5,\dfrac{3+4+11}{3}=6$.选 A.

三、考点精析:约数与倍数

1. 若已知两个数的最大公约数为 k,设这两个数分别为 ak,bk,则最小公倍数为 abk,这两个数的乘积为 abk^2.

2. 两个正整数的乘积等于这两个数的最大公约数与最小公倍数的积,即:$ab=(a,b)[a,b]$.

例 1:$a+b+c+d+e$ 的最大值是 133.
(1)a,b,c,d,e 是大于 1 的自然数,且 $abcde=2700$.
(2)a,b,c,d,e 是大于 1 的自然数,且 $abcde=2000$.

答案:B　**解析**:条件(1) 有 $2700=2\times2\times3\times3\times3\times5\times5$,所以 $a+b+c+d+e$ 的最大值为 $2+2+3+3+3\times5\times5=85$;

条件(2) 有 $2000=2\times2\times2\times2\times5\times5\times5$,所以 $a+b+c+d+e$ 的最大值为 $2+2+2+2+5\times5\times5=133$,选 B.

总裁有话说:本题已知乘积,乘积为大整数,对大整数进行质因数分解,因数之间数值差别越大则和越大(平均值定理).

平均值定理:当 $a,b>0$ 时,$a+b\geqslant2\sqrt{ab}$,当且仅当 $a=b$ 时等号成立(积为常数时和有最小值),即当 a,b 越接近时和越小,a,b 差别越大时和越大,可以从 2 个变量的平均值定理推广到 5 个变量的平均值问题,此题要求 $a+b+c+d+e$ 的最大值,则在积为定值的情况下,a,b,c,d,e 分的越开和就越大,利用质因数分解将乘积 $abcde$ 分解.

若求 $a+b+c+d+e$ 的最小值,则通过质因数分解得到的 a,b,c,d,e 越接近和越小,则条件(1)$abcde=2700=6\times6\times3\times5\times5$,和的最小值为 25;条件(2)$abcde=2000=4\times4\times5\times5\times5$,和的最小值为 23.

例2：若几个质数（素数）的乘积为770，则它们的和为（　　）.

A．85　　　　　　B．84　　　　　　C．28　　　　　　D．26　　　　　　E．25

答案：E　解析：$770 = 7 \times 110 = 7 \times 2 \times 55 = 7 \times 2 \times 5 \times 11$，所以 $7 + 2 + 5 + 11 = 25$，选 E．

例3：n 为大于1的正整数，则 $n^3 - n$ 必有约数（因数）（　　）.

A．4　　　　　　B．5　　　　　　C．6　　　　　　D．7　　　　　　E．8

答案：C　解析：$n^3 - n = (n^2 - 1)n = (n-1)n(n+1)$，在三个连续的整数中必有一个是3的倍数，在两个连续的整数中必有一个是2的倍数（即偶数），因此 $n^3 - n$ 能被3和2整除，又因为2，3互质，所以6是 $n^3 - n$ 的约数，选 C．

📖**总裁有话说**：本题判断出三个连续的整数中必有一个是3的倍数即可选出答案，因为五个选项中只有6是3的倍数．

例4：$\dfrac{n}{14}$ 是一个整数．

(1)n 是一个整数，且 $\dfrac{3n}{14}$ 也是一个整数．

(2)n 是一个整数，且 $\dfrac{n}{7}$ 也是一个整数．

答案：A　解析：条件(1)中 $\dfrac{3n}{14}$ 也是一个整数，3与14互质，即 n 是14的倍数，条件(1)充分；条件(2)中 $\dfrac{n}{7}$ 也是一个整数，即 n 是7的倍数，条件(2)不充分，反例：$n = 7$，选 A．

📖**总裁有话说**：判断一个数是否为整数，结合互质的性质考虑整除性．

四、考点精析：有理数与无理数

例1：m 是一个整数．

(1) 若 $m = \dfrac{p}{q}$，其中 p 与 q 为非零整数，且 m^2 是一个整数．

(2) 若 $m = \dfrac{p}{q}$，其中 p 与 q 为非零整数，且 $\dfrac{2m+4}{3}$ 是一个整数．

答案：A　解析：m 能写成 $\dfrac{p}{q}$（其中 p 与 q 为非零整数），则 m 是有理数．

条件(1)若 m^2 是整数，则 m 一定是整数，条件(1)充分；

条件(2)取 $m = \dfrac{5}{2}$，可知 $\dfrac{2m+4}{3} = 3$ 是整数，但 m 不是整数，条件(2)不充分，选 A．

📖**总裁有话说**：本题主要考查有理数与无理数的区别：有理数的平方是整数，则这个有理数只能是整数．

例2：若 x, y 是有理数，且满足 $(1 + 2\sqrt{3})x + (1 - \sqrt{3})y - 2 + 5\sqrt{3} = 0$，则 x, y 的值分别为（　　）.

A．1，3　　　　　B．-1，2　　　　　C．-1，3　　　　　D．1，2　　　　　E．以上结论均不正确

答案:C 解析:原式整理为$(x+y-2)+\sqrt{3}(2x-y+5)=0$,得到$\begin{cases}x+y-2=0,\\2x-y+5=0,\end{cases}$$\begin{cases}x=-1,\\y=3,\end{cases}$选 C.

总裁有话说:等式两边的有理部分与无理部分应该对应相等. 本题实质:若a,b是有理数,$\sqrt{\beta}(\beta\geqslant0)$是任意无理数,且$a+b\sqrt{\beta}=0$,则$a=0,b=0$.

五、考点精析:比例问题

解题方法:

1. 联比设k.

2. 最小公倍数法.

3. 等比定理法:

① 更比定理:$\dfrac{a}{b}=\dfrac{c}{d}\Leftrightarrow\dfrac{a}{c}=\dfrac{b}{d}$.

② 反比定理:$\dfrac{a}{b}=\dfrac{c}{d}\Leftrightarrow\dfrac{b}{a}=\dfrac{d}{c}$.

③ 合比定理:$\dfrac{a}{b}=\dfrac{c}{d}\Leftrightarrow\dfrac{a+b}{b}=\dfrac{c+d}{d}$(等式左右同加 1);

分比定理:$\dfrac{a}{b}=\dfrac{c}{d}\Leftrightarrow\dfrac{a-b}{b}=\dfrac{c-d}{d}$(等式左右同减 1).

④ 等比定理:$\dfrac{a}{b}=\dfrac{c}{d}=\dfrac{e}{f}=\dfrac{a+c+e}{b+d+f}$,注意分母不为 0 不能保证分母之和也不为 0,要进行讨论.

例 1:若实数a,b,c满足$a:b:c=1:2:5$,且$a+b+c=24$,则$a^2+b^2+c^2=($).

A. 30　　　　B. 90　　　　C. 120　　　　D. 240　　　　E. 270

答案:E 方法一解析:

联比设k,设$a=k,b=2k,c=5k$,则$k+2k+5k=8k=24$,得$k=3$,故$a=3,b=6,c=15$,$a^2+b^2+c^2=3^2+6^2+15^2=270$,选 E.

方法二解析:

$a:b:c=1:2:5,a+b+c=24$,故$a=24\times\dfrac{1}{8}=3,b=24\times\dfrac{2}{8}=6,c=24\times\dfrac{5}{8}=15$,故$a^2+b^2+c^2=3^2+6^2+15^2=270$,选 E.

例 2:$\dfrac{c}{a+b}<\dfrac{a}{b+c}<\dfrac{b}{c+a}$.

(1)$0<c<a<b$.

(2)$0<a<b<c$.

答案:A 方法一解析:

利用合比定理,原式可化为:$\dfrac{c}{a+b}+1<\dfrac{a}{b+c}+1<\dfrac{b}{c+a}+1$,

条件(1)中$0<c<a<b$,所以$a+b>c+b>a+c>0$,所以$\dfrac{a+b+c}{a+b}<\dfrac{a+b+c}{b+c}<$

11

$\dfrac{a+b+c}{c+a}$，即 $\dfrac{c}{a+b}+1<\dfrac{a}{b+c}+1<\dfrac{b}{c+a}+1$，条件(1)充分；

条件(2)中 $0<a<b<c$，所以 $0<a+b<c+a<c+b$，所以 $\dfrac{a+b+c}{a+b}>\dfrac{a+b+c}{a+c}>$

$\dfrac{a+b+c}{c+b}$，即 $\dfrac{c}{a+b}+1>\dfrac{b}{a+c}+1>\dfrac{a}{c+b}+1$，条件(2)不充分，选 A.

方法二解析：

条件(2)中令 $a=1,b=2,c=3$，则有 $\dfrac{c}{a+b}=1,\dfrac{a}{b+c}=\dfrac{1}{5},\dfrac{b}{c+a}=\dfrac{1}{2}$，条件(2)不充分，条件2 与条件1为矛盾关系条件(1)充分，选 A.

◆ 例3：若 $\dfrac{a+b-c}{c}=\dfrac{a-b+c}{b}=\dfrac{-a+b+c}{a}=k$，则 k 的值是（　　　）.

A.1　　　　　　　B.1 或 -2　　　　　C.-1 或 2　　　　　D.-2　　　　　E.以上均不正确

答案：B 方法一解析：

因为 $\dfrac{a+b-c}{c}=\dfrac{a-b+c}{b}=\dfrac{-a+b+c}{a}=k$，故 $a+b-c=ck$，$a-b+c=bk$，$-a+b+c=ak$，三个等式相加得 $a+b+c=k(a+b+c)$，有 $k=1$ 或 $a+b+c=0$，将 $a+b=-c$ 代入原式可知 $k=-2$，选 B.

方法二解析：

等比定理法：先判断分母之和是否为0，分两类讨论如下.

(1) 当 $a+b+c=0$ 时，$a+b=-c$ 代入原式可知 $k=-2$.

(2) 当 $a+b+c\neq0$ 时，由等比定理可知：$\dfrac{a+b-c}{c}=\dfrac{a-b+c}{b}=\dfrac{-a+b+c}{a}=$

$\dfrac{(a+b-c)+(a-b+c)+(-a+b+c)}{a+b+c}=k$，整理得 $k=1$.选 B.

方法三解析：

合比定理法：每个式子都加2，有：

$\dfrac{a+b-c}{c}+2=\dfrac{a-b+c}{b}+2=\dfrac{-a+b+c}{a}+2=k+2\Rightarrow\dfrac{a+b-c+2c}{c}=\dfrac{a-b+c+2b}{b}=$

$\dfrac{-a+b+c+2a}{a}=k+2\Rightarrow\dfrac{a+b+c}{c}=\dfrac{a+b+c}{b}=\dfrac{a+b+c}{a}=k+2$，可知 $a=b=c$，$3=k+2$，$k=1$ 或 $a+b+c=0$，则 $k+2=0$，即 $k=-2$，选 B.

六、考点精析：绝对值应用问题

题型分类：

1. 数轴上两点距离的最值问题.

2. 数轴上三点及三点以上距离的最值问题.

3. 非负性.

4. 绝对值性质问题.

解题方法:

1. 两点距离的最值问题,常用三角不等式(见绝对值不等式)或特殊值法求解.

2. 三点及三点以上距离的最值问题,常用绝对值的几何意义求解.

总裁有话说: 数轴上有奇数个点时,在中间一点处取得的距离最小;数轴上有偶数个点时,在中间两点之间(含两点)取得的距离最小.

3. 形如 $y = |x-a| + |x-b|$,

设 $a < b$,则当 $x \in [a,b]$ 时,y 有最小值 $|a-b|$.

4. 形如 $y = |x-a| + |x-b| + |x-c|$,

设 $a < b < c$,则当 $x = b$ 时,y 有最小值 $|a-c|$.

5. 形如 $y = |x-a| - |x-b|$,

y 有最小值 $-|a-b|$,最大值 $|a-b|$.

6. 具有非负性的式子:$|a| \geqslant 0, a^2 \geqslant 0, \sqrt{a} \geqslant 0$.

若已知 $|a| + b^2 + \sqrt{c} = 0$ 或 $|a| + b^2 + \sqrt{c} \leqslant 0$,可得 $a = b = c = 0$.

若题干提供两个式子,则将两个式子相加减即可得到非负性标准型式子(如上式).

7. $abc > 0$,说明 a, b, c 有 3 正数,或 2 负数 1 正数.

$abc < 0$,说明 a, b, c 有 3 负数,或 2 正数 1 负数.

$abc = 0$,说明 a, b, c 中至少有一个为 0.

$a + b + c > 0$,说明 a, b, c 至少有 1 正,注意有可能某个字母等于 0.

$a + b + c < 0$,说明 a, b, c 至少有 1 负,注意有可能某个字母等于 0.

$a + b + c = 0$,说明 a, b, c 至少有 1 正 1 负,或者 3 者都等于 0.

例 1: 设 a, b, c 为整数,且 $|a-b|^{20} + |c-a|^{41} = 1$,则 $|a-b| + |a-c| + |b-c| = ($　　$)$.

A. 2　　　　B. 3　　　　C. 4　　　　D. -3　　　　E. -2

答案: A 解析:因为 1 是奇数,偶数 + 奇数 = 奇数,故 $a-b = 0, c-a = 1$,令 $a = b = 0, c = 1$,代入可得原式 = 2,选 A.

例 2: 设 $y = |x-2| + |x+2|$,则下列结论正确的是(　　).

A. y 没有最小值　　　　　　　　　　　　B. 只有一个 x 使 y 取到最小值

C. 有无穷多个 x 使 y 取到最大值　　　　D. 有无穷多个 x 使 y 取到最小值

E. 以上结论均不正确

答案: D 方法一解析:

由 $y = |x-2| + |x+2| = \begin{cases} -2x, & x < -2, \\ 4, & -2 \leqslant x \leqslant 2, \\ 2x, & x > 2, \end{cases}$ 可知 y 的最小值为 4,无最大值,当 $-2 \leqslant x \leqslant$

2 时,$y = 4$,因此有无穷多个 x 使 y 取到最小值,选 D.

方法二解析:

利用三角不等式 $|x-2| + |x+2| \geqslant |(x-2) - (x+2)| = 4$,故 y 的最小值为 4,选 D.

方法三解析:

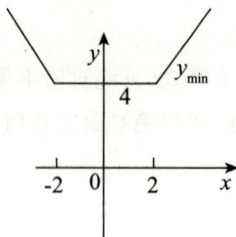

例3：$f(x)$ 有最小值 2.

(1) $f(x) = \left| x - \dfrac{5}{12} \right| + \left| x - \dfrac{1}{12} \right|$.

(2) $f(x) = |x - 2| + |4 - x|$.

答案：B 方法一解析：

条件(1) $f(x) = \left| x - \dfrac{5}{12} \right| + \left| x - \dfrac{1}{12} \right| = \begin{cases} -2x + \dfrac{1}{2}, & x < \dfrac{1}{12}, \\ \dfrac{1}{3}, & \dfrac{1}{12} \leqslant x \leqslant \dfrac{5}{12}, \\ 2x - \dfrac{1}{2}, & x > \dfrac{5}{12}, \end{cases}$ 即 $f(x)$ 的最小值为 $\dfrac{1}{3}$，

条件(1) 不充分；条件(2) $f(x) = |x - 2| + |4 - x| = \begin{cases} -2x + 6, & x < 2, \\ 2, & 2 \leqslant x \leqslant 4, \\ 2x - 6, & x > 4, \end{cases}$ 即 $f(x)$ 的最小值

为 2，条件(2) 充分，选 B.

方法二解析：

利用三角不等式，求最值，考虑消参. 条件(1) $\left| x - \dfrac{5}{12} \right| + \left| x - \dfrac{1}{12} \right| \geqslant \left| \left(x - \dfrac{5}{12} \right) - \left(x - \dfrac{1}{12} \right) \right| = \left| -\dfrac{5}{12} - \left(-\dfrac{1}{12} \right) \right| = \dfrac{1}{3}$，故 $f(x)$ 的最小值为 $\dfrac{1}{3}$；条件(2) $|x - 2| + |4 - x| \geqslant |(x - 2) + (4 - x)| = 2$，故 $f(x)$ 的最小值为 2，选 B.

例4：设 $y = |x - a| + |x - 20| + |x - a - 20|$，其中 $0 < a < 20$，则对于满足 $a \leqslant x \leqslant 20$ 的 x 值，y 的最小值是（　　）.

A. 10　　　　　　B. 15　　　　　　C. 20　　　　　　D. 25　　　　　　E. 30

答案：C 方法一解析：

由已知 $x - a \geqslant 0$，$x - 20 \leqslant 0$，$x - a - 20 < 0$，因此去绝对值 $y = x - a + 20 - x + a + 20 - x = 40 - x$，当 $x = 20$ 时，y 取最小值 $40 - 20 = 20$，选 C.

方法二解析：

根据数轴上有奇数个点时，在中间一点处取得的距离最小，故当 $x = 20$ 时，y 取最小值为 $40 - 20 = 20$，选 C.

方法三解析：

根据形如 $y = |x - a| + |x - b| + |x - c|$，设 $a < b < c$，则当 $x = b$ 时，y 有最小值 $|a - c|$，即 y 的最小值为 $a + 20 - a = 20$，选 C.

例5：若 $\sqrt{(a-60)^2}+|b+90|+(c-130)^{10}=0$，则 $a+b+c$ 的值是（　　）.

A. 0　　　　　B. 280　　　　　C. 100　　　　　D. -100　　　　　E. 无法确定

答案：C　**解析**：由题意得 $a-60=0,b+90=0,c-130=0$，解得 $a=60,b=-90,c=130$，即 $a+b+c=100$，选 C.

总裁有话说：非负项之和为 0，则每一项都为零.

例6：已知实数 a,b,x,y 满足 $y+|\sqrt{x}-\sqrt{2}|=1-a^2$ 和 $|x-2|=y-1-b^2$，则 $3^{x+y}+3^{a+b}=$（　　）.

A. 25　　　　　B. 26　　　　　C. 27　　　　　D. 28　　　　　E. 29

答案：D　**解析**：由 $y=1-a^2-|\sqrt{x}-\sqrt{2}|$ 及 $y=|x-2|+1+b^2$ 两式相加，可得 $1-a^2-|\sqrt{x}-\sqrt{2}|=|x-2|+1+b^2$，解得 $x=2,a=0,b=0$，代入题目中任意一个式子有：$y=1$，所以 $3^{x+y}+3^{a+b}=3^3+3^0=28$，选 D.

例7：$\dfrac{b+c}{|a|}+\dfrac{a+c}{|b|}+\dfrac{a+b}{|c|}=1$.

(1) 实数 a,b,c 满足 $a+b+c=0$.

(2) 实数 a,b,c 满足 $abc>0$.

答案：C　**解析**：取 $a=b=c=0$，则条件(1)不充分，取 $a=b=c=1$，条件(2)也不充分.

联合条件(1)和条件(2)可知 a,b,c 三个实数中必有两个负数一个正数，不妨设 $a<0,b<0$，$c>0$，则 $\dfrac{b+c}{|a|}+\dfrac{a+c}{|b|}+\dfrac{a+b}{|c|}=\dfrac{-a}{-a}+\dfrac{-b}{-b}+\dfrac{-c}{c}=1$ 成立，选 C.

七、考点精析：配方与因式分解问题

解题方法：

1. 提取公因式：$x^2-x=x(x-1)$.

2. 求根法：若方程 $a_0x^n+a_1x^{n-1}+a_2x^{n-2}+\cdots+a_n=0$ 有 n 个根 $x_1,x_2,x_3,\cdots,x_n$，则多项式 $a_0x^n+a_1x^{n-1}+a_2x^{n-2}+\cdots+a_n=a_0\times(x-x_1)\times(x-x_2)\times(x-x_3)\times\cdots\times(x-x_n)$.

3. 十字相乘法：

例如：x^2-4x-5 分解因式有：

$$\begin{array}{c}x^2-4x-5\\[2pt]\begin{array}{ccc}x&&1\\&\times&\\x&&-5\end{array}\\[2pt]\hline -5x-5x=-4x\end{array}$$

故 $x^2-4x-5=(x+1)(x-5)$.

4. 裂项相消法：

(1) $\dfrac{1}{n(n+k)}=\dfrac{1}{k}\left(\dfrac{1}{n}-\dfrac{1}{n+k}\right)$，若 $k=1$，则 $\dfrac{1}{n(n+1)}=\dfrac{1}{n}-\dfrac{1}{n+1}$.

(2) $\dfrac{1}{\sqrt{n+k}+\sqrt{n}}=\dfrac{1}{k}\left(\sqrt{n+k}-\sqrt{n}\right)$，若 $k=1$，则 $\dfrac{1}{\sqrt{n+1}+\sqrt{n}}=\sqrt{n+1}-\sqrt{n}$.

$(3) n \times n! = (n+1)! - n!.$

$(4) \dfrac{n}{(n+1)!} = \dfrac{1}{n!} - \dfrac{1}{(n+1)!}.$

$(5) \dfrac{1}{(2n-1)(2n+1)} = \dfrac{1}{2}\left(\dfrac{1}{2n-1} - \dfrac{1}{2n+1}\right).$

$(6) \dfrac{1}{n(n+1)(n+2)} = \dfrac{1}{2}\left[\dfrac{1}{n(n+1)} - \dfrac{1}{(n+1)(n+2)}\right].$

5. 公式法：

(1) 完全平方式：$a^2 \pm 2ab + b^2 = (a \pm b)^2.$

变形：①$(a+b)^2 - 4ab = (a-b)^2.$

②$(a-b)^2 + 4ab = (a+b)^2.$

③$(a+b)^2 - 2ab = a^2 + b^2.$

④$(a-b)^2 + 2ab = a^2 + b^2.$

⑤$a + b \pm 2\sqrt{ab} = (\sqrt{a} \pm \sqrt{b})^2.$

⑥$a^2 + b^2 + ab = (a+b)^2 - ab = (a-b)^2 + 3ab.$

⑦$a^2 + b^2 - ab = (a+b)^2 - 3ab = (a-b)^2 + ab.$

⑧$a^2 + b^2 + c^2 - ab - bc - ac = \dfrac{1}{2}[(a-b)^2 + (a-c)^2 + (b-c)^2].$

若 $a^2 + b^2 + c^2 - ab - bc - ac = 0$，则 $a = b = c.$

⑨$(a-b)^2 + (b-c)^2 + (c-a)^2 = 3(a^2 + b^2 + c^2) - (a+b+c)^2.$

(2) 平方差：$a^2 - b^2 = (a+b)(a-b).$

(3) 和差立方：

①$(a+b)^3 = a^3 + 3a^2 b + 3ab^2 + b^3.$

②$(a-b)^3 = a^3 - 3a^2 b + 3ab^2 - b^3.$

③$(a+b)^n = C_n^0 a^0 b^n + C_n^1 a^1 b^{n-1} + C_n^2 a^2 b^{n-2} + \cdots + C_n^n a^n b^0.$

(4) 立方和差：

①$a^3 + b^3 = (a+b)(a^2 - ab + b^2).$

②$a^3 - b^3 = (a-b)(a^2 + ab + b^2).$

③$a^3 + b^3 + c^3 - 3abc = (a+b+c)(a^2 + b^2 + c^2 - ab - bc - ac).$

$(5) a^2 + b^2 + c^2 \pm ab \pm bc \pm ac = \dfrac{1}{2}[(a \pm b)^2 + (a \pm c)^2 + (b \pm c)^2].$

$(6) (a+b+c)^2 = a^2 + b^2 + c^2 + 2ab + 2bc + 2ac.$

当 $\dfrac{1}{a} + \dfrac{1}{b} + \dfrac{1}{c} = 0$ 时，$(a+b+c)^2 = a^2 + b^2 + c^2.$

$(7) xy + mx + ny + mn = (x+n)(y+m).$

$xy + x + y + 1 = (x+1)(y+1).$

$xy - mx - ny + mn = (x-n)(y-m).$

$xy - x - y + 1 = (x-1)(y-1).$

$(8) \dfrac{n}{x} + \dfrac{m}{y} = 1 \Leftrightarrow (x-n)(y-m) = mn.$

6.二项式定理:

(1) 二项式定理:$(a+b)^n = C_n^0 a^0 b^n + C_n^1 a^1 b^{n-1} + C_n^2 a^2 b^{n-2} + \cdots + C_n^n a^n b^0$,这个公式表示的规律即为二项式定理.

(2) 特点:① 展开式有 $n+1$ 项;② 各项的次数之和等于 n;③ a 的次数由 0 升到 n,b 的次数由 n 降至 0.

(3) 二项展开式的系数:$C_n^k (0 \leqslant k \leqslant n, k \in \mathbf{N}, n \in \mathbf{N}^+)$.

(4) 展开式的通项(一般项)公式:$T_{k+1} = C_n^k a^k b^{n-k} (k=0,1,2,\cdots,n)$ 表示二项展开式的第 $k+1$ 项.

例1:多项式 $x^3 + ax^2 + bx - 6$ 的两个因式是 $x-1$ 和 $x-2$,则第三个一次因式是( ).

A. $x-6$ B. $x-3$ C. $x+1$ D. $x+2$ E. $x+3$

答案:B 解析:利用 $x^3 + ax^2 + bx - 6 = (x-1)(x-2)(x+c)$,取 $x=0$,可得 $-6 = -1 \times (-2) \times c$,所以 $c = -3$,选 B.

例2:方程 $x^2 + mxy + 6y^2 - 10y - 4 = 0$ 的图形是两条直线.

(1)$m = 7$.

(2)$m = -7$.

答案:D 方法一解析:

条件(1) 设 $x^2 + mxy + 6y^2 - 10y - 4 = (x+Ay+2)(x+By-2)$,将等式右边展开,由多项式相等对应系数相等可得

$$\begin{cases} -2A + 2B = -10, \\ A + B = 7, \end{cases} 解得 \begin{cases} A = 6, \\ B = 1, \end{cases} 所以条件(1)充分,同理可得条件(2)充分,选 D.$$

方法二解析:

条件(1)$m = 7$ 得 $x^2 + 7xy + 6y^2 - 10y - 4 = (x+6y+2)(x+y-2) = 0$,即表示两条直线 $x+6y+2 = 0, x+y-2 = 0$;

条件(2)$m = -7$ 得 $x^2 - 7xy + 6y^2 - 10y - 4 = (x-6y-2)(x-y+2) = 0$,即表示两条直线 $x-6y-2 = 0, x-y+2 = 0$,所以条件(1)充分,条件(2)也充分,选 D.

方法三解析:

条件(1) 将 $m = 7$ 代入原方程,$x^2 + 7xy + 6y^2 - 10y - 4$ 用双十字相乘法得:
$x^2 + 7xy + 6y^2 - 10y - 4 = (x+6y+2)(x+y-2) = 0$,即 $x+6y+2 = 0$ 与 $x+y-2 = 0$ 是两条直线,条件(1)充分;

条件(2) 将 $m = -7$ 代入原方程,$x^2 - 7xy + 6y^2 - 10y - 4$ 用双十字相乘法得:
$x^2 + 7xy + 6y^2 - 10y - 4 = (x-6y-2)(x-y+2) = 0$,即 $x-6y-2 = 0$ 与 $x-y+2 = 0$ 是两条直线,条件(2)充分,选 D.

例3:(2021) $\dfrac{1}{1+\sqrt{2}} + \dfrac{1}{\sqrt{2}+\sqrt{3}} + \cdots + \dfrac{1}{\sqrt{99}+\sqrt{100}} = ($ $)$.

A. 10   B. 9   C. 11   D. $3\sqrt{11} - 1$ E. $\sqrt{11}$

答案:B 解析:$\dfrac{1}{1+\sqrt{2}} + \dfrac{1}{\sqrt{2}+\sqrt{3}} + \cdots + \dfrac{1}{\sqrt{99}+\sqrt{100}} = \sqrt{2} - 1 + \sqrt{3} - \sqrt{2} + \cdots + \sqrt{100} - \sqrt{99} =$

$\sqrt{100}-1=9$,选 B.

例 4: $\dfrac{1}{1\times2}+\dfrac{2}{1\times2\times3}+\dfrac{3}{1\times2\times3\times4}+\cdots+\dfrac{9}{1\times2\times3\times\cdots\times10}=($).

A. $1-\dfrac{1}{10!}$ 　　　B. $10-\dfrac{1}{10!}$ 　　　C. $\dfrac{128}{25}$ 　　　D. $\dfrac{125}{99}$ 　　　E. 3

答案:A 　**解析**: $\dfrac{1}{1\times2}+\dfrac{2}{1\times2\times3}+\dfrac{3}{1\times2\times3\times4}+\cdots+\dfrac{9}{1\times2\times3\times\cdots\times10}=\dfrac{1}{2!}+\dfrac{2}{3!}+\cdots+$

$\dfrac{9}{10!}=\left(1-\dfrac{1}{2!}\right)+\left(\dfrac{1}{2!}-\dfrac{1}{3!}\right)+\cdots+\left(\dfrac{1}{9!}-\dfrac{1}{10!}\right)=1-\dfrac{1}{10!}$,选 A.

例 5: 若数列 $a_n=\dfrac{1}{n+1}+\dfrac{2}{n+1}+\cdots+\dfrac{n}{n+1}$, $b_n=\dfrac{2}{a_na_{n+1}}$, 则数列 $\{b_n\}$ 的前 100 项的和为( ).

A. $\dfrac{800}{99}$ 　　　B. $\dfrac{800}{101}$ 　　　C. $\dfrac{128}{25}$ 　　　D. $\dfrac{125}{99}$ 　　　E. 3

答案:B 　**解析**: 由 $a_na_n=\dfrac{1+2+3+\cdots+n}{n+1}=\dfrac{\frac{n(1+n)}{2}}{n+1}=\dfrac{n}{2}$, $b_n=\dfrac{2}{a_na_{n+1}}=\dfrac{2}{\frac{n}{2}\times\frac{n+1}{2}}=8\times$

$\dfrac{1}{n(n+1)}$, 可知 b_n 的前 100 项和为 $S_{100}=8\left[\left(1-\dfrac{1}{2}\right)+\left(\dfrac{1}{2}-\dfrac{1}{3}\right)+\cdots+\left(\dfrac{1}{100}-\dfrac{1}{101}\right)\right]=$

$8\left(1-\dfrac{1}{101}\right)=\dfrac{800}{101}$,选 B.

例 6: 实数 x,y,z 中至少有一个大于0.

(1) a,b,c 是不全相等的任意实数, $x=a^2-bc$, $y=b^2-ac$, $z=c^2-ab$.

(2) $\dfrac{a-b}{x}=\dfrac{b-c}{y}=\dfrac{c-a}{z}=xyz$.

答案:D 　**解析**:条件(1) a,b,c 是不全相等的任意实数,故 $x+y+z=a^2+b^2+c^2-ac-bc-$

$ab=\dfrac{1}{2}\left[(a-b)^2+(a-c)^2+(b-c)^2\right]>0$,从而 x,y,z 中至少有一个大于0,条件(1) 充分;

由条件(2) 得 $(a-b)+(b-c)+(c-a)=x^2yz+xy^2z+xyz^2=xyz(x+y+z)=0$. 又因

为 x,y,z 在分母上,故 $xyz\neq0$,则 $x+y+z=0$,所以 x,y,z 中至少有一个大于0,条件(2) 充分,

选 D.

例 7: 若实数 a,b,c 满足 $a^2+b^2+c^2=9$, 则代数式 $(a-b)^2+(b-c)^2+(c-a)^2$ 的最大值是( ).

A. 21 　　　B. 27 　　　C. 29 　　　D. 32 　　　E. 39

答案:B 　**解析**: $(a-b)^2+(b-c)^2+(c-a)^2=2(a^2+b^2+c^2)-2(ab+bc+ac)=3(a^2+$

$b^2+c^2)-(a^2+b^2+c^2+2ab+2ac+2bc)=3(a^2+b^2+c^2)-(a+b+c)^2=27-(a+b+c)^2\leqslant27$,

当 $a+b+c=0$ 时取最大值 27,选 B.

例 8: m^2-n^2 是偶数.

(1) m,n 都是偶数.

(2) m,n 都是奇数.

答案:D 解析:条件(1)$m^2-n^2=(m+n)(m-n)$,则偶数×偶数=偶数,条件(1)充分;条件(2)$m^2-n^2=(m+n)(m-n)$,则偶数×偶数=偶数,条件(2)充分,选D.

总裁有话说: 平方差公式中$(m+n)$与$(m-n)$同奇偶,前提是$m,n\in\mathbf{Z}$.

例9: 已知$\dfrac{a^3+b^3+c^3-3abc}{a+b+c}=3$,则$(a-b)^2+(b-c)^2+(a-b)(b-c)$的值为( ).

A.1　　　B.4　　　C.9　　　D.6　　　E.3

答案:E 解析:因为$\dfrac{a^3+b^3+c^3-3abc}{a+b+c}=a^2+b^2+c^2-ab-bc-ac=3$,所以$(a-b)^2+(b-c)^2+(a-b)(b-c)=a^2-2ab+b^2+b^2-2bc+c^2+ab-ac-b^2+bc=a^2+b^2+c^2-ac-bc-ab=3$,选E.

例10: (2018)设m,n是正整数,则能确定$m+n$的值.

(1) $\dfrac{1}{m}+\dfrac{3}{n}=1$.

(2) $\dfrac{1}{m}+\dfrac{2}{n}=1$.

答案:D 方法一解析:

由条件(1)可得$\dfrac{1}{m}=-\dfrac{3}{n}+1=\dfrac{n-3}{n}$,则$m=\dfrac{n}{n-3}=\dfrac{n-3+3}{n-3}=1+\dfrac{3}{n-3}$,又$m,n$是正整数,则$\begin{cases}n=6,\\m=2\end{cases}$或$\begin{cases}n=4,\\m=4,\end{cases}$所以$m+n=8$可以确定,条件(1)充分.

由条件(2)可得$n+2m=mn$,则$mn-(n+2m)+2=2$,即$(m-1)(n-2)=2$,则$\begin{cases}m-1=2,\\n-2=1\end{cases}$或$\begin{cases}m-1=1,\\n-2=2\end{cases}$或$\begin{cases}m-1=-2,\\n-2=-1\end{cases}$或$\begin{cases}m-1=-1,\\n-2=-2,\end{cases}$由$m,n$是正整数,得$\begin{cases}m=3,\\n=3\end{cases}$或$\begin{cases}m=2,\\n=4,\end{cases}$所以$m+n=6$可以确定,条件(2)充分,选D.

方法二解析:

条件(1) $\dfrac{1}{m}+\dfrac{3}{n}=1\Rightarrow(m-1)(n-3)=3$,因为$m,n$是正整数,得$\begin{cases}n=6,\\m=2\end{cases}$或$\begin{cases}n=4,\\m=4,\end{cases}$所以$m+n=6$可以确定,条件(1)充分.

条件(2) $\dfrac{1}{m}+\dfrac{2}{n}=1\Rightarrow(m-1)(n-2)=2$,因为$m,n$是正整数,则$\begin{cases}m=3,\\n=3\end{cases}$或$\begin{cases}m=2,\\n=4,\end{cases}$所以$m+n=6$可以确定,条件(2)充分,选D.

例11: 已知$A=(2+1)(2^2+1)(2^4+1)\cdots(2^{64}+1)$,那么$A$的个位数等于( ).

A.6　　　B.5　　　C.4　　　D.3　　　E.2

答案:B 解析:等式两边同乘$(2-1)$,有$A(2-1)=(2-1)(2+1)(2^2+1)(2^4+1)\cdots(2^{64}+1)=(2^2-1)(2^2+1)(2^4+1)\cdots(2^{64}+1)=(2^4-1)(2^4+1)\cdots(2^{64}+1)=(2^{64}-1)(2^{64}+1)=2^{128}-1$,因为$2^1=2,2^2=4,2^3=8,2^4=16,2^5=32$,所以2的幂次方个位数四次一循环,$128\div4=32$,故$2^{128}$个位数为6,6-1=5,选B.

🖋**总裁有话说**:$2^2+1=5$,说明 A 的个位数一定为 5 或 0,选项中没有 0,那么选 5.

🔖**例 12**:已知 $2^{48}-1$ 能被 60 与 70 之间的两个整数整除,则这两个数的差为(　　).

A. 2　　　　　　B. 3　　　　　　C. 9　　　　　　D. 4　　　　　　E. 12

答案:A　**解析**:因为 $2^{48}-1=(2^{24}+1)(2^{24}-1)=(2^{24}+1)(2^{12}+1)(2^{12}-1)=(2^{24}+1)$ $(2^{12}+1)(2^6+1)(2^6-1)$,$2^6=64$,因此 $2^6+1=65,2^6-1=63$,所以这两个数的差为 2,选 A.

🖋**总裁有话说**:同一个数 +1,同一个数 -1,本质差 2,秒 A.

🔖**例 13**:(2020)已知实数 x 满足 $x^2+\dfrac{1}{x^2}-3x-\dfrac{3}{x}+2=0$,则 $x^3+\dfrac{1}{x^3}=(\quad)$.

A. 12　　　　　　B. 15　　　　　　C. 18　　　　　　D. 24　　　　　　E. 27

答案:C　**解析**:由 $x^2+\dfrac{1}{x^2}-3x-\dfrac{3}{x}+2=\left(x+\dfrac{1}{x}\right)^2-3\left(x+\dfrac{1}{x}\right)=0$,换元:令 $t=x+\dfrac{1}{x}$ $(t\neq0)$,有 $t^2-3t=0$,解得 $t=3$,$x^3+\dfrac{1}{x^3}=\left(x+\dfrac{1}{x}\right)\left(x^2-1+\dfrac{1}{x^2}\right)=\left(x+\dfrac{1}{x}\right)\left[\left(x+\dfrac{1}{x}\right)^2-3\right]=t(t^2-3)=18$,选 C.

🔖**例 14**:设 x 是非零实数,则 $x^3+\dfrac{1}{x^3}=18$.

(1)$x+\dfrac{1}{x}=3$.

(2)$x^2+\dfrac{1}{x^2}=7$.

答案:A　**解析**:条件(1) 因为 $3^2=\left(x+\dfrac{1}{x}\right)^2=x^2+2x\cdot\dfrac{1}{x}+\dfrac{1}{x^2}=\left(x^2+\dfrac{1}{x^2}\right)+2$,故 $x^2+\dfrac{1}{x^2}=7$,因为 $x^3+\dfrac{1}{x^3}=\left(x+\dfrac{1}{x}\right)\left(x^2+\dfrac{1}{x^2}-1\right)=3\times(7-1)=18$,条件(1) 充分;

条件(2) 因为 $\left(x+\dfrac{1}{x}\right)^2-2x\cdot\dfrac{1}{x}=7$,所以 $\left(x+\dfrac{1}{x}\right)^2=9$,故 $x+\dfrac{1}{x}=\pm3$,因为 $x^3+\dfrac{1}{x^3}=\left(x+\dfrac{1}{x}\right)\left(x^2+\dfrac{1}{x^2}-1\right)=\pm3\times(7-1)=\pm18$,条件(2) 不充分,选 A.

🔖**例 15**:(200401)$\left(\dfrac{3}{x}-\dfrac{x}{3}\right)^6$ 中的常数项是(　　).

A. -15　　　　　　B. 18　　　　　　C. -20　　　　　　D. 23　　　　　　E. -25

答案:C　**解析**:$\left(\dfrac{3}{x}-\dfrac{x}{3}\right)^6$ 中的常数项为 $C_6^3\left(\dfrac{3}{x}\right)^3\left(-\dfrac{x}{3}\right)^3=-C_6^3=-20$,选 C.

八、考点精析:整体替换法

解题方法:

换元法使用条件:当题干多次重复出现类似或相同表达式时,且表达式在同一个等式的平方与一次处同时出现,必用换元法简化运算.

整体代入法使用条件:方程求解困难.

例1: $2a^2 - 5a - 2 + \dfrac{3}{a^2+1} = -1$.

(1) a 是方程 $x^2 - 3x + 1 = 0$ 的根.

(2) $|a| = 1$.

答案:A 解析:条件(1) $a^2 = 3a - 1$ 整体代入题干,则有 $2a^2 - 5a - 2 + \dfrac{3}{a^2+1} = 6a - 2 - 5a - 2 + \dfrac{3}{3a} = a - 4 + \dfrac{1}{a} = \dfrac{a^2 - 4a + 1}{a} = \dfrac{3a - 1 - 4a + 1}{a} = -1$,条件(1) 充分;

条件(2) 取 $a = 1$,则 $2a^2 - 5a - 2 + \dfrac{3}{a^2+1} = 2 - 5 - 2 + \dfrac{3}{2} \neq -1$,条件(2) 不充分,选 A.

总裁有话说: 考查了方程根的问题、分式问题、绝对值问题,特别注意,条件(1) 不用解出根再整体代入,因为根为无理数,代入运算量很大,这里采用降次整体代入的方法.

例2: 若 $x = \dfrac{\sqrt{5}-1}{2}$,则 $x^4 + x^2 + 2x - 1 = (\quad)$.

A. 0   B. 1   C. -1 D. $3 - \sqrt{5}$ E. $\sqrt{5}$

答案:D 解析:因为 $x = \dfrac{\sqrt{5}-1}{2}$,故 $2x = \sqrt{5} - 1$,$2x + 1 = \sqrt{5}$,两边同时平方有 $(2x+1)^2 = (\sqrt{5})^2$,化简有 $4x^2 + 4x - 4 = 0$,即 $x^2 + x - 1 = 0$.

$x^4 + x^2 + 2x - 1 = (x^2 + x - 1)(x^2 - x + 3) + (-2x + 2)$,将 $x^2 + x - 1 = 0$ 整体代入,有 $x^4 + x^2 + 2x - 1 = -2x + 2$,将 $x = \dfrac{\sqrt{5}-1}{2}$ 代入 $-2x + 2$ 中,有 $x^4 + x^2 + 2x - 1 = 3 - \sqrt{5}$,选 D.

例3: 若 $a^2 + a = -1$,则 $a^4 + 2a^3 - 3a^2 - 4a + 3$ 的值为$(\quad)$.

A. 7   B. 8   C. 9   D. 10   E. 12

答案:B 解析:$a^2 + a = -1$,移项有 $a^2 + a + 1 = 0$,将 $a^4 + 2a^3 - 3a^2 - 4a + 3$ 化简,提取公因式有 $a^2(a^2 + a + 1) + a^3 - 4a^2 - 4a + 3$,因为 $a^2 + a + 1 = 0$,所以 $a^4 + 2a^3 - 3a^2 - 4a + 3 = a^3 - 4a^2 - 4a + 3$,再提取公因式得 $a(a^2 + a + 1) - 5a^2 - 5a + 3 = 0 - 5 \times \left(a^2 + a - \dfrac{3}{5}\right) = -5 \times \left(-1 - \dfrac{3}{5}\right) = 8$,选 B.

九、考点精析:特殊值法

使用条件:(1) 出现高次;(2) 特殊值易于看出;(3) 方程个数少于未知数的个数.

例1: (2018) 设实数 a, b 满足 $|a - b| = 2$,$|a^3 - b^3| = 26$,则 $a^2 + b^2 = (\quad)$.

A. 30   B. 22   C. 15   D. 13   E. 10

答案:E 方法一解析:

因为 $|a^3-b^3|=|(a-b)(a^2+ab+b^2)|=|a-b||a^2+ab+b^2|=26$，又 $|a-b|=2$，$a^2+ab+b^2=\left(a+\dfrac{1}{2}b\right)^2+\dfrac{3}{4}b^2\geqslant 0$，所以 $a^2+ab+b^2=13$. 又 $|a-b|^2=a^2-2ab+b^2=4$，则 $ab=3$，所以 $a^2+b^2=10$，选 E.

方法二解析：

特殊值法：令 $a=3$，$b=1$，满足 $3-1=2$，$3^3-1^3=26$，因此 $3^2+1^2=10$，选 E.

例 2：(2019) 设实数 a，b 满足 $ab=6$，$|a+b|+|a-b|=6$，则 $a^2+b^2=$（ ）.

A. 10   B. 11   C. 12   D. 13   E. 14

答案：D 方法一解析：

已知 $ab=6$，令 $a>b>0$，则 $|a+b|+|a-b|=a+b+a-b=6$，$a=3$，$b=2$，代入 $a^2+b^2=13$；令 $a<b<0$，则 $|a+b|+|a-b|=-a-b-a+b=6$，$-2a=6$，$a=-3$，$b=-2$，代入 $a^2+b^2=13$. 所以 $a^2+b^2=13$，选 D.

方法二解析：

特殊值法：已知实数 a，b 满足 $ab=6$，令 $a=3$，$b=2$，得 $a^2+b^2=13$，选 D.

例 3：(2020) 设 $A=\{x\mid|x-a|<1,x\in\mathbf{R}\}$，$B=\{x\mid|x-b|<2,x\in\mathbf{R}\}$，则 $A\subset B$ 的充分必要条件是（ ）.

A. $|a-b|\leqslant 1$　B. $|a-b|\geqslant 1$　C. $|a-b|<1$　D. $|a-b|>1$　E. $|a-b|=1$

答案：A 方法一解析：

$|x-a|<1$，则 $a-1<x<a+1$；$|x-b|<2$，则 $b-2<x<b+2$.

$A\subset B$ 的充分必要条件是 $\begin{cases}a+1\leqslant b+2,\\ a-1\geqslant b-2,\end{cases}$ 即 $\begin{cases}a-b\leqslant 1,\\ a-b\geqslant -1,\end{cases}$ $|a-b|\leqslant 1$，选 A.

方法二解析：

因为未知数的个数多于方程的个数，用特殊值法，令 $a=0$，$b=0$，$A=\{-1<x<1\}$，$B=\{-2<x<2\}$，即 $A\subset B$，故 $a-b=0$，排除 B，D，E 选项；令 $a=1$，$b=0$，$A=\{0<x<2\}$，$B=\{-2<x<2\}$，即 $A\subset B$，故 $a-b=1$，排除 C，选 A.

例 4：设实数 x，y 满足 $|x-2|+|y-2|\leqslant 2$，则 x^2+y^2 的取值范围是（ ）.

A. $[2,18]$ B. $[2,20]$ C. $[2,36]$ D. $[4,18]$ E. $[4,20]$

答案：B 方法一解析：

$|x-2|+|y-2|\leqslant 2$ 的图像如下图中正方形区域：

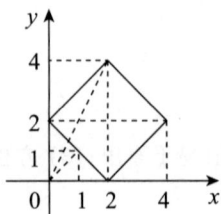

其中离原点最近的点为 $(1,1)$，最远的点为 $(2,4)(4,2)$，则 x^2+y^2 的最小值为 $1^2+1^2=2$，最大值为 $2^2+4^2=20$，因此 x^2+y^2 的取值范围是 $[2,20]$，选 B.

方法二解析：

因为一个不等式中有两个未知数,故使用特殊值法,令 $|x-2|=0$,$x=2$,$|y-2|=2$,$y=4$ 时,x^2+y^2 有最大值,最大值为 $2^2+4^2=20$;令 $|x-2|=1$,$|y-2|=1$,则当 $x=1$,$y=1$ 时,有最小值,最小值为 $1^2+1^2=2$,因此 x^2+y^2 的取值范围是 $[2,20]$,选 B.

十、考点精析:多项式对应相等

题型分类:

1. 表达不同的式子相等求对应系数.

2. n 个相同的式子相乘求对应系数.

解题方法:

1. 两多项式对应相等,对应次数前的系数相等.

2. 两多项式对应相等,任意取值,值也相等.

3. $f(x)=a_0+a_1x+a_2x^2+a_3x^3+\cdots+a_nx^n$($n$ 为奇数).

(1) $a_0=f(0)$,$x=0$.

(2) $a_0+a_1+a_2+\cdots+a_n=f(1)$,$x=1$.

(3) $a_0-a_1+a_2-\cdots-a_n=f(-1)$,$x=-1$.

(4) $a_0+a_2+a_4+\cdots+a_{n-1}=\dfrac{f(1)+f(-1)}{2}$.

(5) $a_1+a_3+a_5+\cdots+a_n=\dfrac{f(1)-f(-1)}{2}$.

(6) $(a_0+a_2+\cdots+a_{n-1})^2-(a_1+a_3+\cdots+a_n)^2=f(1)\times f(-1)$.

例1: 当 a,b,c 取何值时,多项式 $f(x)=2x-7$ 与 $g(x)=a(x-1)^2-b(x+2)+c(x^2+x-2)$ 相等(　　).

A. $a=-\dfrac{11}{9}$,$b=\dfrac{5}{3}$,$c=\dfrac{11}{9}$　　　　B. $a=-11$,$b=15$,$c=11$

C. $a=\dfrac{11}{9}$,$b=\dfrac{5}{3}$,$c=\dfrac{11}{9}$　　　　D. $a=11$,$b=15$,$c=-11$

E. 以上均不正确

答案: A　**方法一解析:**

两多项式对应相等,对应次数前的系数相等.

$$g(x)=a(x-1)^2-b(x+2)+c(x^2+x-2)$$
$$=ax^2-2ax+a-bx-2b+cx^2+cx-2c$$
$$=(a+c)x^2+(-2a-b+c)x+(a-2b-2c)$$
$$=f(x)=2x-7,$$

则 $\begin{cases} a+c=0, \\ -2a-b+c=2, \\ a-2b-2c=-7, \end{cases}$ 解得 $\begin{cases} a=-\dfrac{11}{9}, \\ b=\dfrac{5}{3}, \\ c=\dfrac{11}{9}, \end{cases}$ 选 A.

方法二解析：

两多项式对应相等,任意取值,值也相等.

因为 $g(x)=f(x)$,令 $x=1$,故 $g(1)=f(1)=-5$,$g(1)=a(1-1)^2-b(1+2)+c(1^2+1-2)=-5$,有 $-3b=-5$,$b=\dfrac{5}{3}$.

令 $x=-2$,故 $g(-2)=f(-2)=-11$,$g(-2)=a(-2-1)^2-b(-2+2)+c[(-2)^2-2-2]$,

有 $9a=-11$,$a=-\dfrac{11}{9}$,选 A.

❖♪ **例 2**：已知 $x(1-kx)^3=a_1x+a_2x^2+a_3x^3+a_4x^4$ 对所有实数 x 都成立,则 $a_1+a_2+a_3+a_4$ $=-8$.

(1) $a_2=-9$.

(2) $a_3=27$.

答案：A 解析：利用公式 $(a-b)^3=a^3-b^3-3a^2b+3ab^2$ 展开,$f(x)=x(1-kx)^3=$ $x[1-(kx)^3-3kx+3(kx)^2]=x-3kx^2+3k^2x^3-k^3x^4=a_1x+a_2x^2+a_3x^3+a_4x^4$,且 a_1+ $a_2+a_3+a_4=f(1)=(1-k)^3$.

条件(1) $a_2=-9$,则 $-3k=-9$,$k=3$,则 $a_1+a_2+a_3+a_4=f(1)=(1-3)^3=-2^3=-8$,条件(1) 充分;

条件(2) $a_3=27$,则 $3k^2=27$,$k=\pm3$,当 $k=3$ 时,条件(2) 充分,当 $k=-3$ 时,$a_1+a_2+a_3+$ $a_4=f(1)=(1+3)^3=4^3=64$,条件(2) 不充分,选 A.

❖♪ **例 3**：设 $(1-2x)^n=a_7x^7+a_6x^6+\cdots+a_1x+a_0$,则 $a_1+a_3+a_5+a_7$ 的值为(　　).

　A. 1093 　　　　B. 2187 　　　　C. 2164 　　　　D. -1094 　　　　E. -1093

答案：D 解析：最高次项为 7,故 $n=7$.

$f(1)=a_7+a_6+a_5+a_4+a_3+a_2+a_1+a_0=(1-2)^7=-1$,

$f(-1)=-a_7+a_6-a_5+a_4-a_3+a_2-a_1+a_0=(1+2)^7=2187$,

$a_1+a_3+a_5+a_7=\dfrac{f(1)-f(-1)}{2}=-1094$,选 D.

十一、考点精析:因式定理与余式定理问题

题型分类：

1. 因式定理：$f(x)$ 中如果有 $(ax-b)$ 的因式,则 $f(x)$ 能被 $(ax-b)$ 整除,即 $f\left(\dfrac{b}{a}\right)=0$.

2. 余式定理：$f(x)$ 除以 $(ax-b)$ 的余式为 $f\left(\dfrac{b}{a}\right)$.

题型特征：

1. 因式 A 是 B 的一个因式.

2. A 式能被多项式 B 整除.

3. B 除 A 的余式为 0.

解题步骤:

1. 化等式.

2. 令除式为 0.

3. 解方程组.

♦️ **例 1**:二次三项式 $x^2 + x - 6$ 是多项式 $2x^4 + x^3 - ax^2 + bx + a + b - 1$ 的一个因式.

(1) $a = 16$.

(2) $b = 2$.

答案:E 解析:由结论可知化等式:$f(x) = 2x^4 + x^3 - ax^2 + bx + a + b - 1 = (x^2 + x - 6)q(x) = (x+3)(x-2)q(x)$,令除式为 0,$\begin{cases} f(-3) = 0, \\ f(2) = 0, \end{cases}$ 即 $\begin{cases} 4a + b = 67, \\ -a + b = -13, \end{cases}$ 解得 $\begin{cases} a = 16, \\ b = 3, \end{cases}$ 因此条件(1) 与条件(2) 单独都不充分,联合也不充分,选 E.

📖 **总裁有话说**:条件(1) 和条件(2) 单独肯定不成立,考虑联合,可是 $a + b - 1 = 16 + 2 - 1 = 17$ 明显不是 6 的倍数,所以秒杀联合不充分,选 E.

♦️ **例 2**:多项式 $f(x)$ 被 $x^2 - 3x + 2$ 除的余式为 $-3x + 4$.

(1) $f(x)$ 被 $x - 1$ 除的余式为 1.

(2) $f(x)$ 被 $x - 2$ 除的余式为 -2.

答案:C 解析:条件(1) 和(2) 单独显然都不充分,二者联合,设余式为 $r(x) = ax + b$,则 $\begin{cases} f(1) = 1, \\ f(2) = -2 \end{cases} \Rightarrow \begin{cases} a + b = 1, \\ 2a + b = -2 \end{cases} \Rightarrow \begin{cases} a = -3, \\ b = 4 \end{cases} \Rightarrow r(x) = -3x + 4$,答案选 C.

♦️ **例 3**:设三次多项式 $g(x)$ 满足 $g(-1) = g(0) = g(2) = 0$,$g(3) = -24$,多项式 $f(x) = x^4 - x^2 + 1$,则 $3g(x) - 4f(x)$ 被 $x - 1$ 除的余式为(   ).

A. 3   B. 5   C. 8   D. 9   E. 1

答案:C 解析:化等式:设 $g(x) = (x+1) \times x \times (x-2) \times a$,则 $-24 = 4 \times 3 \times 1 \times a$,解得 $a = -2$,有 $g(x) = -2(x+1)x(x-2)$;

令 $h(x) = 3g(x) - 4f(x)$ 化等式 $h(x) = (x-1)q(x) + r$,令除式为 0,$x - 1 = 0$,解得 $x = 1$.

$h(1) = r = 3g(1) - 4f(1) = 8$,选 C.

十二、考点精析:求值(最值求解与一般求值)

题型分类:

1. 最值问题.

2. 一般求值问题.

解题方法:

1. 配方法求代数式最值:将代数式化为 $a \pm f(x)^2$.

2. 均值不等式求最值.

3. 二次函数求最值.

4. 几何意义求最值.

例1：设实数 x,y 满足等式 $x^2-4xy+4y^2+\sqrt{3}x+\sqrt{3}y-6=0$，则 $x+y$ 的最大值为（　　）.

A. $\dfrac{\sqrt{3}}{2}$　　　　B. $\dfrac{2\sqrt{3}}{3}$　　　　C. $2\sqrt{3}$　　　　D. $3\sqrt{2}$　　　　E. $3\sqrt{3}$

答案：C　解析：因为 $x^2-4xy+4y^2+\sqrt{3}x+\sqrt{3}y-6=0$，配方可得 $(x-2y)^2+\sqrt{3}(x+y)-6=0$，即 $\sqrt{3}(x+y)=6-(x-2y)^2\leqslant 6$，从而 $x+y\leqslant \dfrac{6}{\sqrt{3}}=2\sqrt{3}$，选 C.

例2：代数式 $(a-b)^2+(b-c)^2+(c-a)^2$ 的最大值为9.

(1) 实数 a,b,c 满足 $a^2+b^2+c^2=9$.

(2) 实数 a,b,c 满足 $a^2+b^2+c^2=3$.

答案：B　解析：$(a-b)^2+(b-c)^2+(c-a)^2=2(a^2+b^2+c^2)-(2ab+2bc+2ac)=3(a^2+b^2+c^2)-(a^2+b^2+c^2+2ab+2bc+2ac)=3(a^2+b^2+c^2)-(a+b+c)^2$.

条件(1) 因为 $a^2+b^2+c^2=9$，故 $3\times 9=27$，条件(1) 不充分；

条件(2) 因为 $a^2+b^2+c^2=3$，故 $3\times 3=9$，条件(2) 充分，选 B.

例3：设实数 x,y 满足 $x+2y=3$，则 x^2+y^2+2y 的最小值为（　　）.

A. 4　　　　B. 5　　　　C. 6　　　　D. $\sqrt{5}-1$　　　　E. $\sqrt{5}+1$

答案：A　解析：将 $x=3-2y$ 代入 x^2+y^2+2y，得 $5y^2-10y+9=5(y-1)^2+4\geqslant 4$，选 A.

例4：x,y,z 为两两不等的三个实数，且 $x+\dfrac{1}{y}=y+\dfrac{1}{z}=z+\dfrac{1}{x}$，则 $x^2\times y^2\times z^2=$（　　）.

A. 1　　　　B. 2　　　　C. $\dfrac{1}{2}$　　　　D. $\dfrac{1}{3}$　　　　E. $\dfrac{1}{4}$

答案：A　方法一解析：

$x-y=\dfrac{1}{z}-\dfrac{1}{y}=\dfrac{y-z}{zy}$，则 $yz=\dfrac{y-z}{x-y}$，

$y-z=\dfrac{1}{x}-\dfrac{1}{z}=\dfrac{z-x}{xz}$，则 $xz=\dfrac{z-x}{y-z}$，

$x-z=\dfrac{1}{x}-\dfrac{1}{y}=\dfrac{y-x}{xy}$，则 $xy=\dfrac{y-x}{x-z}$，

$x^2\times y^2\times z^2=xy\times xz\times yz=\dfrac{y-x}{x-z}\times\dfrac{z-x}{y-z}\times\dfrac{y-z}{x-y}=1$，选 A.

方法二解析：

特值法：$x+\dfrac{1}{y}=y+\dfrac{1}{z}$，令 $y=1$，$x+1=1+\dfrac{1}{z}$，$x=\dfrac{1}{z}=1$，选 A.

例5：(200901) 对于使 $\dfrac{ax+7}{bx+11}$ 有意义的一切 x 的值，这个分数为定值.

(1) $7a-11b=0$.

(2)$11a - 7b = 0$.

答案：B **解析**：当 $bx + 11 \neq 0$ 时，分式 $\dfrac{ax + 7}{bx + 11}$ 有意义.

条件(1)，将 $a = \dfrac{11}{7}b$ 代入分式，即 $\dfrac{ax + 7}{bx + 11} = \dfrac{\frac{11}{7}bx + 7}{bx + 11}$，显然不是一个定值，条件(1) 不充分；

条件(2)，将 $a = \dfrac{7}{11}b$ 代入分式，即 $\dfrac{ax + 7}{bx + 11} = \dfrac{\frac{7}{11}bx + 7}{bx + 11} = \dfrac{\frac{7}{11}(bx + 11)}{bx + 11} = \dfrac{7}{11}$，是一个定值，条件

(2)充分，选 B.

总裁有话说：分式问题，证明为定值，实质为求值问题.

第三节 业精于勤

1. 有偶数位来宾.

(1) 聚会时所有来宾都被安排坐在一张圆桌周围，且每位来宾与其邻座性别不同.

(2) 聚会时男宾是女宾人数的两倍.

2. $x > y$.

(1) 若 x 和 y 都是正整数，且 $x^2 < y$.

(2) 若 x 和 y 都是正整数，且 $\sqrt{x} < y$.

3. $ab^2 < cb^2$.

(1) 实数 a, b, c 满足 $a + b + c = 0$.

(2) 实数 a, b, c 满足 $a < b < c$.

4. $a > b$.

(1)a, b 为实数，且 $a^2 > b^2$.

(2)a, b 为实数，且 $\left(\dfrac{1}{2}\right)^a < \left(\dfrac{1}{2}\right)^b$.

5. 已知 a, b 是实数，则 $a > b$.

(1)$a^2 > b^2$.

(2)$a^2 > b$.

6. 已知 a, b 为实数，则 $a \geqslant 2$ 或 $b \geqslant 2$.

(1)$a + b \geqslant 4$.

(2)$ab \geqslant 4$.

7. 设 x, y 为实数，则 $x \leqslant 6, y \leqslant 4$.

(1)$x \leqslant y + 2$.

(2)$2y \leqslant x + 2$.

8. 两个相邻的正整数都是合数，则这两个数的乘积的最小值是( )．

A. 420　　　　　B. 240　　　　　C. 210　　　　　D. 90　　　　　E. 72

9. 1531 除以某质数,余数得 13,这个质数的各数位之和为( ).

A. 7　　　　　B. 2　　　　　C. 4　　　　　D. 5　　　　　E. 8

10. 一个长方形的周长为 40,它的边长分别是一个质数与一个合数,这个长方形的面积最大值为( ).

A. 24　　　　　B. 36　　　　　C. 99　　　　　D. 100　　　　　E. 26

11. 设 $\dfrac{1}{x}:\dfrac{1}{y}:\dfrac{1}{z}=4:5:6$,则使 $x+y+z=74$ 成立的 y 值是( ).

A. 24　　　　　B. 36　　　　　C. 99　　　　　D. 100　　　　　E. 26

12. 若非零实数 a,b,c,d 满足等式 $\dfrac{a}{b+c+d}=\dfrac{b}{a+c+d}=\dfrac{c}{a+b+d}=\dfrac{d}{a+b+c}=k$,则 k = ( ).

A. 1　　　　　B. 2　　　　　C. -1　　　　　D. -2　　　　　E. -1 或 $\dfrac{1}{3}$

13. $|3x+2|+2x^2-12xy+18y^2=0$,则 $2y-3x=$ ( ).

A. $-\dfrac{14}{9}$　　　　　B. $-\dfrac{2}{9}$　　　　　C. 0　　　　　D. $\dfrac{2}{9}$　　　　　E. $\dfrac{14}{9}$

14. 实数 A,B,C 中至少有一个大于 0.

(1) $x,y,z \in \mathbf{R}$, $A=x^2-2y+\dfrac{\pi}{2}$, $B=y^2-2z+\dfrac{\pi}{3}$, $C=z^2-2x+\dfrac{\pi}{6}$.

(2) $x \in \mathbf{R}$,且 $|x| \neq 1$, $A=x-1$, $B=x+1$, $C=x^2-1$.

15. $|x-1|+|x-2|+|x-3|$ 的最小值为( ).

A. 0　　　　　B. 1　　　　　C. 2　　　　　D. 3　　　　　E. 4

16. 若 p 是质数,且 $3p+5$ 也是质数,则 $y=|x-p|+|x-2p|+|x-3p|$ 的最小值是( ).

A. 3　　　　　B. 4　　　　　C. 5　　　　　D. 8　　　　　E. 12

17. a^2-b^2 能被 4 整除.

(1) $a=2n+2$, $b=2n(n \in \mathbf{z})$.

(2) $a=2n+4$, $b=2n+2(n \in \mathbf{z})$.

18. (200510) 在 $(x+2)^{10}(x^3-2x)$ 的展开式中, x^{11} 项的系数是( ).

A. 98　　　　　B. 132　　　　　C. 178　　　　　D. 186　　　　　E. 以上均不正确

19. (201301) 在 $(x^2+3x+1)^5$ 的展开式中, x^2 项的系数为( ).

A. 5　　　　　B. 10　　　　　C. 45　　　　　D. 90　　　　　E. 95

20. 多项式 x^2+px+q 与多项式 x^2-2x-3 的乘积展开后不含 x^2, x^3 项.

(1) $p=2$, $q=7$.

(2) $p:q=2:7$.

21. 若将正数 $f(x)=x^5$ 表示为 $f(x)=a_0+a_1(1+x)+a_2(1+x)^2+\cdots+a_5(1+x)^5$,其中 $a_0,a_1,a_2,\cdots,a_5$ 为实数,则 $a_3=$ ( ).

A. 11　　　　B. 10　　　　C. 9　　　　D. 8　　　　E. 7

22. $|x-2y+1|$ 的最大值为5.

(1)x,y 是实数，$|x-1|\leqslant 1$，$|y-1|\leqslant 1$.

(2)x,y 是实数，$|x-1|\leqslant 1$，$|y-2|\leqslant 1$.

答案解析

1. **答案:A.** 条件(1)中男女成对出现,所以有偶数位来宾,条件(1)充分;条件(2)中男宾人数总是偶数,若女宾人数是奇数,则总数是奇数,所以条件(2)不充分,反例:男宾2人,女宾1人,选A.

2. **答案:E.** 条件(1)令 $x=1,y=3,1^2<3$,条件(1)不充分;

条件(2)令 $x=1,y=3,\sqrt{1}<3$,条件(2)不充分,选E.

3. **答案:E.** 条件(1)令 $a=-1,b=0,c=1$,条件(1)不充分;

条件(2)令 $a=-1,b=0,c=1$,条件(2)不充分,选E.

总裁有话说:关键注意 $b=0$.

4. **答案:B** 条件(1)令 $a=-2,b=1$,条件(1)不充分;

条件(2)单调递减的指数函数,可以得到 $a>b$,条件(2)充分,选B.

5. **答案:E.** 条件(1)令 $a=-2,b=1$,此时满足条件$(-2)^2>1^2$,但$a<b$,不满足结论,条件(1)不充分;

条件(2)令 $a=-2,b=1$,条件(2)不充分,选E.

6. **答案:A.** 条件(1)假设 $a<2$ 且 $b<2,a+b<4$,这与题目相矛盾,条件(1)充分;

条件(2)令 $a=-2,b=-3,ab=6\geqslant 4$,条件(2)不充分,选A.

7. **答案:C.** 条件(1)(2)明显单独不充分,考虑联合,

由 $\begin{cases}x\leqslant y+2,\\2y\leqslant x+2,\end{cases}$ 得$x+2y\leqslant x+y+4$,解得$\begin{cases}x\leqslant 6,\\y\leqslant 4,\end{cases}$ 选C.

8. **答案:E.** 穷举连续的合数:$4,6,8,9,\cdots$,发现8和9是连续的正整数,$8\times9=72$,选E.

9. **答案:D.** 将 $1531-13=1518$,质因数分解得到$1518=23\times11\times6$,由于余数为13,所以这个质数比13大,故这个质数为23,选D.

10. **答案:C.** 长宽之和为20.将20表示为质数与合数之和,有三种情况:$2+18,5+15,11+9$,对应最大面积为99,选C.

11. **答案:A.** 已知比求具体值,利用比例系数.设 $\frac{1}{x}=4k,\frac{1}{y}=5k,\frac{1}{z}=6k$,解出 x,y,z 的值,得$\frac{1}{4k}+\frac{1}{5k}+\frac{1}{6k}=74$,解得$\frac{1}{k}=120$,代入 $y=\frac{1}{5k}=\frac{120}{5}=24$,选A.

12. **答案:E.** 等比定理法:先判断分母之和是否为0,分两类讨论.

(1)当 $a+b+c+d=0$ 时,$a=-b-c-d$代入原式可知$k=-1$;

(2)当 $a+b+c+d\neq 0$ 时,由等比定理可知:$\frac{a}{b+c+d}=\frac{b}{a+c+d}=\frac{c}{a+b+d}=\frac{d}{a+b+c}$

$$=\frac{a+b+c+d}{3(a+b+c+d)}=k=\frac{1}{3}, 选 E.$$

13.答案:E. 由已知 $|3x+2|+2x^2-12xy+18y^2=|3x+2|+2(x-3y)^2=0$, 得 $3x+2=0$ 且 $x-3y=0$, 即 $x=-\frac{2}{3}, y=-\frac{2}{9}$, 则 $2y-3x=\frac{14}{9}$, 选 E.

14.答案:D. 条件(1) $A+B+C=x^2-2y+\frac{\pi}{2}+y^2-2z+\frac{\pi}{3}+z^2-2x+\frac{\pi}{6}=x^2+y^2+z^2-2x-2y-2z+\pi=(x-1)^2+(y-1)^2+(z-1)^2+\pi-3$, 因为 $(x-1)^2,(y-1)^2,(z-1)^2$ 均非负, $\pi-3>0$, 因此 $A+B+C>0$, 则 A,B,C 中至少有一个数大于 0, 条件(1) 充分;

(2) $A\cdot B\cdot C=(x-1)(x+1)(x^2-1)=(x^2-1)^2>0$, 并且 $|x|\neq 1$, 则 A,B,C 中至少有一个数大于 0, 条件(2) 充分, 选 D.

15.答案:C. 根据数轴上有奇数个点时, 在中间一点处取得的距离最小, 故当 $x=2$ 时, y 取最小值为 $3-1=2$, 选 C.

16.答案:B. 根据数轴上有奇数个点时, 在中间一点处取得的距离最小, 故当 $x=2p$ 时, y 取最小值为 $3p-p=2p$, 又因为 p 是质数, $3p+5$ 也为质数, $3p+5>2$, 因此 $3p+5$ 为奇数, 故 $p=2$, 所以 $2p=4$, 选 B.

17.答案:D. 条件(1) $a^2-b^2=(a+b)(a-b)=(4n+2)2=4(2n+1)$, 条件(1) 充分;
条件(2) $a^2-b^2=(a+b)(a-b)=(4n+6)2=4(2n+3)$, 条件(2) 充分, 选 D.

18.答案:C. $(x+2)^{10}$ 中一般项为 $C_{10}^k x^k 2^{10-k}(k=0,1,2,\cdots,10)$, 则 x^8 项的系数为 $C_{10}^8\times 2^2=180$, x^{10} 项的系数为 1, 所以 $(x+2)^{10}(x^3-2x)$ 的展开式中 x^{11} 项的系数为 $180-2=178$, 选 C.

19.答案:E. $[(x^2+3x)+1]^5$ 的一般项为 $C_5^k(x^2+3x)^k=C_5^k x^k(x+3)^k, k=0,1,2,3,4,5$, 其中 $C_5^1 x(x+3)$ 与 $C_5^2 x^2(x+3)^2$ 中含有 x^2 项, 所以 x^2 项的系数为 $C_5^1+C_5^2\times 3^2=5+90=95$, 选 E.

20.答案:A. $(x^2+px+q)(x^2-2x-3)$ 的 x^2 项的系数为 $q-2p-3$, x^3 项的系数为 $p-2$, $\begin{cases}q-2p-3=0,\\p-2=0\end{cases}\Rightarrow p=2,q=7$, 选 A.

21.答案:B. $f(x)=x^5=(1+x-1)^5=[(1+x)-1]^5$, 该二项式的一般项为 $C_5^k(1+x)^k\times(-1)^{5-k}$, 则 $(1+x)^3$ 的系数为 $a_3=C_5^3(-1)^{5-3}=10$, 即 $a_3=10$, 选 B.

22.答案:B. 条件(1) $|x-2y+1|=|(x-1)-2(y-1)|\leqslant|x-1|+2|y-1|$, 因为 $|x-1|$ 最大值为 1, $|y-1|$ 最大值也为 1, 所以此时 $|x-2y+1|\leqslant|x-1|+2|y-1|=3$, 条件(1) 不充分;
条件(2) $|x-2y+1|=|(x-1)-2(y-2)-2|\leqslant|x-1|+2|y-2|+2$, 因为 $|x-1|$ 最大值为 1, $|y-2|$ 最大值也为 1, 所以此时 $|x-2y+1|\leqslant|x-1|+2|y-2|+2=5$, 条件(2) 充分, 选 B.

第 二 章

函数、方程、不等式

━━ 第一节　本章初识

本章思维导图

一、函数概念、定理

1. 概念

设 A，B 是非空的数集，如果按照某种确定的对应关系 f，使得对于集合 A 中的任意一个数 x，在集合 B 中都有唯一确定的数 y 和它对应，说明 $A \rightarrow B$ 为从集合 A 到集合 B 的一个函数，记作 $y = f(x)$，$x \in A$ 或 $f(A) = \{y \mid f(x) = y, y \in B\}$.

2. 函数的三要素

定义域(自变量的取值范围)，对应法则(函数关系 $y = f(x)$)，值域(因变量的取值范围).

3. 函数的特性

(1) 单调性：设函数 $f(x)$ 的定义域为 D，区间 I 包含于 D. 如果对于区间 I 上任意两点 x_1 及 x_2，当 $x_1 < x_2$ 时，恒有 $f(x_1) < f(x_2)$，则称函数 $f(x)$ 在区间 I 上是单调递增的；如果对于区间 I 上任意两点 x_1 及 x_2，当 $x_1 < x_2$ 时，恒有 $f(x_1) > f(x_2)$，则称函数 $f(x)$ 在区间 I 上是单调递减的. 单调递增和单调递减的函数统称为单调函数.

(2) 奇偶性：

设 $f(x)$ 在定义域上满足 $f(-x) = -f(x)$，则称 $f(x)$ 为奇函数；

设 $f(x)$ 在定义域上满足 $f(-x) = f(x)$，则称 $f(x)$ 为偶函数.

从几何上说明：

奇函数几何图像关于原点对称，反之若一个函数图像关于原点对称，则为奇函数，举例 $y = x$；

偶函数几何图像关于 y 轴对称，反之若一个函数图像关于 y 轴对称，则为偶函数，举例 $y = x^2$.

(3) 周期性:设函数 $f(x)$ 的定义域为 D,如果存在一个正数 T,使得对于任意 $x \in D$ 有 $x \pm T \in D$,且 $f(x \pm T) = f(x)$ 恒成立,则称 $f(x)$ 为周期函数,T 称为 $f(x)$ 的周期.

4. 集合

(1) 定义:集合是指具有某种特定性质的具体或抽象的对象汇总而成的集体. 其中,构成集合的这些对象称为该集合的元素.

(2) 性质:确定性、互异性、无序性.

(3) 分类:不包含任何元素的集合称之为空集,记为 $\varnothing$.

子集:设 S,T 是两个集合,如果 S 的所有元素都属于 T,即 $x \in S \Rightarrow x \in T$,则称 S 是 T 的子集,记为 $S \subseteq T$. 显然,对于任何集合 S 都有,$S \subseteq S$,$\varnothing \subseteq S$. 符号 $\subseteq$ 读作包含于,表示该符号左边集合中的元素全部是该符号右边集合中的元素,如果 S 是 T 的一个子集,即 $S \subseteq T$,但在 T 中至少存在一个元素 $x \notin S$,即 $S \subset T$,则称 S 是 T 的一个真子集.

5. 集合的表示方法

(1) 列举法:将集合的元素逐一列举出来的方式. 例如:由四个字母 a,b,c,d 组成的集合 A 可用 $A = \{a,b,c,d\}$ 表示,如此,等等.

(2) 描述法:形式为 {代表元素|满足的性质}.

(3) 图像法:一般用平面上的矩形或圆形表示一个集合,是集合的一种直观的图形表示法.

(4) 符号法:

N:非负整数集合或自然数集合 $\{0,1,2,3,\cdots\}$.

N* 或 **N**$_+$:正整数集合 $\{1,2,3,\cdots\}$.

Z:整数集合 $\{\cdots,-1,0,1,\cdots\}$.

R:实数集合(包括有理数和无理数).

$\varnothing$:空集(不含有任何元素的集合).

6. 集合的关系

S 是 T 的子集,表示为 $S \subseteq T$,S 是 T 的真子集,表示为 $S \subset T$.

(1) 任何一个集合是它本身的子集,记为 $S \subseteq S$.

(2) 空集是任何集合的子集,记为 $\varnothing \subseteq S$,空集是任何非空集合的真子集,记为 $\varnothing \subset S$.

(3) 如果 $A \subseteq B$,同时 $B \subseteq A$,那么 $A = B$,如果 $A \subseteq B$,$B \subseteq C$,那么 $A \subseteq C$.

(4) 并集:所有属于集合 A 或属于集合 B 的元素所组成的集合,记作 $A \cup B$(或 $B \cup A$),读作 "A 并 B"(或"B 并 A"),即 $A \cup B = \{x \mid x \in A$ 或 $x \in B\}$,如下图所示. 注意:并集越并越多,这与交集的情况正好相反.

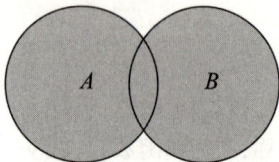

(5) 交集:属于 A 且属于 B 的相同元素组成的集合,记作 $A \bigcap B$(或 $B \bigcap A$),读作"A 交 B"(或 "B 交 A"),即 $A \bigcap B = \{x \mid x \in A$ 且 $x \in B\}$,如下图所示.注意:交集越交越少.若 A 包含 B,则 $A \bigcap B = B, A \bigcup B = A$.

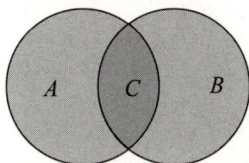

7. 集合的运算

(1) 交换律:$A \bigcap B = B \bigcap A$;$A \bigcup B = B \bigcup A$.

(2) 结合律:$A \bigcup (B \bigcup C) = (A \bigcup B) \bigcup C$;$A \bigcap (B \bigcap C) = (A \bigcap B) \bigcap C$.

(3) 分配对偶律:$A \bigcap (B \bigcup C) = (A \bigcap B) \bigcup (A \bigcap C)$;$A \bigcup (B \bigcap C) = (A \bigcup B) \bigcap (A \bigcup C)$.

(4) 同一律:$A \bigcup \varnothing = A$;$A \bigcap U = A$($U$ 为全集).

(5) 吸收律:$A \bigcup (A \bigcap B) = A$;$A \bigcap (A \bigcup B) = A$.

(6) 容斥原理:$A \bigcup B \bigcup C = A + B + C - A \bigcap B - B \bigcap C - C \bigcap A + A \bigcap B \bigcap C$.

8. 一元二次函数及其图像

(1) 定义:一元二次函数是只有一个未知数,且最高次必须为二次的多项式函数,图像是一条对称轴与 y 轴平行或重合的抛物线.

一般式:$y = ax^2 + bx + c (a \neq 0)$.

顶点式:$y = a\left(x + \dfrac{b}{2a}\right)^2 + \dfrac{4ac - b^2}{4a}(a \neq 0)$.

两根式(零点式):$y = a(x - x_1)(x - x_2)(a \neq 0)$.

(2) 图像:一元二次函数的图像是一条抛物线,图像的顶点坐标为 $\left(-\dfrac{b}{2a}, \dfrac{4ac - b^2}{4a}\right)$,对称轴是直线 $x = -\dfrac{b}{2a}$.

最值:当 $a > 0$ 时,函数图像开口向上,$x = -\dfrac{b}{2a}$ 时,y 有最小值,$y_{\min} = \dfrac{4ac - b^2}{4a}$,无最大值;若 x 无法取到 $-\dfrac{b}{2a}$,那么在给定区间内,距离对称轴 $x = -\dfrac{b}{2a}$ 最近的 x 值处,可取到最小值,距离对称轴 $x = -\dfrac{b}{2a}$ 最远的 x 值处,可取到最大值.

当 $a < 0$ 时,函数图像开口向下,$x = -\dfrac{b}{2a}$ 时,y 有最大值,$y_{\max} = \dfrac{4ac - b^2}{4a}$,无最小值;若 x 无法取到 $-\dfrac{b}{2a}$,那么在给定区间内,距离对称轴 $x = -\dfrac{b}{2a}$ 最近的 x 值处,可取到最大值,距离对称轴 $x = -\dfrac{b}{2a}$ 最远的 x 值处,可取到最小值.

（3）单调性：$a > 0$ 时，函数在区间 $\left(-\infty, -\dfrac{b}{2a}\right)$ 上为减函数，在 $\left(-\dfrac{b}{2a}, +\infty\right)$ 上为增函数；

$a < 0$ 时，函数在区间 $\left(-\infty, -\dfrac{b}{2a}\right)$ 上为增函数，在 $\left(-\dfrac{b}{2a}, +\infty\right)$ 上为减函数．

（4）与 x 轴交点个数：

当 $\Delta = b^2 - 4ac > 0$ 时，函数图像与 x 轴有两个交点；

当 $\Delta = b^2 - 4ac = 0$ 时，函数图像与 x 轴有一个交点（函数图像与 x 轴相切）；

当 $\Delta = b^2 - 4ac < 0$ 时，函数图像与 x 轴没有交点；

若 $a = 0$ 且 $b \neq 0$ 时，函数图像与 x 轴有一个交点．

9. 指数、对数函数

（1）指数函数
$y = a^x \ (a > 0, a \neq 1)(x \in \mathbf{R})$

项目	$a > 1$	$0 < a < 1$
图像	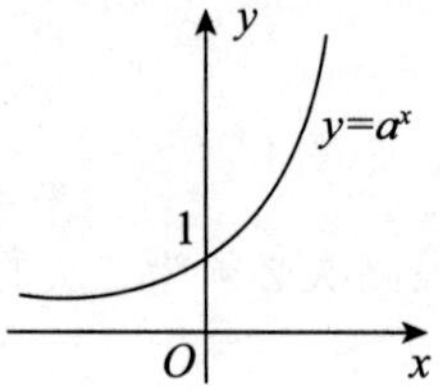	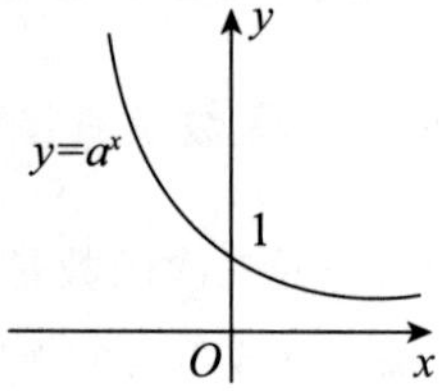
性质	定义域：全体实数 $\mathbf{R}$	
	值域：$(0, +\infty)$	
	过定点：过点 $(0,1)$，即 $x = 0$ 时，$y = 1$	
	单调性：增函数	单调性：减函数

（2）对数函数

定义：形如 $y = \log_a x \ (a > 0$ 且 $a \neq 1)$ 的函数叫作对数函数，x 是自变量，函数的定义域是 $(0, +\infty)$．

$\log_a MN = \log_a M + \log_a N$

$\log_a \dfrac{M}{N} = \log_a M - \log_a N$

$\log_a M^n = n \log_a M$

$\log_a \sqrt[n]{M} = \dfrac{1}{n} \log_a M$

$a^{\log_a N} = N$

项目	$a > 1$	$0 < a < 1$
图像		
性质	定义域:$(0, +\infty)$	
	值域:$\mathbf{R}$	
	过定点:过点$(1,0)$,即 $x = 1$ 时,$y = 0$	
	单调性:增函数	单调性:减函数

二、代数方程概念、定理

1. 概念

方程是指含有未知数的等式.是表示两个数学式(如两个数、函数、量、运算)之间相等关系的一种等式,使等式成立的未知数的值称为"解"或"根".求方程的解的过程称为"解方程".

2. 简单方程(组)

(1) 一元一次方程:

若 $ax = b$,则 $\begin{cases} x = \dfrac{b}{a}, & a \neq 0, \\ \text{无解}, & a = 0, b \neq 0, \\ x \in \mathbf{R}, & a = 0, b = 0. \end{cases}$

(2) 二元一次方程组:

形如 $\begin{cases} a_1 x + b_1 y = c_1, \\ a_2 x + b_2 y = c_2 \end{cases}$ 的方程组为二元一次方程组,求解:

方法一:加减消元 $\begin{cases} a_1 x + b_1 y = c_1, & ① \\ a_2 x + b_2 y = c_2, & ② \end{cases}$

①$\times b_2 -$②$\times b_1$,得到$(a_1 b_2 - a_2 b_1)x = b_2 c_1 - b_1 c_2$,

解出 x,将 x 的值代入 ① 或 ②,求出 y 的值,此时得到方程组的解.

方法二:代入消元,由 ① 可得 $y = \dfrac{c_1 - a_1 x}{b_1}(b_1 \neq 0)$,

将 y 代入 ②,得出关于 x 的一元一次方程,求解 x,将 x 反向代入 ① 或 ② 式,求出 y,此时得到方程组的解.

3. 一元二次方程

(1) 定义:只含有一个未知数(一元),并且未知数项的最高次数是 2(二次)的整式方程叫作一元二次方程.一元二次方程经过整理都可化成一般形式 $ax^2 + bx + c = 0(a \neq 0)$.其中 ax^2 叫作二次项,a 是二次项系数;bx 叫作一次项,b 是一次项系数;c 叫作常数项.

变形:$ax^2 + bx = 0(a, b$ 是实数,$a \neq 0)$

$\qquad ax^2 + c = 0(a, c$ 是实数,$a \neq 0)$

$\qquad ax^2 = 0(a$ 是实数,$a \neq 0)$

(2) 求根公式:$x = \dfrac{-b \pm \sqrt{b^2 - 4ac}}{2a}(b^2 - 4ac \geqslant 0)$.

(3) 判别式:$\Delta = b^2 - 4ac$.

$\Delta = b^2 - 4ac > 0$ 时,方程有两个不相等的实根;

$\Delta = b^2 - 4ac = 0$ 时,方程有两个相等的实根;

$\Delta = b^2 - 4ac < 0$ 时,方程没有实根.

(4) 韦达定理:描述根与系数之间的关系.

若 x_1, x_2 为方程 $ax^2 + bx + c = 0(a \neq 0$ 且 $\Delta = b^2 - 4ac \geqslant 0)$ 的两个实根,则

$$x_1 + x_2 = -\frac{b}{a}, x_1 x_2 = \frac{c}{a}, |x_1 - x_2| = \frac{\sqrt{b^2 - 4ac}}{|a|}.$$

三、不等式概念、定理

1. 概念

一般地,用纯粹的大于号"$>$"、小于号"$<$"表示大小关系的式子,叫作不等式.用"$\neq$"表示不等关系的式子也是不等式.

2. 性质

(1) 对称性:如果 $x > y$,那么 $y < x$;如果 $y < x$,那么 $x > y$.

(2) 传递性:如果 $x > y$,$y > z$;那么 $x > z$.

(3) 加法原则:如果 $x > y$,而 z 为任意实数或整式,那么 $x + z > y + z$.

同向可相加:如果 $a > b$,$c > d$,那么 $a + c > b + d$;如果 $a > b$,$c < d(-c > -d)$,那么 $a - c > b - d$.

(4) 乘法原则:如果 $x > y$,$z > 0$,那么 $xz > yz$;如果 $x > y$,$z < 0$,那么 $xz < yz$.

正数同向可相乘:如果 $a > b > 0$,$c > d > 0$,那么 $ac > bd$.

如果 $a > b > 0$,$d > c > 0\left(\dfrac{1}{c} > \dfrac{1}{d} > 0\right)$,那么 $\dfrac{a}{c} > \dfrac{b}{d}$.

(5) 乘、开方性:如果 $x > y > 0$,$x^n > y^n(n$ 为正数),$x^n < y^n(n$ 为负数),$\sqrt[n]{x} > \sqrt[n]{y} > 0$.

(6) 倒数性:如果 $a > b, ab > 0$,那么 $\dfrac{1}{a} < \dfrac{1}{b}$.

3. 不等式求解

(1) 不等式的两边同乘(或除以)一个正数,不改变不等号的方向.

若 $a > b, c > 0$,那么 $ac > bc \left(或 \dfrac{a}{c} > \dfrac{b}{c}\right)$.

(2) 不等式的两边同乘(或除以)一个负数,必须改变不等号的方向.

若 $a > b, c < 0$,那么 $ac < bc \left(或 \dfrac{a}{c} < \dfrac{b}{c}\right)$.

(3) 不等式的两边都加上(或减去)同一个数(或式子),不等号的方向不变.

若 $a > b$,那么 $a \pm c > b \pm c$.

不等式组求解:分别求出组成不等式组的每个不等式的解集,再求这些解集的交集.

4. 一元一次不等式

(1) 定义:一元一次不等式是一个数学算式,类似于一元一次方程,含有一个未知数,未知数的次数是 1,未知数的系数不为 0. 左右两边为整式的不等式,叫作一元一次不等式,形如 $ax > b$ 或 $ax < b$.

(2) 将一元一次不等式化为 $ax > b$ 的形式:

① 若 $a > 0$,则 $x > \dfrac{b}{a}$;

② 若 $a < 0$,则 $x < \dfrac{b}{a}$;

③ 若 $a = 0, b < 0$,则 $x \in \mathbf{R}$,

若 $a = 0, b \geqslant 0$,则 x 无解.

将一元一次不等式化为 $ax < b$ 的形式:

① 若 $a > 0$,则 $x < \dfrac{b}{a}$;

② 若 $a < 0$,则 $x > \dfrac{b}{a}$;

③ 若 $a = 0, b \leqslant 0$,则 x 无解,

若 $a = 0, b > 0$,则 $x \in \mathbf{R}$.

5. 一元二次不等式

(1) 定义:含有一个未知数且未知数的最高次数为 2 的不等式叫作一元二次不等式,一般形式为:$ax^2 + bx + c > 0$ 或 $ax^2 + bx + c < 0 (a \neq 0)$,一般称 $a > 0$ 为标准型,任何一元二次不等式都可以利用不等式两边同乘 -1 变为标准型,注意不等号方向要改变.

（2）二次三项式、一元二次函数、方程、不等式对比

项目	$\Delta > 0$	$\Delta = 0$	$\Delta < 0$
二次三项式 $ax^2 + bx + c$	因式分解为 $a(x - x_1)(x - x_2)$	因式分解为 $a\left(x + \dfrac{b}{2a}\right)^2$	不能因式分解
一元二次函数 $y = ax^2 + bx + c(a > 0)$ 的图像			
一元二次方程 $ax^2 + bx + c = 0$ （其中 $a \neq 0$）	两个相异实根 $x_{1,2} = \dfrac{-b \pm \sqrt{b^2 - 4ac}}{2a}$	两个相等实根 $x_1 = x_2 = -\dfrac{b}{2a}$	没有实根
一元二次不等式 $ax^2 + bx + c > 0$ （其中 $a > 0$）	$x < x_1$ 或 $x > x_2$ （设 $x_1 < x_2$）	$x \neq -\dfrac{b}{2a}$	全体实数 $\mathbf{R}$
一元二次不等式 $ax^2 + bx + c < 0$ （其中 $a > 0$）	$x_1 < x < x_2$ （设 $x_1 < x_2$）	无解	无解

第二节　见微知著

一、考点精析：一元二次函数（必考）

题型分类：

1. 一元二次函数与方程的结合（根据图形考查坐标轴交点所围图形面积）

（1）如右图所示，已知 A, B 两点为二次函数 $f(x) = ax^2 + bx + c(a \neq 0)$ 的图像与 x 轴的交点，C 为二次函数的顶点，求 $\triangle ABC$ 的面积.

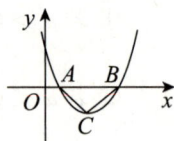

解题方法：$S_{\triangle ABC} = \dfrac{1}{2}|AB| \times \left|\dfrac{4ac - b^2}{4a}\right|$（$C$ 点纵坐标的绝对值），其中

$|AB| = \sqrt{(x_1 - x_2)^2} = \sqrt{(x_1 + x_2)^2 - 4x_1 x_2} = \dfrac{\sqrt{b^2 - 4ac}}{|a|}$.

（2）如右图所示，已知 A, B 两点为二次函数 $f(x) = ax^2 + bx + c(a \neq 0)$ 的图像与 x 轴的交点，C 为二次函数与 y 轴的交点，求 $\triangle ABC$ 的面积.

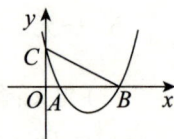

解题方法：$S_{\triangle ABC} = \dfrac{1}{2}|AB| \times c$（$C$ 点纵坐标），其中 $|AB| = \sqrt{(x_1 - x_2)^2} =$

$\sqrt{(x_1 + x_2)^2 - 4x_1 x_2} = \dfrac{\sqrt{b^2 - 4ac}}{|a|}$.

例1：二次函数 $y = x^2 + bx + c$ 的图像与 x 轴交于 A, B 两点，与 y 轴交于 $C(0, 3)$，若 $\triangle ABC$ 的

面积是 9,则此二次函数的最小值为(　　).

A. -6　　　　B. -9　　　　C. 6　　　　D. 9　　　　E. 以上都不正确

答案:B　解析:已知二次函数过 $(0,3)$ 点,因此 $c=3$,若 x_1,x_2 是方程 $x^2+bx+c=0$ 的两根,则

$\dfrac{1}{2}|x_1-x_2|\times 3=9$,有 $(x_1-x_2)^2=(x_1+x_2)^2-4x_1x_2=b^2-4c=b^2-12=36$,故 $b^2=48$,因

此 $y=x^2+bx+c=\left(x+\dfrac{b}{2}\right)^2+\dfrac{4c-b^2}{4}\geqslant \dfrac{4c-b^2}{4}=\dfrac{12-48}{4}=-9$,故此二次函数的最小值是 -9.

◆♪例 2: 若二次函数 $y=ax^2+bx+c$ 与 x 轴两交点 A,B 与二次函数顶点 C 连接为等腰直角三角

形,则 $\Delta=b^2-4ac=($　　).

A. 0　　　　B. 12　　　　C. 4　　　　D. 6　　　　E. 以上均不正确

答案:C　解析:因为抛物线与 x 轴有两个交点,所以 $\Delta>0$,有 $|b^2-4ac|=b^2-4ac$,又因为

$AB=\dfrac{\sqrt{b^2-4ac}}{|a|}$,点 C 的纵坐标的绝对值 $=\dfrac{b^2-4ac}{4|a|}(a\neq 0)$,$\triangle ABC$ 为等腰直角三角形,则

$\dfrac{1}{2}AB=|y_C|$. 因此,$\dfrac{\sqrt{b^2-4ac}}{2|a|}=\dfrac{b^2-4ac}{4|a|}$,即 $b^2-4ac=\dfrac{(b^2-4ac)^2}{4}$,$b^2-4ac\neq 0$,故 $b^2-4ac=4$.

2. 一元二次函数的最值问题

解题方法:

第一步:将二次函数一般式转化为形如 $y=a\left(x+\dfrac{b}{2a}\right)^2+\dfrac{4ac-b^2}{4a}$ 的配方式;

第二步:判断定义域是否为全体实数,即 x 是否属于 **R**;

第三步:若 $x\in$ **R**,则 $a>0$ 时,对称轴处取得最小值,最小值为 $\dfrac{4ac-b^2}{4a}$;$a<0$ 时,对称轴处取

得最大值,最大值为 $\dfrac{4ac-b^2}{4a}$;

第四步:若 $x\notin$ **R**,则 $a>0$ 时,最小值在距离对称轴较近的端点处取得,最大值在距离对称轴

较远的端点处取得;$a<0$ 时,最大值在距离对称轴较近的端点处取得,最小值在距离对称轴较远的

端点处取得.

总裁有话说: 若已知方程 $ax^2+bx+c=0$ 的两根为 x_1,x_2,则 $y=ax^2+bx+c(a\neq 0)$ 的最

值为 $f\left(\dfrac{x_1+x_2}{2}\right)$.

◆♪例 3: 一元二次函数 $x(1-x)$ 的最大值是(　　).

A. 0.05　　　　B. 0.10　　　　C. 0.15　　　　D. 0.20　　　　E. 0.25

答案:E　解析:$f(x)=x(1-x)=-(x^2-x)=-\left(x-\dfrac{1}{2}\right)^2+\dfrac{1}{4}\leqslant\dfrac{1}{4}$,当 $x=\dfrac{1}{2}$ 时,$f(x)$

取最大值,且 $f(x)_{\max}=\dfrac{1}{4}=0.25$,选 E.

◆♪例 4: 已知 $ax^2+bx+c>0$ 的解集为 $(-\infty,-2)\bigcup(4,+\infty)$,且 $f(x)=ax^2+bx+c$ 过

$(0,-8)$,则 $f(x)$ 的最小值为(　　).

A. 9   B. -9 C. -3 D. 2   E. -6

答案：B 解析：因为二次不等式 $ax^2+bx+c>0$ 的解集为 $(-\infty,-2)\bigcup(4,+\infty)$，因此 $x=-2,x=4$ 即为方程 $ax^2+bx+c=0$ 的两根，该方程所对应的函数式为 $f(x)=a(x+2)\times(x-4)$，该函数过 $(0,-8)$ 点，代入有 $f(0)=-8a=-8$，因此 $a=1$，故 $f(x)=(x+2)(x-4)=x^2-2x-8$，配方可得 $f(x)=(x-1)^2-9$，故 $f(x)$ 的最小值为 -9，选 B.

总裁有话说：不等式解集的端点即为对应方程的根.

例 5：若函数 $y=x^2-2mx+m-1$ 在 $[-1,1]$ 上的最小值为 -1，则 $m=($ $)$.

A. $-\dfrac{1}{3}$ B. 0   C. 1   D. 0 或 1   E. 以上均不正确

答案：D 解析：将函数一般式化为配方式，有 $y=x^2-2mx+m-1=(x-m)^2+(-m^2+m-1)$，开口向上，对称轴为 $x=m$.

(1) 当 $m<-1$ 时，对称轴 $x=m$ 在区间 $[-1,1]$ 左侧，最小值在距离对称轴较近的端点处取得，故 $y_{\min}=f(-1)=3m=-1$，则 $m=-\dfrac{1}{3}$，与 $m<-1$ 矛盾，因此 m 无解；

(2) 当 $-1\leqslant m\leqslant 1$ 时，对称轴 $x=m$ 在区间 $[-1,1]$ 内，在对称轴处取得最小值，故 $y_{\min}=f(m)=-m^2+m-1=-1$，则 $m^2-m=0$，即 $m=0$ 或 1；

(3) 当 $m>1$ 时，对称轴 $x=m$ 在区间 $[-1,1]$ 右侧，最小值在距离对称轴较近的端点处取得，故 $y_{\min}=f(1)=-m=-1$，则 $m=1$，与 $m>1$ 矛盾，因此 m 无解.

综上，$m=0$ 或 1，选 D.

总裁有话说：本题属于动轴定区间类型，若题目为定轴动区间也需分类讨论.

3. 一元二次函数表达式间的转化问题

一般式：$f(x)=ax^2+bx+c(a\neq 0)$.

配方式：$f(x)=a\left(x+\dfrac{b}{2a}\right)^2+\dfrac{4ac-b^2}{4a}$.

两点式（零点式）：$f(x)=a(x-x_1)(x-x_2)$.

例 6：(2015) 已知 $f(x)=x^2+ax+b$，则 $0\leqslant f(1)\leqslant 1$.

(1) $f(x)$ 在区间 $[0,1]$ 中有两个零点.

(2) $f(x)$ 在区间 $[1,2]$ 中有两个零点.

答案：D 解析：利用二次函数的零点式，条件(1) 设 $f(x)=(x-x_1)(x-x_2)$，其中 $x_1,x_2\in[0,1]$，则 $x_1-1,x_2-1\in[-1,0]$，故 $f(1)=(1-x_1)(1-x_2)=(x_1-1)(x_2-1)\in[0,1]$，条件(1) 充分；条件(2) 设 $f(x)=(x-x_1)(x-x_2)$，其中 $x_1,x_2\in[1,2]$，则 $x_1-1,x_2-1\in[0,1]$，故 $f(1)=(1-x_1)(1-x_2)=(x_1-1)(x_2-1)\in[0,1]$，条件(2) 充分，选 D.

例 7：设函数 $f(x)=(ax-1)(x-4)$，则 $x=4$ 在左侧附近有 $f(x)<0$.

(1) $a>\dfrac{1}{4}$.

(2) $a<4$.

答案：A **解析**：因题干给定为两点式，故不需要变换，由题目结论：在 $x=4$ 的左侧附近有 $f(x)<0$，则结合函数图像关系，分如下情况讨论：

情况①：当 $a=0$ 时，此时为直线 $f(x)=-x+4$，则在 $x=4$ 的左侧的 $f(x)$ 均大于 0，此时条件（2）已经不充分；

情况②：当 $a>0$，即抛物线开口向上时，且一个根已经为 4. 如果使得结论成立，则另一个根必须在 4 的左侧，即 $x=\dfrac{1}{a}<4$ 且 $a>0$，求解可得，$a>\dfrac{1}{4}$，则条件（1）充分；

情况③：当 $a<0$，即抛物线开口向下时，且一个根已经为 4. 由于另一个根 $x=\dfrac{1}{a}<0$，则这个根必然在 4 的左侧，再结合图像的开口向下，则此时在 $x=4$ 左侧的附近是 $f(x)>0$，这与结论矛盾，故 $a<0$ 不可能存在.

综上所述，条件（1）充分，条件（2）不充分.

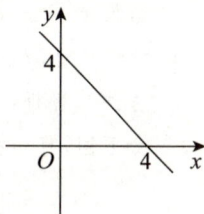

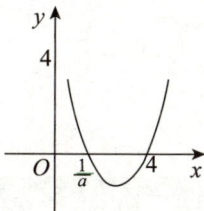

4. 复合函数或多个函数问题

解题方法：数形结合

♪**例 8**：(2018) 设函数 $f(x)=x^2+ax$，则 $f(x)$ 的最小值与 $f(f(x))$ 的最小值相等.

(1)$a\geqslant 2$.

(2)$a\leqslant 0$.

答案：D **解析**：$f(x)=x^2+ax=\left(x+\dfrac{a}{2}\right)^2-\dfrac{a^2}{4}$，则 $f(x)_{\min}=-\dfrac{a^2}{4}$，令 $y=f(x)=x^2+ax$，则 $f[f(x)]=f(y)=y^2+ay=\left(y+\dfrac{a}{2}\right)^2-\dfrac{a^2}{4}$，当且仅当 $y+\dfrac{a}{2}=0$ 时，$f(x)$ 的最小值与 $f[f(x)]$ 的最小值相等. 故 $y+\dfrac{a}{2}=x^2+ax+\dfrac{a}{2}=0$，这方程要有解，需 $\Delta=a^2-4\times\dfrac{a}{2}\geqslant 0$，可得到 a 的取值范围为 $a\geqslant 2$ 或 $a\leqslant 0$，所以两个条件单独都充分，选 D.

♪**例 9**：直线 $y=x+b$ 是抛物线 $y=x^2+a$ 的切线.

(1)$y=x+b$ 与 $y=x^2+a$ 有且仅有一个交点.

(2)$x^2-x\geqslant b-a(x\in\mathbf{R})$.

答案：A **解析**：条件(1)$y=x+b$ 与 $y=x^2+a$ 有且仅有一个交点，由于 $y=x+b$ 的斜率为 1，不可能与 y 轴平行，所以必定是抛物线 $y=x^2+a$ 的切线，条件(1)充分；

条件(2)移项可得，$x^2+a\geqslant x+b$，抛物线 $y=x^2+a$ 可能在直线 $y=x+b$ 上方，如右图，可以没有交点，条件(2)不充分，选 A.

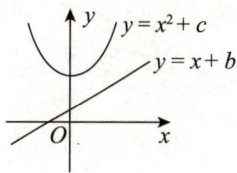

♪**例 10**：(2018) 函数 $f(x)=\max\{x^2,-x^2+8\}$ 的最小值为（　　）.

A. 8 　　　　　 B. 7 　　　　　 C. 6 　　　　　 D. 5 　　　　　 E. 4

答案：E 方法一解析：

假设 $x^2 \geq -x^2 + 8$，整理得 $x^2 \geq 4$，解得 $x \geq 2$ 或 $x \leq -2$，此时 $f(x) = x^2$，最小值为 4；当 $-2 \leq x \leq 2$ 时，$f(x) = -x^2 + 8$，最小值也为 4，综上，最小值为 4，选 E.

方法二解析：

如下图，可知在 $x = \pm 2$ 时，$f(x)$ 达到最小值 4，选 E.

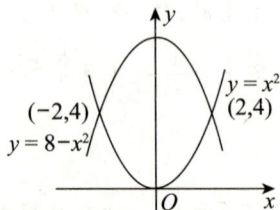

二、考点精析:指数、对数函数(高频)

题型分类:

1. 指数函数单调性问题

$y = a^x (a > 0, a \neq 1)(x \in \mathbf{R})$

(1) 当 $a > 1$ 时，指数函数单调递增；当 $0 < a < 1$ 时，指数函数单调递减.

(2) 函数必过 $(0,1)$ 点，总是在某一个方向上无限趋向于 x 轴，永不相交.

(3) 指数函数既不是奇函数也不是偶函数.

(4) 两个指数函数的 a 互为倒数时，两个函数关于 y 轴对称.

2. 对数函数单调性问题

$y = \log_a x (a > 0 \text{ 且 } a \neq 1)[x \in (0, +\infty)]$

(1) 当 $0 < a < 1$ 时，对数函数在定义域上单调递减；当 $a > 1$ 时，对数函数在定义域上单调递增.

(2) 函数必过 $(1,0)$ 点，与 y 轴永不相交.

(3) 对数函数既不是奇函数也不是偶函数.

(4) 负数和 0 没有对数.

(5) 底真同，对数正；底真异，对数负.

🎓**总裁来举例:** 若 $y = \log_a b$(其中 $a > 0, a \neq 1, b > 0$)

当 $0 < a < 1, 0 < b < 1$ 时，$y = \log_a b > 0$；

当 $a > 1, b > 1$ 时，$y = \log_a b > 0$；

当 $0 < a < 1, b > 1$ 时，$y = \log_a b < 0$；

当 $a > 1, 0 < b < 1$ 时，$y = \log_a b < 0$.

3.指数的运算法则

(1) $a^m \times a^n = a^{m+n}$；

(2) $a^m \div a^n = a^{m-n}$；

(3) $(a^m)^n = (a^n)^m = a^{mn}$;

(4) $a^m b^m = (ab)^m$;

(5) $a^{-n} = \dfrac{1}{a^n}$.

4.对数的运算法则：

如果 $a > 0$ 且 $a \neq 1, M > 0, N > 0$, 那么

(1) $\log_a MN = \log_a M + \log_a N$;

(2) $\log_a \dfrac{M}{N} = \log_a M - \log_a N$;

(3) $\log_a M^n = n \log_a M$;

(4) $\log_a \sqrt[n]{M} = \dfrac{1}{n} \log_a M$;

(5) $a^{\log_a N} = N$.

换底公式 : $\log_a M = \dfrac{\log_b M}{\log_b a}$, 有 $\log_a b \times \log_b c \times \log_c a = 1, \log_a b \times \log_b a = 1$.

♪ **例1**: 曲线 C_1, C_2, C_3, C_4 分别为指数函数 $y = a^x$, $y = b^x$, $y = c^x$, $y = d^x$ 的图像(如右图所示),则 a, b, c, d 与 1 的大小关系是( ).

A. $a < b < 1 < c < d$ B. $a < b < 1 < d < c$

C. $b < a < 1 < c < d$ D. $b < a < 1 < d < c$

E. $b < a < c < d < 1$

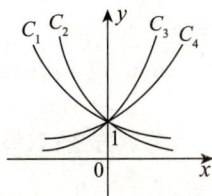

答案: D   解析:根据指数函数单调性,确定 $c > 1, d > 1, 0 < a < 1, 0 < b < 1$,令 $x = 1$,则对应的函数值由小到大依次为 $b < a < d < c$,选 D.

📖 **总裁有话说**:指数函数比较大小添辅助线 $x = 1$.

♪ **例2**: 若 $0 < a < b < 1$,则 $\log_b a, \log_a b, \log_{\frac{1}{a}} b, \log_{\frac{1}{b}} a$ 之间的大小关系为( ).

A. $\log_a b > \log_b a > \log_{\frac{1}{a}} b > \log_{\frac{1}{b}} a$ B. $\log_b a < \log_a b < \log_{\frac{1}{a}} b < \log_{\frac{1}{b}} a$

C. $\log_b a > \log_a b > \log_{\frac{1}{b}} a > \log_{\frac{1}{a}} b$ D. $\log_b a > \log_a b > \log_{\frac{1}{a}} b > \log_{\frac{1}{b}} a$

E. 无法确定

答案: D   解析:因为 $0 < a < b < 1$,所以 $\log_b a > 0, \log_a b > 0, \log_{\frac{1}{b}} a < 0, \log_{\frac{1}{a}} a < 0$.

$\log_b a > \log_b b = 1, \log_a b < \log_a a = 1$,有 $\log_b a > \log_a b > 0$,

$\log_{\frac{1}{a}} b > \log_{\frac{1}{a}} a = -1, \log_{\frac{1}{b}} a < \log_{\frac{1}{b}} b = -1$,有 $\log_{\frac{1}{b}} a < \log_{\frac{1}{a}} b < 0$,

所以 $\log_b a > \log_a b > \log_{\frac{1}{a}} b > \log_{\frac{1}{b}} a$,选 D.

📖 **总裁有话说**:不同底的对数比大小,一般先判断正负号,再找 $1, -1, 0$ 等参照数来分别与它们比较大小.

◆ 例 3：已知 $2^a = 3^b = 12$，求 $\dfrac{2}{a} + \dfrac{1}{b} = ($ $).$

A. 1   B. 2   C. 3   D. 4   E. 5

答案：A 解析：已知 $2^a = 3^b = 12$，所以 $\dfrac{1}{a} = \log_{12} 2$，$\dfrac{2}{a} = 2\log_{12} 2 = \log_{12} 4$，$\dfrac{1}{b} = \log_{12} 3$，$\dfrac{2}{a} + \dfrac{1}{b} = \log_{12} 4 + \log_{12} 3 = \log_{12} 12 = 1$，选 A.

三、考点精析：max、min 函数（高频）

1. 最大值函数

$\max\{x, y, z\}$ 表示 x, y, z 中最大的数.

2. 最小值函数

$\min\{x, y, z\}$ 表示 x, y, z 中最小的数.

注：$\max\{f(x), g(x)\} \geqslant \dfrac{f(x) + g(x)}{2}$；

$\min\{f(x), g(x)\} \leqslant \dfrac{f(x) + g(x)}{2}.$

解题方法：数形结合，画图找交点，通常在交点处取得最值.

◆ 例 1：(2017) a, b, c 为实数，则 $\min\{|a-b|, |b-c|, |a-c|\} \leqslant 5$.

(1) $|a| \leqslant 5$，$|b| \leqslant 5$，$|c| \leqslant 5$.

(2) $a + b + c = 15$.

答案：A 解析：

条件(1) 方法一：

由 $|a| \leqslant 5$，$|b| \leqslant 5$，$|c| \leqslant 5$，得到至少 2 个字母在同一个区间 $[-5, 0]$ 或者 $[0, 5]$ 内，即 a，b，c 三个数都在 $[-5, 5]$ 之间变动，所以对于 $|a-b|$，$|b-c|$，$|a-c|$ 三个数来说，最小值的范围会在 $[0, 5]$ 之间，所以满足 $\min\{|a-b|, |b-c|, |a-c|\} \leqslant 5$，条件(1) 充分.

条件(1) 方法二：

若 a, b, c 全相等或者两个相等，则结论成立；

若 a, b, c 互不相等时，不妨设 $a > b > c$，则 $|a-b| + |b-c| = a-b+b-c = a-c \in [0, 10]$，又 $|a-b|$，$|b-c|$ 非负，所以 $|a-b|$，$|b-c|$ 中至少一个 $\leqslant 5$，所以条件(1) 充分；条件(2) 取反例：$a = -7$，$b = 8$，$c = 14$，$|a-b| = 15$，$|b-c| = 6$，$|a-c| = 21$，条件(2) 不充分，选 A.

四、考点精析:奇偶函数(低频)

1. 奇偶函数的定义

(1) 若函数 $y=f(x)$ 在定义域上满足 $f(-x)=f(x)$,则称 $f(x)$ 为偶函数;

(2) 若函数 $y=f(x)$ 在定义域上满足 $f(-x)=-f(x)$,则称 $f(x)$ 为奇函数.

函数定义域是否关于原点对称是判断函数奇偶性的必要条件.

2. 奇偶函数的性质

(1) 偶函数图像关于 y 轴对称,反之,若一个函数的图像关于 y 轴对称,则为偶函数;(a,b) 为偶函数上一点,则 $(-a,b)$ 也是图像上一点;

(2) 奇函数图像关于原点对称,反之,若一个函数的图像关于原点对称,则为奇函数;(a,b) 为奇函数上一点,则 $(-a,-b)$ 也是图像上一点.

总结:1. 不论是奇函数还是偶函数,定义域都关于原点对称;

2. 奇函数 $f(-x)=-f(x)$,偶函数 $f(-x)=f(x)$;

3. 图像:奇函数关于原点对称,偶函数关于 y 轴对称.

例1:设函数 $f(x)=ax^2+(2b-1)x+3a$ 是定义在 $[a-2,3a]$ 上的偶函数,则 $a+b$ 的值是( ).

A. 0 B. -1 C. 1 D. -2 E. 2

答案:C   解析:函数 $f(x)$ 是偶函数,定义域关于原点对称,$a-2=-3a$,有 $a=\dfrac{1}{2}$,则 $f(x)=$ $\dfrac{1}{2}x^2+(2b-1)x+\dfrac{3}{2}$. 因为偶函数关于 y 轴对称,则对称轴 $x=-\dfrac{2b-1}{2a}=-\dfrac{2b-1}{2\times\dfrac{1}{2}}=0$,解得 $b=\dfrac{1}{2}$,所以 $a+b=1$,选 C.

五、考点精析:反比例函数(低频)

反比例函数的图像是两条以原点为对称中心的中心对称曲线,反比例函数图像中每一象限的每一条曲线会无限接近 x 轴、y 轴,但不会与坐标轴相交($y\neq0$).

一般地,如果两个变量 x,y 之间的关系可以表示成 $y=\dfrac{k}{x}$(k 为常数,$k\neq0$)的形式,那么称 y 是 x 的反比例函数. 因为 $y=\dfrac{k}{x}$ 是一个分式,所以自变量 x 的取值范围是 $x\neq0$. 而 $y=\dfrac{k}{x}$ 有时也被写成 $xy=k$ 或 $y=k\cdot x^{-1}$. x 是自变量,y 是因变量,y 是 x 的函数.

例1: 反比例函数 $y=\dfrac{k}{x}$ 的图像如右图所示,点 M 是该函数图像上一点,MN 垂直于 x 轴,垂足是点 N,如果 $S_{\triangle MON}=2$,则 k 的值为(　　).

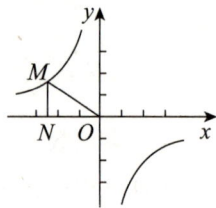

A. 2　　　　　　　　　　　B. -2　　　　　　　　　　　C. 4

D. -4　　　　　　　　　　E. 0

答案: D　**解析:** 因为 $S_{\triangle MON}=2$,故反比例函数上的点横纵坐标乘积的绝对值为4,又因为 M 在第二象限内,故反比例函数的系数为 $k=-4$,选 D.

六、考点精析:分段函数(低频)

在自变量的不同取值范围内,存在不同的对应法则,用不同的解析式来表示的函数叫作分段表示的函数,简称分段函数(在应用题中出现居多).

例1: 设函数 $f(x)=\begin{cases} x, & x>0, \\ 1-x, & x<0, \end{cases}$ 则有(　　).

A. $f(f(x))=(f(x))^2$ 　　　　　　　　　　　B. $f(f(x))=f(x)$

C. $f(f(x))>f(x)$ 　　　　　　　　　　　　D. $f(f(x))<f(x)$

E. $f(f(x))\geqslant f(x)$

答案: B　**解析:** 当 $x>0$ 时,$f(x)=x>0\Rightarrow f(f(x))=f(x)=x$,

当 $x<0$ 时,$f(x)=1-x>0\Rightarrow f(f(x))=f(1-x)=1-x$,

即无论 x 取正数还是负数,都有 $f(f(x))=f(x)$ 成立,选 B.

例2: 设函数 $f(x)=\begin{cases} \dfrac{3}{10}x, & 0\leqslant x<10, \\ x-7, & 10\leqslant x, \end{cases}$ 若 a,b 是正整数,且 $f(b)-f(a)=\dfrac{31}{5}$,则 $a+b=$

(　　).

A. 15　　　　　B. 21　　　　　C. 32　　　　　D. 40　　　　　E. 42

答案: B　**解析:** 自变量 a,b 不可能同时 $\geqslant 10$,否则 $f(b)-f(a)$ 应该为整数.

若自变量 a,b 同时在 $0\leqslant a,b<10$ 中,则由 $f(b)-f(a)=\dfrac{3}{10}b-\dfrac{3}{10}a=\dfrac{31}{5}$,有 $b-a=\dfrac{62}{3}$,不为整数,与题意矛盾.

则自变量 a,b 必然一个属于区间 $[0,10)$,一个属于区间 $[10,+\infty)$.

另 $f(b)-f(a)=\dfrac{31}{5}>0$,则 $f(b)>f(a)$,则 $a\in[0,10),b\in[10,+\infty)$,则 $f(b)-f(a)=b-7-\dfrac{3}{10}a=\dfrac{31}{5}$,有 $b-\dfrac{3}{10}a=\dfrac{66}{5}$.

对 a 为偶数 $2,4,6,8$ 枚举可知,当 $a=6$ 时,可唯一确定 $b=15$,因此 $a+b=21$,选 B.

七、考点精析：一元二次方程与不等式(必考)

题型分类：

1. 根的求解

解方程核心：① 降次；② 消元.

已知方程 $ax^2 + bx + c = 0(a \neq 0)$

(1) 十字相乘法.

(2) 利用求根公式：$x = \dfrac{-b \pm \sqrt{b^2 - 4ac}}{2a}$：

① $\Delta = 0 \Leftrightarrow$ 二次三项式 $ax^2 + bx + c(a \neq 0)$ 是一个完全平方式

        一元二次方程 $ax^2 + bx + c = 0(a \neq 0)$ 有两个相等的实根 / 具有重实根

        函数 / 抛物线 / 圆 / 曲线与 x 轴 / 直线有且仅有一个交点 / 相切

② $\Delta > 0 \Leftrightarrow$ 一元二次方程 $ax^2 + bx + c = 0(a \neq 0)$ 有两个不等的实根

        函数 / 抛物线 / 圆 / 曲线与 x 轴 / 直线有两个交点 / 不同的零点 / 相交

③ $\Delta < 0 \Leftrightarrow$ 一元二次方程 $ax^2 + bx + c = 0(a \neq 0)$ 没有实根

        函数 / 抛物线 / 圆 / 曲线与 x 轴 / 直线没有交点 / 相离

        函数 / 抛物线开口向上,图像恒在 x 轴上方,开口向下,图像恒在 x 轴下方

(3) 若方程 $ax^2 + bx + c = 0(ac \neq 0)$ 两根为 x_1, x_2：

① $ax^2 - bx + c = 0(ac \neq 0)$ 两根为 $-x_1, -x_2$；

② $cx^2 + bx + a = 0(ac \neq 0)$ 两根为 $\dfrac{1}{x_1}, \dfrac{1}{x_2}$；

③ $cx^2 - bx + a = 0(ac \neq 0)$ 两根为 $-\dfrac{1}{x_1}, -\dfrac{1}{x_2}$.

一元二次不等式解集的端点,即为所对应方程的根.

2. 根的分布问题

已知方程 $ax^2 + bx + c = 0(a > 0)$ 的根的情况：

(1) 正负根

① 方程有两个不等正根 $\Leftrightarrow \begin{cases} \Delta > 0, \\ x_1 + x_2 > 0, \\ x_1 \times x_2 > 0; \end{cases}$

② 方程有两个不等负根 $\Leftrightarrow \begin{cases} \Delta > 0, \\ x_1 + x_2 < 0, \\ x_1 \times x_2 > 0; \end{cases}$

③ 方程有一正根,有一负根 $\Leftrightarrow x_1 \times x_2 < 0 \Leftrightarrow ac < 0$.

（2）区间根

① 若 $a>0$, 方程的一根大于 k, 另一根小于 $k(k$ 为某一实数) 则 $a \times f(k)<0$;

② 若 $a>0$, 方程的根 $x_1 \in (m,n)$, 另一根 $x_2 \in (s,t)$, $x_1<x_2$, 则

$$\begin{cases} f(m) \times f(n)<0, \\ f(s) \times f(t)<0; \end{cases}$$

③ 若 $a>0$, 方程的根 x_1 和 x_2 均位于 (m,n) 上, 则

$$\begin{cases} f(m)>0, \\ f(n)>0, \\ m<-\dfrac{b}{2a}<n, \\ \Delta \geqslant 0; \end{cases}$$

④ 若 $a>0$, 方程的根 $x_1>x_2>m$, 则

$$\begin{cases} \Delta>0, \\ f(m)>0, \\ -\dfrac{b}{2a}>m. \end{cases}$$

（3）有理根:若一元二次方程 $ax^2+bx+c=0(a \neq 0)$ 的系数 a,b,c 均为有理数,方程的根为有理数,则 Δ 需能开方.

（4）整数根:若一元二次方程 $ax^2+bx+c=0(a \neq 0)$ 的系数 a,b,c 均为整数,方程的根为整数,则

$$\begin{cases} \Delta \text{ 为完全平方数,} \\ x_1+x_2=-\dfrac{b}{a} \in \mathbf{Z}, \text{即 } a \text{ 是 } b,c \text{ 的公约数.} \\ x_1 x_2 = \dfrac{c}{a} \in \mathbf{Z}, \end{cases}$$

（5）已知根的范围反求方程内参数:当做区间根问题处理.

3. 韦达定理(描述根与系数间的关系)

$(1) x_1+x_2=-\dfrac{b}{a}, x_1 x_2=\dfrac{c}{a}.$

总裁有话说:一元二次方程使用韦达定理前一定要先确定 Δ 的情况,若方程无实数根,不能使用韦达定理.

（2）韦达定理推广公式:

① $\dfrac{1}{x_1}+\dfrac{1}{x_2}=\dfrac{x_1+x_2}{x_1 x_2}=-\dfrac{b}{c}$;

② $\dfrac{1}{x_1^2}+\dfrac{1}{x_2^2}=\dfrac{(x_1+x_2)^2-2x_1 x_2}{(x_1 x_2)^2}$;

③ $|x_1-x_2|=\sqrt{(x_1-x_2)^2}=\sqrt{(x_1+x_2)^2-4x_1 x_2}=\dfrac{\sqrt{b^2-4ac}}{|a|}=\dfrac{\sqrt{\Delta}}{|a|}.$

4. 恒成立问题

(1) $f(x) > a$ 恒成立,得到 $f(x)_{\min} > a$.

(2) $f(x) < a$ 恒成立,得到 $f(x)_{\max} < a$.

(3) $f(x) > a$ 解集为空,得到 $f(x) \leqslant a$,即 $f(x)_{\max} \leqslant a$.

根的求解:

✿ **例1**: x_1, x_2 是方程 $x^2 - 2(k+1)x + k^2 + 2 = 0$ 的两个实根.

(1) $k > \dfrac{1}{2}$.

(2) $k = \dfrac{1}{2}$.

答案: D　**解析:** 方程有两个实根,说明 $\Delta = 4(k+1)^2 - 4(k^2+2) \geqslant 0$,从而可解得 $k \geqslant \dfrac{1}{2}$,即条件(1)和条件(2)都是充分的,选 D.

🐛 **总裁有话说:** 方程有两实根的条件是 $\Delta \geqslant 0$,注意存在等号.

✿ **例2**: 关于 x 的方程 $mx^2 + 2x - 1 = 0$ 有两个不相等的实根.

(1) $m > -1$.

(2) $m \neq 0$.

答案: C　**解析:** 方程有两个不相等的实根,有 $\begin{cases} \Delta = 4 + 4m > 0, \\ m \neq 0, \end{cases}$ 得 $m > -1$ 且 $m \neq 0$,即两个条件单独都不充分,但联合起来充分,选 C.

✿ **例3**: (2017) 直线 $y = ax + b$ 与抛物线 $y = x^2$ 有两个交点.

(1) $a^2 > 4b$.

(2) $b > 0$.

答案: B　**解析:** 直线与抛物线联立得 $ax + b = x^2$,即 $x^2 - ax - b = 0$ 有两个不同的根,有 $\Delta = a^2 + 4b > 0$,条件(1)取反例:令 $a = 1, b = -1$,条件(1)不充分;条件(2) $b > 0$,即 $a^2 + 4b > 0$,条件(2)充分,选 B.

根的分布问题:

✿ **例4**: 方程 $x^2 + ax + b = 0$ 有一正一负两个实根.

(1) $b = -C_4^3$.

(2) $b = -C_7^5$.

答案: D　**解析:** 方程 $x^2 + ax + b = 0$ 有一正一负两个实根,可推出 $b < 0$,所以条件(1)和条件(2)都充分,选 D.

🐛 **总裁有话说:** 方程 $ax^2 + bx + c = 0$ 有一正一负两个根,只需 $ac < 0$ 即可,因为 $ac < 0$ 判别式一定大于 0.

✿ **例5**: 方程 $\sqrt{x - p} = x$ 有两个不相等的正根.

(1) $p \geqslant 0$.

(2) $p < \dfrac{1}{4}$.

答案:E 方法一解析:

对方程 $\sqrt{x-p} = x$ 两边平方,得到 $x - p = x^2$,移项得,$x^2 - x + p = 0$,两个根为 $x_{1,2} = \dfrac{1 \pm \sqrt{1-4p}}{2}$,要为两个不等的正数,则必有 $\begin{cases} 1-4p > 0, \\ 1 - \sqrt{1-4p} > 0, \end{cases}$ 解出 $\begin{cases} p < \dfrac{1}{4}, \\ p > 0, \end{cases}$ 所以 $0 < p < \dfrac{1}{4}$,选 E.

方法二解析:

对方程 $\sqrt{x-p} = x$ 两边平方,得到 $x - p = x^2$,移项得,$x^2 - x + p = 0$,设两个根为正根,则 $x_1 x_2 = p > 0, \Delta = 1 - 4p > 0$,同时成立,从而 $0 < p < \dfrac{1}{4}$,所以条件单独都不充分,条件联合时 $p = 0$ 不满足题意,选 E.

方法三解析:

方程 $\sqrt{x-p} = x$ 中存在两个未知数,利用特值法,令 $p = 0$,代入有 $x = x^2$,解得 $x = 1$ 或 $x = 0$,因为 0 不是正数,所以条件(1)不充分,条件(2)也不充分,联合也不充分,选 E.

♣例6: 方程 $2ax^2 - 2x - 3a + 5 = 0$ 的一个根大于 1,另一个根小于 1.

(1) $a > 3$.

(2) $a < 0$.

答案:D 方法一解析:

结论要求方程 $2ax^2 - 2x - 3a + 5 = 0$ 的一个根大于 1,另一个根小于 1,可分为两种情况考虑:① 当 $a > 0$ 时,二次函数 $f(x) = 2ax^2 - 2x - 3a + 5$ 开口向上,只要 $f(1) = 2a - 2 - 3a + 5 = 3 - a < 0$ 即可,即 $a > 3$,则有 $a > 3$;② 当 $a < 0$ 时,二次函数 $f(x) = 2ax^2 - 2x - 3a + 5$ 开口向下,只要 $f(1) = 2a - 2 - 3a + 5 = 3 - a > 0$ 即可,即 $a < 3$,则有 $a < 0$,条件(1)和条件(2)都充分,选 D.

方法二解析:

因为方程开口不确定,故 $2a \times f(1) < 0$,有 $a \times (2a - 2 - 3a + 5) < 0$,即 $a(a-3) > 0$,解得 $a > 3$ 或 $a < 0$,条件(1)和条件(2)都充分,选 D.

♣例7: 关于 x 的方程 $kx^2 - (k-1)x + 1 = 0$ 有有理根,则整数 k 的值为(　　).

A.0 或 3 　　　B.1 或 5 　　　C.0 或 5 　　　D.1 或 2 　　　E.0 或 6

答案:E 解析:当 $k = 0$ 时,$x = -1$,方程有有理根;

当 $k \neq 0$ 时,方程有有理根,k 是整数,则 $\Delta = (k-1)^2 - 4k = k^2 - 6k + 1$ 为完全平方数,即存在非负整数 m,使得 $k^2 - 6k + 1 = m^2$,配方有 $(k-3)^2 - m^2 = (k-3+m)(k-3-m) = 8$,因为 $k - 3 + m$ 与 $k - 3 - m$ 是奇偶性相同的整数,积为 8,故它们均为偶数,又 $k - 3 + m > k - 3 - m$,有 $\begin{cases} k-3+m = 4, \\ k-3-m = 2 \end{cases}$ 或 $\begin{cases} k-3+m = -2, \\ k-3-m = -4, \end{cases}$ 解得 $k = 6$ 或 $k = 0$,选 E.

♣例8: 若关于 x 的二次方程 $mx^2 - (m-1)x + m - 5 = 0$ 有两个实根 α, β,且满足 $-1 < \alpha < 0$

和 $0 < \beta < 1$,则 m 的取值范围是( ).

A. $3 < m < 4$
B. $4 < m < 5$
C. $5 < m < 6$

D. $m > 6$ 或 $m < 5$
E. $m > 5$ 或 $m < 4$

答案: B 方法一解析:

由题意知,$m \neq 0$,分两种情况考虑:

①$m > 0$ 时,函数 $f(x) = mx^2 - (m-1)x + m - 5$ 开口向上,则有 $\begin{cases} f(-1) = m + m - 1 + m - 5 > 0, \\ f(0) = m - 5 < 0, \\ f(1) = m - m + 1 + m - 5 > 0, \end{cases}$

解得 $4 < m < 5$;

②$m < 0$ 时,函数 $f(x) = mx^2 - (m-1)x + m - 5$ 开口向下,则有 $\begin{cases} f(-1) = m + m - 1 + m - 5 < 0, \\ f(0) = m - 5 > 0, \\ f(1) = m - m + 1 + m - 5 < 0, \end{cases}$

此不等式组无解,选 B.

方法二解析:

$\begin{cases} f(-1)f(0) = (3m-6)(m-5) < 0, \\ f(0)f(1) = (m-5)(m-4) < 0, \end{cases}$ 解得 $4 < m < 5$,选 B.

韦达定理:

例9: 已知三次方程 $ax^3 + bx^2 + cx + d = 0$ 的三个不同实根为 x_1, x_2, x_3,满足 $x_1 + x_2 + x_3 = 0$,$x_1 x_2 x_3 = 0$,则下列关系式中恒成立的是( ).

A. $ac = 0$
B. $ac < 0$
C. $ac > 0$
D. $a + c < 0$
E. $a + c > 0$

答案: B 方法一解析:

特殊值法:设三次方程为 $x(x-1)(x+1) = 0$,即 $x^3 - x = 0$,得到 $a = 1, c = -1$,则 $ac < 0$,选 B.

方法二解析:

由三个不同实根 x_1, x_2, x_3,满足 $x_1 + x_2 + x_3 = 0$,则不妨设 $x_1 = 0$,则 $d = 0$,即原方程为 $ax^3 + bx^2 + cx + d = (ax^2 + bx + c)x = 0$,进一步设 x_2, x_3 是方程 $ax^2 + bx + c = 0$ 的两个根,由 $x_2 + x_3 = 0$,说明 x_2, x_3 异号,所以 $x_2 x_3 = \dfrac{c}{a} < 0$,可推出 $ac < 0$,选 B.

例10: $\alpha^2 + \beta^2$ 的最小值是 $\dfrac{1}{2}$.

(1)α, β 是方程 $x^2 - 2ax + (a^2 + 2a + 1) = 0$ 的两个实根.

(2)$\alpha\beta = \dfrac{1}{4}$.

答案: D 解析:条件(1)$\Delta = (-2a)^2 - 4(a^2 + 2a + 1) \geqslant 0$,得到 $a \leqslant -\dfrac{1}{2}$,由韦达定理可得,

$\alpha^2 + \beta^2 = (\alpha + \beta)^2 - 2\alpha\beta = (2a)^2 - 2(a^2 + 2a + 1) = 2a^2 - 4a - 2 = 2(a-1)^2 - 4$.

二次函数顶点 $a = 1$ 取不到,当 $a = -\dfrac{1}{2}$ 时,$\alpha^2 + \beta^2 = 2 \times \left(-\dfrac{1}{2}\right)^2 - 4 \times \left(-\dfrac{1}{2}\right) - 2 = \dfrac{1}{2}$,为

其最小值,条件(1)充分;

条件(2) 因为 $(\alpha-\beta)^2 \geqslant 0, \alpha^2+\beta^2 \geqslant 2\alpha\beta = \dfrac{1}{2}$,当且仅当 $\alpha = \beta = \dfrac{1}{2}$ 时等号成立,条件(2)也充分,选 D.

恒成立问题:

例11: 若 $y^2-2\left(\sqrt{x}+\dfrac{1}{\sqrt{x}}\right)y+3<0$ 对一切正实数 x 恒成立,则 y 的取值范围是(   ).

A. $1<y<3$ B. $2<y<4$ C. $1<y<4$ D. $3<y<5$ E. $2<y<5$

答案:A 解析:由已知 $2\left(\sqrt{x}+\dfrac{1}{\sqrt{x}}\right)y>y^2+3$,得到 $y>0$,所以 $y^2+3<2\left(\sqrt{x}+\dfrac{1}{\sqrt{x}}\right)y$,

推出 $y+\dfrac{3}{y}<2\left(\sqrt{x}+\dfrac{1}{\sqrt{x}}\right)$.由上式对一切正实数 x 恒成立,所以 $y+\dfrac{3}{y}<2\left(\sqrt{x}+\dfrac{1}{\sqrt{x}}\right)_{\min}$,由均

值不等式得到 $\sqrt{x}+\dfrac{1}{\sqrt{x}} \geqslant 2\sqrt{\sqrt{x}\times\dfrac{1}{\sqrt{x}}}=2$,当 $x=1$ 时等式成立,所以 $\left(\sqrt{x}+\dfrac{1}{\sqrt{x}}\right)_{\min}=2$,得到 y

$+\dfrac{3}{y}<2\times2=4$,即 $y^2-4y+3<0$,解得 $1<y<3$,选 A.

总裁有话说: 也可用特殊值法排除选项.

例12: 若等式 $\dfrac{(x-a)^2+(x+a)^2}{x}>4$ 对 $x\in(0,+\infty)$ 恒成立,则常数 a 的取值范围是(   ).

A. $(-\infty,-1)$ 　　　　　　 B. $(1,+\infty)$ 　　　　　　　 C. $(-1,1)$

D. $(-1,+\infty)$ 　　　　　　 E. $(-\infty,-1)\bigcup(1,+\infty)$

答案:E 方法一解析:

$\dfrac{(x-a)^2+(x+a)^2}{x}=2\left(x+\dfrac{a^2}{x}\right) \geqslant 2\times2\sqrt{x\times\dfrac{a^2}{x}}=4|a|>4$,则常数 a 的取值范围是

$(-\infty,-1)\bigcup(1,+\infty)$,选 E.

方法二解析:

$\dfrac{(x-a)^2+(x+a)^2}{x}>4$,可以推出 $(x-a)^2+(x+a)^2>4x$,得到 $a^2>-x^2+2x=f(x)$,

而 $f(x)=-x^2+2x=-(x-1)^2+1$ 在 $x\in(0,+\infty)$ 上的最大值为1,只需要 $a^2>1$ 即可,则

a 的取值范围是 $(-\infty,-1)\bigcup(1,+\infty)$,选 E.

例13: 不等式 $|x^2+2x+a| \leqslant 1$ 的解集为空集.

(1) $a<0$.

(2) $a>2$.

答案:B 解析:若 $|x^2+2x+a| \leqslant 1$ 的解集为空集,得到 $|x^2+2x+a|>1$ 恒成立,分情况讨论:

① $x^2+2x+a-1>0$ 恒成立,则 $\Delta=2^2-4(a-1)<0$,得到 $a>2$,或者 $a>-x^2-2x+1=$

$f(x)$ 恒成立,等价于 $a>f(x)_{\max}=2$;

② $x^2+2x+a+1<0$ 恒成立,不可能.所以条件(1)不充分,条件(2)充分,选 B.

八、考点精析:指数、对数方程与不等式(高频)

解题步骤:

第一步:化同底;

第二步:换元;

第三步:解方程.

例 1: 已知 $(a^2+2a+5)^{3x} > (a^2+2a+5)^{1-x}$,则 x 的取值范围是( ).

A. $\left(-\infty, \dfrac{1}{4}\right)$　　B. $\left(-\dfrac{1}{4}, \dfrac{1}{4}\right)$　　C. $\left(0, \dfrac{1}{4}\right)$　　D. $\left(\dfrac{1}{4}, +\infty\right)$　　E. $\left[-\dfrac{1}{4}, \dfrac{1}{4}\right]$

答案:D 解析:化同底,因为不等号两边底数相同,均为 a^2+2a+5;令 $t=a^2+2a+5$,有 $y=t^{3x} > y=t^{1-x}$,因为 $t=(a+1)^2+4 \geqslant 4$,底数 >1,故函数 $y=t^x$ 在 $(-\infty, +\infty)$ 上为增函数;因此解方程 $3x > 1-x$,解得 $x > \dfrac{1}{4}$,所以 x 的取值范围是 $\left(\dfrac{1}{4}, +\infty\right)$,选 D.

总裁有话说: 利用指数函数的单调性求解,将不等号两边都凑成底数相同的指数式,判断底数与 1 的大小关系,对于含有参数的,需注意对参数进行讨论.

例 2: 解方程 $4^{x-\frac{1}{2}}+2^x=1$,则( ).

A. 方程有两个正实根　　　　B. 方程只有一个正实根

C. 方程只有一个负实根　　　D. 方程有一正一负两个实根

E. 以上均不正确

答案:C 解析:原方程可化为 $\dfrac{(2^x)^2}{2}+2^x=1$,令 $2^x=t, t>0$,则原方程化为 $\dfrac{t^2}{2}+t=1$,即 $t^2+2t-2=0, \Delta > 0$,有两个不相等的实根,负根需舍去,解得 $t=-1+\sqrt{3}$,或 $t=-1-\sqrt{3}$(舍去),即 $2^x=-1+\sqrt{3}$,故 $x=\log_2(\sqrt{3}-1)$,因为 $0 < \sqrt{3}-1 < 1$,所以 $x=\log_2(\sqrt{3}-1) < 0$,即方程只有一个负实根,选 C.

例 3: 已知 x,y 满足 $\begin{cases} 2^{x+3}+9^{y+1}=35, \\ 8^{\frac{x}{3}}+3^{2y+1}=5, \end{cases}$ 则 xy 的值为( ).

A. $-\dfrac{3}{4}$　　　　B. $\dfrac{3}{4}$　　　　C. 1　　　　D. $-\dfrac{4}{3}$　　　　E. -1

答案:E 解析:方程组化同底有 $\begin{cases} 2^x \times 8 + 9^y \times 9 = 35, \\ 2^x + 3 \times 9^y = 5, \end{cases}$ 有 $\begin{cases} 2^x=4, \\ 9^y=\dfrac{1}{3}, \end{cases}$ 解得 $\begin{cases} x=2, \\ y=-\dfrac{1}{2}, \end{cases}$ 故 $xy=-1$,选 E.

例 4: 不等式 $\log_{x-3}(x-1) \geqslant 2$ 的解集为( ).

A. $x > 4$　　　B. $4 < x \leqslant 5$　　　C. $2 \leqslant x \leqslant 5$　　　D. $0 < x < 4$　　　E. $0 < x \leqslant 5$

答案:B 解析:化同底,$\log_{x-3}(x-1) \geqslant \log_{x-3}(x-3)^2$,对数函数定义域为 $(0, +\infty)$,故 $x-1 > 0$.

当底数 $x-3>1$ 时,对数函数 $\log_{x-3}x$ 为单调递增函数,则 $x-1\geqslant(x-3)^2$,解得 x 的取值范围是 $4<x\leqslant5$;

当底数 $0<x-3<1$ 时,对数函数 $\log_{x-3}x$ 为单调递减函数,则 $x-1\leqslant(x-3)^2$,此时无解. 故 x 的取值范围是 $4<x\leqslant5$,选 B.

九、考点精析:分式方程与不等式(低频)

解题步骤:

第一步:通分;

第二步:去分母;

第三步:验根.

例1:关于 x 的方程 $\dfrac{3-2x}{x-3}+\dfrac{2+mx}{3-x}=-1$ 无解,则所有满足条件的实数 m 之和为(　　).

A. -4　　　　B. $-\dfrac{8}{3}$　　　　C. -1　　　　D. -12　　　　E. $-\dfrac{5}{3}$

答案:B 解析:通分,$\dfrac{3-2x}{x-3}+\dfrac{-2-mx}{x-3}=-\dfrac{x-3}{x-3}$,去分母,$3-2x-mx-2+x-3=0$,即 $(m+1)x=-2$.

若 $m+1=0$,则 x 无解,即 $m=-1$;若 $m+1\neq0$,则 $x=-\dfrac{2}{m+1}$,因为 x 无解,所以 $x=-\dfrac{2}{m+1}$ 为增根,令 $x=-\dfrac{2}{m+1}=3$,解得 $m=-\dfrac{5}{3}$,故所有 m 的和为 $-1+\left(-\dfrac{5}{3}\right)=-\dfrac{8}{3}$,选 B.

十、考点精析:高次方程与不等式(低频)

解题步骤:

第一步:将表达式化为 x 系数均为正的若干一次因式相乘的形式;

第二步:在数轴上标零点;

第三步:从右上方开始逢点必穿;

第四步:判断,大于 0 部分取数轴上半部;小于 0 部分取数轴下半部.

例1:$(x^2-2x-8)(2-x)(2x-2x^2-6)>0$.

(1)$x\in(-3,-2)$.

(2)$x\in[2,3]$.

答案:E 解析:$(x^2-2x-8)(2-x)(2x-2x^2-6)>0$,将表达式化成 x 系数为正的若干一次因式相乘的形式,$2(x+2)(x-4)(x-2)(x^2-x+3)>0$,因为 $x^2-x+3>0$ 恒成立,所以原不等式等价于 $(x+2)(x-4)(x-2)>0$,在数轴上标零点,如图,利用"穿根"的方式,大于 0 取数轴上半部,可得该不等式的解集为$(-2,2)\bigcup(4,+\infty)$,所以条件(1)、条件(2)都不充分,联合也不充分,选 E.

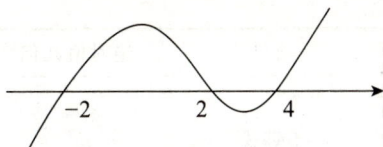

十一、考点精析:根式方程与不等式(低频)

1. 若存在根式方程 $\sqrt{f(x)}=g(x)$,则 $\begin{cases}f(x)=g^2(x),\\f(x)\geqslant 0,\\g(x)\geqslant 0;\end{cases}$

2. 若存在根式不等式 $\sqrt{f(x)}\geqslant g(x)$,则 $\begin{cases}f(x)\geqslant g^2(x),\\f(x)\geqslant 0,\\g(x)\geqslant 0\end{cases}$ 或 $\begin{cases}f(x)\geqslant 0,\\g(x)<0;\end{cases}$

3. 若存在根式不等式 $\sqrt{f(x)}\leqslant g(x)$,则 $\begin{cases}f(x)\leqslant g^2(x),\\f(x)\geqslant 0,\\g(x)\geqslant 0;\end{cases}$

4. 若存在根式不等式 $\sqrt{f(x)}>\sqrt{g(x)}$,则 $\begin{cases}f(x)>g(x),\\f(x)\geqslant 0,\\g(x)\geqslant 0.\end{cases}$

例 1:不等式 $\sqrt{2x^2-3x+1}<1+2x$ 的解集为(   ).

A. $\left(0,\dfrac{1}{2}\right]$　　　　　　B. $[1,+\infty)$　　　　　　C. $\left[\dfrac{1}{2},1\right]$

D. $\left[\dfrac{1}{2},+\infty\right)$　　　　　　E. $\left(0,\dfrac{1}{2}\right]\bigcup[1,+\infty)$

答案:E　解析:由 $\begin{cases}2x^2-3x+1\geqslant 0,\\1+2x>0,\\2x^2-3x+1<(1+2x)^2,\end{cases}$ 得 $\begin{cases}x\geqslant 1\text{ 或 }x\leqslant\dfrac{1}{2},\\x>-\dfrac{1}{2},\\x<-\dfrac{7}{2}\text{ 或 }x>0,\end{cases}$

解得 $x\in\left(0,\dfrac{1}{2}\right]\bigcup[1,+\infty)$,选 E.

十二、考点精析:绝对值方程、不等式(高频)

1. 绝对值方程、不等式求解

项目	绝对值几何意义	平方法去绝对值	零点分段讨论去绝对值
方程 $\|x\|=a(a>0)$	$x=\pm a$	$\|x\|^2=x^2=a^2,$ 即 $x^2-a^2=0,$ 故 $x=\pm a$	$a=\|x\|=\begin{cases}x,&x\geqslant 0,\\-x,&x<0,\end{cases}$ 即 $x=\pm a$

续表

项目	绝对值几何意义	平方法去绝对值	零点分段讨论去绝对值
不等式 $\lvert x \rvert > a(a>0)$	$x<-a$ 或 $x>a$	$\lvert x \rvert^2 = x^2 > a^2$, 即 $x^2 - a^2 > 0$, $(x-a)(x+a)>0$, 有 $x<-a$ 或 $x>a$	$a < \lvert x \rvert = \begin{cases} x, & x\geqslant 0, \\ -x, & x<0, \end{cases}$ 即 $x<-a$ 或 $x>a$
不等式 $\lvert x \rvert < a(a>0)$	$-a<x<a$	$\lvert x \rvert^2 = x^2 < a^2$, 即 $x^2 - a^2 < 0$, $(x-a)(x+a)<0$, 有 $-a<x<a$	$a > \lvert x \rvert = \begin{cases} x, & x\geqslant 0, \\ -x, & x<0, \end{cases}$ 即 $-a<x<a$

解题方法:反向代入验证求解.

2. 绝对值三角不等式

(1) $\lvert \lvert a \rvert - \lvert b \rvert \rvert \leqslant \lvert a-b \rvert \leqslant \lvert a \rvert + \lvert b \rvert$

左边等号成立的条件:$ab \geqslant 0$;右边等号成立的条件:$ab \leqslant 0$.

(2) $\lvert \lvert a \rvert - \lvert b \rvert \rvert \leqslant \lvert a+b \rvert \leqslant \lvert a \rvert + \lvert b \rvert$

左边等号成立的条件:$ab \leqslant 0$;右边等号成立的条件:$ab \geqslant 0$.

解题方法:消参与增参.

◆例1: $\lvert 1-x \rvert - \sqrt{x^2-8x+16} = 2x-5$.

(1) $2<x$.

(2) $x<3$.

答案:C 方法一解析:

题干为 $\lvert 1-x \rvert - \sqrt{(x-4)^2} = 2x-5$,即要求 $\lvert 1-x \rvert - \lvert x-4 \rvert = 2x-5$ 成立,

$\lvert 1-x \rvert - \lvert x-4 \rvert = \begin{cases} -3, & x<1, \\ 2x-5, & 1\leqslant x\leqslant 4, \\ 3, & x>4, \end{cases}$ 从而当 $1\leqslant x\leqslant 4$ 时,题干成立,所以条件(1)和

条件(2)单独都不充分,考虑联合,因为 $2<x<3$ 是 $1\leqslant x\leqslant 4$ 的子集,所以条件(1)和条件(2)联合充分,选 C.

方法二解析:

题干为 $\lvert 1-x \rvert - \sqrt{(x-4)^2} = 2x-5$,即要求 $\lvert 1-x \rvert - \lvert x-4 \rvert = 2x-5$ 成立,$\lvert 1-x \rvert - \lvert x-4 \rvert = \lvert x-1 \rvert - \lvert x-4 \rvert$,利用三角不等式,有 $\lvert x-1 \rvert - \lvert x-4 \rvert \leqslant \lvert (x-1)+(x-4) \rvert$,若等号成立,则有 $(x-1)(x-4) \leqslant 0$,则 x 的解集为 $1\leqslant x\leqslant 4$,选 C.

◆例2: x,y 是实数,$\lvert x \rvert + \lvert y \rvert = \lvert x-y \rvert$.

(1) $x>0, y<0$.

(2) $x<0, y>0$.

答案:D 方法一解析:

条件(1)成立,题干等式左边$=|x|+|y|=x-y$,右边$=|x-y|=x-y$,条件(1)充分;条件(2)成立,题干等式左边$=|x|+|y|=-x+y=y-x$,右边$=|x-y|=-(x-y)=y-x$,条件(2)充分.因此条件(1),(2)都充分,选D.

方法二解析:

利用三角不等式,$|x|+|y|\geqslant|x-y|$,若等号成立,则有$xy\leqslant0$,条件(1)充分,条件(2)也充分,选D.

例3: 方程$|2x-5|+|2x+1|=6$的整数解的个数为( ).

A.0　　　　B.1　　　　C.2　　　　D.3　　　　E.4

答案:D 解析:利用三角不等式,$|2x-5|+|2x+1|\geqslant|(2x-5)-(2x+1)|$,故$(2x-5)(2x+1)\leqslant0$,解得$x$的取值范围是$-\dfrac{1}{2}\leqslant x\leqslant\dfrac{5}{2}$,整数解有$x=0,1,2$,故有3个,选D.

例4: 若不等式$|x-4|+|3-x|<a$的解集为空集,则a的取值范围是( ).

A.$a\geqslant4$　　　B.$a\leqslant1$　　　C.$a\leqslant3$　　　D.$a<1$　　　E.$3<a\leqslant4$

答案:B 解析:将空集转化为恒成立,即$|x-4|+|3-x|\geqslant a$恒成立,因为a是常数,故根据三角不等式,有$|x-4|+|3-x|\geqslant|(x-4)+(3-x)|=1\geqslant a$,因此$a$的取值范围是$a\leqslant1$,选B.

例5: (2022)设实数x满足$|x-2|-|x-3|=a$,则能确定x的值.

(1)$0<a\leqslant\dfrac{1}{2}$.

(2)$\dfrac{1}{2}<a\leqslant1$.

答案:A 解析:由三角不等式$|x-2|-|x-3|\leqslant||x-2|-|x-3||=1$,可知$a$的值若为1,那么$x$有无数解,因此条件(2)不充分,又因为$|x-2|-|x-3|$的最大值为1,则其最小值为$-1$,因此$a\in(-1,1)$时,$x$有唯一解,故条件(1)充分,选A.

例6: (2022)设实数a,b满足$|a-2b|\leqslant1$,则$|a|>|b|$.

(1)$|b|>1$.

(2)$|b|<1$.

答案:A 解析:由绝对值三角不等式得$|a|-|2b|\leqslant|a-2b|\leqslant1$,则$-1\leqslant|2b|-|a|\leqslant1$,进一步有$|a|\geqslant2|b|-1$.

条件(1)当$|b|>1$时,则$|a|\geqslant|b|+|b|-1>|b|+1-1=|b|$,所以条件(1)充分;

条件(2)反例:$b=0,a=0$,条件(2)不充分,选A

例7: 方程$|x-|2x+1||=4$的根是( ).

A.$x=-5$或$x=1$　　　　　B.$x=5$或$x=-1$　　　　　C.$x=3$或$x=-\dfrac{5}{3}$

D.$x=-3$或$x=\dfrac{5}{3}$　　　　E.不存在

答案:C 解析:原方程等价于$x-|2x+1|=4$或$x-|2x+1|=-4$,即

$$\begin{cases}2x+1\geqslant0,\\x-2x-1=4,\end{cases}\begin{cases}2x+1<0,\\x+2x+1=4\end{cases}或\begin{cases}2x+1\geqslant0,\\x-2x-1=-4,\end{cases}\begin{cases}2x+1<0,\\x+2x+1=-4,\end{cases}$$

前面两个不等式组无解,从后两个不等式组可解出 $x=3$ 或 $x=-\dfrac{5}{3}$,选 C.

总裁有话说:验根法也可求解.

十三、考点精析:均值不等式(高频)

1. 定义:$Hn \leqslant Gn \leqslant An \leqslant Qn$ 被称为均值不等式,即调和平均数小于等于几何平均数,几何平均数小于等于算术平均数,算术平均数小于等于平方平均数,也可看作是:对于若干个非负实数,它们的算术平均不小于几何平均.

2. 当 $a,b>0$ 时,$a+b \geqslant 2\sqrt{ab}$,当且仅当 $a=b$ 时等号成立(积定和小);$ab \leqslant \left(\dfrac{a+b}{2}\right)^2$,当且仅当 $a=b$ 时等号成立(和定积大).

3. 当 $a,b \in (0,+\infty)$ 时,有 $\dfrac{2}{\dfrac{1}{a}+\dfrac{1}{b}} \leqslant \sqrt{ab} \leqslant \dfrac{a+b}{2} \leqslant \sqrt{\dfrac{a^2+b^2}{2}}$,当且仅当 $a=b$ 时等号成立.

4. 当 a,b,c 是正实数时,有 $\dfrac{a+b+c}{3} \geqslant \sqrt[3]{abc}$,当且仅当 $a=b=c$ 时等号成立.

例 1:$\dfrac{1}{a}+\dfrac{1}{b}+\dfrac{1}{c} > \sqrt{a}+\sqrt{b}+\sqrt{c}$.

(1)$abc=1$.

(2)a,b,c 为不全相等的正数.

答案:C 解析:取 $a=b=c=1$,则知条件(1)不充分,取 $a=1,b=4,c=9$,则知条件(2)也不充分.考虑联合.

方法一:

联合条件(1)和条件(2),有 $\dfrac{1}{a}+\dfrac{1}{b}+\dfrac{1}{c}=\dfrac{bc+ac+ab}{abc}=bc+ac+ab=\dfrac{ac+bc}{2}+\dfrac{ac+ab}{2}+\dfrac{bc+ab}{2} > \sqrt{bac^2}+\sqrt{bca^2}+\sqrt{cab^2}=\sqrt{a}+\sqrt{b}+\sqrt{c}$,充分,选 C.

方法二:

a,b,c 为正数且 $abc=1$,所以有 $\dfrac{1}{a}+\dfrac{1}{b} \geqslant 2\sqrt{\dfrac{1}{a}\times\dfrac{1}{b}}=2\sqrt{c}$,$\dfrac{1}{c}+\dfrac{1}{b} \geqslant 2\sqrt{\dfrac{1}{c}\times\dfrac{1}{b}}=2\sqrt{a}$,$\dfrac{1}{a}+\dfrac{1}{c} \geqslant 2\sqrt{\dfrac{1}{a}\times\dfrac{1}{c}}=2\sqrt{b}$,以上三个式子相加,得 $\dfrac{1}{a}+\dfrac{1}{b}+\dfrac{1}{c} \geqslant \sqrt{a}+\sqrt{b}+\sqrt{c}$,又因为 a,b,c 为不全相等的正数,所以有 $\dfrac{1}{a}+\dfrac{1}{b}+\dfrac{1}{c} > \sqrt{a}+\sqrt{b}+\sqrt{c}$,选 C.

总裁有话说:应用均值不等式证明不等式成立,需要特别注意均值不等式等号成立的条件,特值法也可求解:条件(1)取 $a=b=c=1$,条件(2)取 $a=1,b=2,c=3$ 两个条件均不充分;联合考虑,取 $a=1,b=4,c=\dfrac{1}{4}$,充分;取 $a=4,b=4,c=\dfrac{1}{16}$,也充分,即联合充分.

例 2:已知 $x > 0, y > 0$,且 $xy = 2$,则 $2x + 3y + 2$ 的最小值为(   ).

A. $4\sqrt{3} + 2$ B. $6\sqrt[3]{3}$ C. $5\sqrt{3}$ D. $2\sqrt{3}$ E. 以上均不正确

答案:A 解析:因为 $x > 0, y > 0$(一正),且 $xy = 2$(二定),则 $2x + 3y + 2 \geqslant 2 + 2\sqrt{2x \times 3y}$

$= 2 + 2 \times \sqrt{6 \times 2} = 4\sqrt{3} + 2$,选 A.

例 3:(2019) 设函数 $f(x) = 2x + \dfrac{a}{x^2}(a > 0)$ 在 $(0, +\infty)$ 内的最小值 $f(x) = 12$,则此

时 $x = ($ $)$.

A. 5   B. 4   C. 3   D. 2   E. 1

答案:B 解析:函数 $f(x)$ 可整理为 $f(x) = x + x + \dfrac{a}{x^2}(x > 0)$,根据均值不等式可以得到

$f(x) = x + x + \dfrac{a}{x^2} \geqslant 3\sqrt[3]{x \cdot x \cdot \dfrac{a}{x^2}} = 3\sqrt[3]{a}$,$3\sqrt[3]{a} = 12$,当且仅当 $x = \dfrac{a}{x^2}$ 时,取等号,则此时 $x =$

$\sqrt[3]{a} = 4$,选 B.

第三节   业精于勤

1.(201310) 已知 $f(x, y) = x^2 - y^2 - x + y + 1$,则 $f(x, y) = 1$.

(1) $x = y$.

(2) $x + y = 1$.

2.(201410) 代数式 $2a(a - 1) - (a - 2)^2$ 的值为 -1.

(1) $a = -1$.

(2) $a = -3$.

3.(200801) $a > b$.

(1) a, b 为实数,且 $a^2 > b^2$.

(2) a, b 为实数,且 $\left(\dfrac{1}{2}\right)^a < \left(\dfrac{1}{2}\right)^b$.

4.(200901) $|\log_a x| > 1$.

(1) $x \in [2, 4]$,$\dfrac{1}{2} < a < 1$.

(2) $x \in [4, 6]$,$1 < a < 2$.

5.不等式 $\dfrac{|a - b|}{|a| + |b|} < 1$ 能成立.

(1) $ab > 0$.

(2) $ab < 0$.

6.已知 a 为实数,则 $\dfrac{1}{a} + |a| = \sqrt{3}$.

(1) $\dfrac{1}{a}-\mid a\mid=-1$.

(2) $\dfrac{1}{a}-\mid a\mid=1$.

7.(201110) 抛物线 $y=x^2+(a+2)x+2a$ 与 x 轴相切.

(1)$a>0$.

(2)$a^2+a-6=0$.

8.(201301) 已知抛物线 $y=x^2+bx+c$ 的对称轴为 $x=1$,且过点 $(-1,1)$,则(   ).

A. $b=-2,c=-2$ 　　　　B. $b=2,c=2$ 　　　　C. $b=-2,c=2$

D. $b=-1,c=-1$ 　　　　E. $b=1,c=1$

9.(201401) 已知二次函数 $f(x)=ax^2+bx+c$,则能确定 a,b,c.

(1) 曲线 $y=f(x)$ 过点 $(0,0),(1,1)$.

(2) 曲线 $y=f(x)$ 与 $y=a+b$ 相切.

10.(201512) 设抛物线 $y=x^2+2ax+b$ 与 x 轴相交于 A,B 两点,点 C 坐标为 $(0,2)$,若 $\triangle ABC$ 的面积等于 6,则(   ).

A. $a^2-b=9$ 　B. $a^2+b=9$ 　C. $a^2-b=36$ 　D. $a^2+b=36$ 　E. $a^2-4b=9$

11.(200810) 某学生在解方程 $\dfrac{ax+1}{3}-\dfrac{x+1}{2}=1$ 时,误将式子中的 $x+1$ 看成 $x-1$,得到解 $x=1$,则 a 的值和原方程的解应是(   ).

A. $a=1,x=-7$ B. $a=2,x=5$ 　C. $a=2,x=7$ 　D. $a=5,x=2$ 　E. $a=5,x=\dfrac{1}{7}$

12.(200201) 已知关于 x 的方程 $x^2-6x+(a-2)\mid x-3\mid+9-2a=0$ 有两个不同的实数根,则实数 a 的取值范围是(   ).

A. $a>0$ 　　　　　　B. $a<0$ 　　　　　　　C. $a>0$ 或 $a=-2$

D. $a=-2$ 　　　　　E. 以上均不正确

13.(199810) 若方程 $x^2+px+37=0$ 恰有两个正整数解 x_1 和 x_2,则 $\dfrac{(x_1+1)(x_2+1)}{p}$ 的值是(   ).

A. -2 　　　　B. -1 　　　　C. $-\dfrac{1}{2}$ 　　　　D. 1 　　　　E. 2

14. 若 $\dfrac{2x^2+2kx+k}{4x^2+6x+3}<1$ 对任意实数 x 恒成立,那么实数 k 的取值范围是(   ).

A. $k>1$ 　　　B. $-1\leqslant k<3$ 　C. $1<k<3$ 　　　D. $k\leqslant 3$ 　　　E. $k<3$

15. 已知实数 x 满足 $\sqrt{1-x^2}<x+1$,则 x 的取值范围为(   ).

A. $0<x<1$ 　　B. $0<x\leqslant 1$ 　　C. $x<0$ 或 $x>1$ D. $-1<x<1$ 　E. 以上均不正确

16. x_1,x_2 是方程 $x^2-(k-2)x+(k^2+3k+5)=0$ 的两实根,则 $x_1^2+x_2^2$ 的最大值是(   ).

A. 16   B. 19   C. $\dfrac{14}{3}$ D. 18   E. 2

17. 设 $\triangle ABC$ 的三边为 a,b,c，则可判定 $\triangle ABC$ 为直角三角形.

(1) $a(1+x^2)+2bx-c(1-x^2)=0$ 有两个相等的实数根.

(2) $ax^2+bx+c=0$ 的一个根是另外一个根的 2 倍.

18. 关于 x 的一元二次方程 $x^2-2x-a^2-a=0$ 的一个根比 2 大，一个根比 2 小.

(1) $\dfrac{1}{2}<a<3$.

(2) $2<a<10$.

19. (2020) 设 a,b 是正实数，则 $\dfrac{1}{a}+\dfrac{1}{b}$ 存在最小值.

(1) 已知 ab 的值.

(2) 已知 a,b 的方程 $x^2-(a+b)x+2=0$ 的不同实根.

答案解析

1. 答案：D．条件(1) 当 $x=y$ 时，代入得到 $f(x,y)=1$，条件(1) 充分；

条件(2) 当 $x+y=1$ 时，$f(x,y)=x^2-y^2-x+y+1=(x+y)(x-y)-(x-y)+1=1$，条件(2) 充分，选 D.

2. 答案：B．方法一：

将条件直接代入计算，条件(1) 当 $a=-1$ 时，$2a(a-1)-(a-2)^2$ 的值为 -5，条件(1) 不充分；

条件(2) 当 $a=-3$ 时，$2a(a-1)-(a-2)^2$ 的值为 -1，条件(2) 充分，选 B.

方法二：

因为 $2a(a-1)-(a-2)^2=2a^2-2a-(a^2-4a+4)=a^2+2a-4$，条件(1) 当 $a=-1$ 时，值为 -5，不充分；条件(2) 当 $a=-3$ 时，值为 -1，充分，选 B.

总裁有话说：多项式相等，则 x 取任意值时多项式的值对应相等，本题还考查了等比数列求和.

3. 答案：B．条件(1) 令 $a=-3,b=-2$，有 $(-3)^2>(-2)^2$，满足条件(1)，但是 $-3<-2$，不充分；

条件(2) 中 $f(x)=\left(\dfrac{1}{2}\right)^x$ 为减函数，因此 $\left(\dfrac{1}{2}\right)^a<\left(\dfrac{1}{2}\right)^b$，可以推出 $a>b$，条件(2) 充分，选 B.

4. 答案：D．题干要求推出 $\log_a x>1$ 或 $\log_a x<-1$.

条件(1) $x\in[2,4]$，$\dfrac{1}{2}<a<1$，所以 $1<\dfrac{1}{a}<2$，$\dfrac{1}{a}<x$，又 $y=\log_a x$ 单调递减，进一步得到 $\log_a x<\log_a\dfrac{1}{a}=-1$，条件(1) 充分；

条件(2) $x\in[4,6]$，$1<a<2$，所以 $x>a$，又 $y=\log_a x$ 单调递增，进一步得到 $\log_a x>\log_a a=1$，条件(2) 充分，选 D.

5. 答案：A 由题干可知 $|a-b|<|a|+|b|$，因为这里不涉及等号，所以考查的是三角不等式等号不成立的条件，即已知等号成立后，取非即可，那么等号成立的条件为 $ab\leqslant 0$，故等号不成立的

条件为 $ab>0$,选 A.

6.答案:E. 由条件(1) 可知,当 $a<0$ 时,$\dfrac{1}{a}+a=-1$,即 $a^2+a+1=0$,此时方程无解;

为 $a>0$ 时,$\dfrac{1}{a}-a=-1$,即 $a^2-a-1=0$,解得 $a=\dfrac{1+\sqrt{5}}{2}$.

$\dfrac{1}{a}+|a|=\dfrac{2}{1+\sqrt{5}}+\dfrac{1+\sqrt{5}}{2}=\dfrac{\sqrt{5}-1}{2}+\dfrac{1+\sqrt{5}}{2}=\sqrt{5}\neq\sqrt{3}$,条件(1) 不充分.

条件(2) $\dfrac{1}{a}=|a|+1$,则 $a>0$,有 $\dfrac{1}{a}=a+1$,即 $a^2+a-1=0$,解得 $a=\dfrac{-1+\sqrt{5}}{2}$.

$\dfrac{1}{a}+|a|=\dfrac{2}{-1+\sqrt{5}}+\dfrac{-1+\sqrt{5}}{2}=\dfrac{\sqrt{5}+1}{2}+\dfrac{-1+\sqrt{5}}{2}=\sqrt{5}\neq\sqrt{3}$,(2) 不充分.

联合也不充分,选 E.

7. 答案:C. 抛物线 $y=x^2+(a+2)x+2a$ 与 x 轴相切,即与 x 轴存在一个交点,则 $\Delta=0$,即 $(a+2)^2-4\times 2a=0$,$a=2$.

条件(1) 不充分,条件(2)$a=2$ 或 $a=-3$,也不充分.

条件(1) 与(2)联合考虑,$\begin{cases}a>0,\\a=2 \text{ 或 } a=-3,\end{cases}$ 则 $a=2$,充分,选 C.

8. 答案:A. 对称轴 $x=-\dfrac{b}{2}=1$,则 $b=-2$,又 $1=(-1)^2+b(-1)+c$,得到 $c=-2$,选 A.

9. 答案:C. 由条件(1) 得到,$c=0$,$a+b+c=1$,即 $a+b=1$,条件(1) 单独不充分;由条件(2) 得到 $f\left(-\dfrac{b}{2a}\right)=a+b$,即 $\dfrac{4ac-b^2}{4a}=a+b$,条件(2) 单独不充分.

条件(1) 与条件(2) 单独均不能确定 a,b,c 的值,考虑条件(1) 与条件(2) 联合,$\begin{cases}c=0,\\a+b=1,\\\dfrac{4ac-b^2}{4a}=a+b,\end{cases}$

得到 $\begin{cases}a=-1,\\b=2,\\c=0,\end{cases}$ 故条件(1) 与条件(2) 联合起来充分,选 C.

10. 答案:A. $\triangle ABC$ 的面积 $S=\dfrac{1}{2}|AB|\times|OC|=\dfrac{1}{2}|AB|\times 2=|AB|=\dfrac{\sqrt{(2a)^2-4b}}{1}=\sqrt{(2a)^2-4b}=6$,则 $a^2-b=9$,选 A.

11. 答案:C. 将原方程 $\dfrac{ax+1}{3}-\dfrac{x+1}{2}=1$ 中的 $x+1$ 看成 $x-1$,则方程变为 $\dfrac{ax+1}{3}-\dfrac{x-1}{2}=1$,

将 $x=1$ 代入得到 $\dfrac{a+1}{3}-\dfrac{1-1}{2}=1$,解得 $a=2$,则原方程为 $\dfrac{2x+1}{3}-\dfrac{x+1}{2}=1$,解得 $x=7$,选 C.

12. 答案:C. 原方程可化为 $(x-3)^2+(a-2)|x-3|-2a=0$,即 $|x-3|^2+(a-2)|x-3|-2a=0$,因此 $(|x-3|-2)(|x-3|+a)=0$,即 $|x-3|=2$ 或 $|x-3|=-a$,所以当 $a>0$ 或 $a=$

－2 时原方程有两个不同的实数根,选 C.

13. 答案:A.根据韦达定理,又 x_1,x_2 为正整数解,且 37 是一个质数,则 $x_1=1,x_2=37,x_1+x_2$ $=-p,p=-38$,所以 $\dfrac{(x_1+1)(x_2+1)}{p}=\dfrac{x_1x_2+(x_1+x_2)+1}{p}=-\dfrac{37+38+1}{38}=-2$,选 A.

14. 答案:C.因为 $\dfrac{2x^2+2kx+k}{4x^2+6x+3}<1$,分母 $4x^2+6x+3$ 恒大于 0,所以方程可化为 $2x^2+2kx$ $+k<4x^2+6x+3$,即 $2x^2+(6-2k)x+(3-k)>0$ 恒成立,开口向上,则 $\Delta<0,\Delta=(6-2k)^2$ $-8(3-k)<0$,解得 $1<k<3$,选 C.

15. 答案:B.由 $\begin{cases}1-x^2\geqslant 0,\\ x+1>0,\\ 1-x^2<(x+1)^2,\end{cases}$ 解得 $\begin{cases}-1\leqslant x\leqslant 1,\\ x>-1,\\ x>0 \text{ 或 } x<-1,\end{cases}$ 取交集后可得 $0<x\leqslant 1$,选 B.

16. 答案:D.$x_1^2+x_2^2=(x_1+x_2)^2-2x_1x_2=(k-2)^2-2(k^2+3k+5)=-k^2-10k-6=-$ $(k+5)^2+19$.根据 $\Delta\geqslant 0,(k-2)^2-4(k^2+3k+5)\geqslant 0$,解得 $-4\leqslant k\leqslant-\dfrac{4}{3}$.当 $k=-4$ 时,取最大值,$(x_1^2+x_2^2)|_{\max}=18$,选 D.

17. 答案:A.条件(1) 因为有两个相等实根,化简后得 $(a+c)x^2+2bx+a-c=0\Rightarrow\Delta=4b^2-$ $4(a+c)(a-c)=0\Rightarrow a^2=b^2+c^2$,条件(1) 充分;

条件(2) 取反例:$x_1=-\dfrac{1}{3},x_2=-\dfrac{2}{3}$,那么原方程为 $\left(x+\dfrac{1}{3}\right)\left(x+\dfrac{2}{3}\right)=0\Rightarrow x^2+x+\dfrac{2}{9}=$ $0\Rightarrow a=1,b=1,c=\dfrac{2}{9}$,显然不充分,选 A.

18. 答案:D.令 $f(x)=x^2-2x-a^2-a,\begin{cases}\Delta>0,\\ f(2)<0\end{cases}\Rightarrow a>0$ 或 $a<-1$,故条件(1),(2) 都充分,选 D.

19. 答案:A.条件(1) 由均值不等式可得,$\dfrac{1}{a}+\dfrac{1}{b}\geqslant 2\sqrt{\dfrac{1}{a}\cdot\dfrac{1}{b}}=2\dfrac{1}{\sqrt{ab}}$,已知 ab 的值,当且仅当 $a=b$ 时取等号,此时可以确定其最小值.则条件(1) 充分;

条件(2) 结合韦达定理可知 $ab=2$,如条件(1) 的演算过程可知,$\dfrac{1}{a}+\dfrac{1}{b}\geqslant 2\sqrt{\dfrac{1}{a}\cdot\dfrac{1}{b}}=2\dfrac{1}{\sqrt{ab}}$ $=\sqrt{2}$,当且仅当 $a=b=\sqrt{2}$ 时,等号成立,即最小值可被确定,但此时根据判别式 $\Delta=(a+b)^2-8=$ $(2\sqrt{2})^2-8=0$,这就与条件中"不同实根"矛盾,则均值不等式中的等号无法成立,故条件(2) 不充分,选 A.

第 三 章

数列

■ 第一节　本章初识

一、数列的概念、定理

1. 概念

数列是以正整数集(或它的有限子集)为定义域的函数,是一列有序的数.数列中的每一个数都叫作这个数列的项.排在第一位的数称为这个数列的第 1 项(通常也叫作首项),排在第二位的数称为这个数列的第 2 项,以此类推,排在第 n 位的数称为这个数列的第 n 项,通常用 a_n 表示.

2. 分类

(1) 数列的一般表达形式为 $a_1, a_2, a_3, \cdots, a_n, \cdots$ 或简记为 $\{a_n\}$,项数有限的数列称为有穷数列,项数无限的数列称为无穷数列.

(2) 对于正项数列(数列的各项都是正数称为正项数列):

① 从第 2 项起,每一项都大于它的前一项的数列叫作递增数列(如:1,2,3,4,5,6,7);

② 从第 2 项起,每一项都小于它的前一项的数列叫作递减数列(如:8,7,6,5,4,3,2,1);

③ 从第 2 项起,有些项大于它的前一项,有些项小于它的前一项的数列叫作摆动数列(摇摆数列).

(3) 周期数列:各项呈周期性变化的数列叫作周期数列(如:三角函数).

(4) 常数列:各项相等的数列叫作常数列(如:2,2,2,2,2,2,2,2,2).

3. 数列通项

(1) 数列的第 n 项 a_n 与项的序数 n 之间的关系可以用一个公式 $a_n = f(n)$ 来表示,这个公式就叫作这个数列的通项公式,如 $a_n = \dfrac{1}{2^n}$,知道了一个数列的通项公式,就等于从整体上"拿捏"住了该数列,即由通项公式可求出这个数列中的任意一项,对任意给出的数,可以确定它是否是该数列中的项.

总裁来举例:如已知数列的通项公式为:$a_n = \dfrac{1}{2^n}$,可以求出 $a_6 = \dfrac{1}{2^6} = \dfrac{1}{64}$,也可以判断 $\dfrac{1}{100}$ 并不是该数列中的项,而由 $\dfrac{1}{1024} = \dfrac{1}{2^n}$,可得到 $n = 10$,由此判断出 $\dfrac{1}{1024}$ 为该数列的第 10 项.

(2) 数列通项公式的特点:有些数列没有通项公式(如:素数由小到大排成一列 2,3,5,7,11,…).

4. 递推公式

(1) 如果数列 $\{a_n\}$ 的第 n 项与它前一项或几项的关系可以用一个式子来表示,那么这个公式叫作这个数列的递推公式.

(2) 数列递推公式特点:有些数列的递推公式可以有不同形式,即不唯一;有些数列没有递推公式,有递推公式不一定有通项公式.

5. 数列的前 n 项和(记作)S_n

对于数列 $\{a_n\}$,显然有 $S_n = a_1 + a_2 + a_3 + \cdots + a_n$;

当 $n = 1$ 时,$a_1 = S_1$;当 $n \geqslant 2$ 时,$a_n = S_n - S_{n-1}$,即 $a_n = \begin{cases} S_1, & n = 1, \\ S_n - S_{n-1}, & n \geqslant 2 \end{cases}$(万能公式).

二、等差数列概念、定理

1. 概念

一般地,如果一个数列从第 2 项起,每一项与它的前一项的差等于同一个常数,这个数列就叫作等差数列,这个常数叫作等差数列的公差,公差通常用字母 d 表示,前 n 项和用 S_n 表示.

(1) 若数列 $\{a_n\}$ 中,$a_{n+1} - a_n = d$(常数)($n \in \mathbf{R}$),则称数列 $\{a_n\}$ 为等差数列,d 为公差;

(2) 若数列 $\{a_n\}$ 满足 $a_{n+1} - a_n = a_n - a_{n-1}$,即 $2a_n = a_{n+1} + a_{n-1}$,则数列 $\{a_n\}$ 为等差数列.

由定义可知常数列为等差数列,公差为 0.

2. 推广

(1) 若等差数列 $\{a_n\}$ 的公差为 d,则数列 $\{\lambda a_n + b\}$(λ,b 为常数)是公差为 λd 的等差数列;

(2) 若等差数列 $\{b_n\}$ 的公差为 d,则数列 $\{\lambda_1 a_n + \lambda_2 b_n\}$($\lambda_1$,$\lambda_2$ 为常数)也是等差数列,公差为 $\lambda_1 d + \lambda_2 d$.

3. 通项公式

(1)$a_n = a_1 + (n-1)d$;

(2)$a_n = a_m + (n-m)d (n \neq m)$;

$(3) a_n = nd + (a_1 - d).$

总裁有话说:公差 d 不为零时,若数列 $\{a_n\}$ 为等差数列 $\Leftrightarrow a_n = nd + (a_1 - d)$ 是关于 n 的一次函数,若 $d > 0$,则 $\{a_n\}$ 单调递增;若 $d < 0$,则 $\{a_n\}$ 单调递减.

推导:等差数列 $\{a_n\}$,则有:

$(n-1)$ 个 $\begin{cases} a_2 - a_1 = d, \\ a_3 - a_2 = d, \\ a_4 - a_3 = d, \\ \cdots \\ a_n - a_{n-1} = d, \end{cases}$ 将 $(n-1)$ 个等式加和,等号左边与左边相加,右边与右边相加,有 a_n

$- a_1 = (n-1)d(n \geqslant 2)$,故 $a_n = a_1 + (n-1)d, n \in \mathbf{N}^+$.

4. 求和公式

$(1) S_n = na_1 + \dfrac{n(n-1)}{2}d;$

$(2) S_n = \dfrac{n(a_1 + a_n)}{2};$

$(3) S_n = \dfrac{d}{2}n^2 + \left(a_1 - \dfrac{d}{2}\right)n.$

总裁有话说:求和公式的第三个形式可以看做是二次函数.该二次函数特点:

(1) 无常数项(过原点);

(2) 对称轴为 $n = \dfrac{1}{2} - \dfrac{a_1}{d}$,对称轴处可以取到最值;

(3) d 决定二次函数开口方向,若 $d > 0$,则开口向上;若 $d < 0$,则开口向下.

总裁有话说:若第三个形式存在常数项,该常数仅影响数列的第一项,从第二项开始,该数列依然是等差数列.

5. 等差中项

如果 a, b, c 成等差数列,则 b 为 a 与 c 的等差中项,$b = \dfrac{a+c}{2}$.

6. 等差数列性质

性质1:(角标和性质) 在等差数列 $\{a_n\}$ 中,若 $m, n, p, q \in \mathbf{Z}^+, m + n = p + q$,则 $a_m + a_n = a_p + a_q$,反之不一定成立.该性质可以推广到 3 项或多项,但等式两边的项数必须一样.特别地,若 $m + n = 2p$,则 $a_m + a_n = 2a_p$(高频).

证明:$a_m + a_n = a_1 + (m-1)d + a_1 + (n-1)d = 2a_1 + (m+n)d - 2d$,

$a_p + a_q = a_1 + (p-1)d + a_1 + (q-1)d = 2a_1 + (p+q)d - 2d$,

因为 $m + n = p + q$,所以 $a_m + a_n = a_p + a_q$.

总裁有话说:距离首末等距离的两项和均相等,即 $a_1+a_n=a_2+a_{n-1}=\cdots=a_k+a_{n-k+1}$;距任一项(第一项除外)前后等远两项之和都相等,即 $a_{k-1}+a_{k+1}=a_{k-2}+a_{k+2}=\cdots=2a_k$(两项下标和为 $2k$ 时,这两项距离 a_k 等距离).

性质2:(等距离性质)若 $\{a_n\}$ 是等差数列,公差为 d,a_k,a_{k+m},a_{k+2m},$\cdots$(k,$m\in \mathbf{N}^+$)组成的数列仍是等差数列(相隔等距离的项组成的数列仍然是等差数列),公差为 md(高频).

总裁来举例:若有等差数列 $a_1=2$,$a_2=4$,$a_3=6$,$a_4=8$,$a_5=10$,$a_6=12$,$a_7=14$,其中 a_1-a_4 相距 3 项,a_4-a_7 相距 3 项,故 a_1,a_4,a_7 也成等差数列,新等差数列公差 $d=8-2=14-8=6=2\times 3$(原等差数列公差×距离).

性质3:(片段和性质)若 S_n 为等差数列的前 n 项和,则 S_n,$S_{2n}-S_n$,$S_{3n}-S_{2n}$ 仍为等差数列,其公差为 $n^2 d$(高频).

总裁来举例:若有等差数列 $a_1=2$,$a_2=4$,$a_3=6$,$a_4=8$,$a_5=10$,$a_6=12$,$a_7=14$,$a_8=16$,$a_9=18$,其中 $S_3=12$,$S_6-S_3=30$,$S_9-S_6=48$,则 S_3,S_6-S_3,S_9-S_6 为等差数列,新等差数列公差 $d=30-12=48-30=18=3^2\times 2$(片段中的项数²×原等差数列公差).

性质4:奇偶性(低频)

若等差数列有 $2n$ 项,则 $S_奇-S_偶=-nd$,$\dfrac{S_奇}{S_偶}=\dfrac{a_n}{a_{n+1}}$;

若等差数列有 $2n+1$ 项,则 $S_奇-S_偶=a_{n+1}=a_{中间项}$,$\dfrac{S_奇}{S_偶}=\dfrac{n+1}{n}$.

性质5:若等差数列 $\{a_n\}$,$\{b_n\}$ 的前 n 项和用 S_n 和 T_n 表示,则通项公式之比 $\dfrac{a_k}{b_k}=\dfrac{S_{2k-1}}{T_{2k-1}}$(低频).

性质6:若 $\{a_n\}$ 是等差数列,则 $\left\{\dfrac{S_n}{n}\right\}$ 也为等差数列,其首项与 $\{a_n\}$ 的首项相同,公差为 $\{a_n\}$ 数列公差的 $\dfrac{1}{2}$(低频).

补充:(有助于快速解题)

(1) 若 $a_m=n$,$a_n=m$,则 $a_{n+m}=0$ $\left(\text{推导:因为 } d=\dfrac{a_n-a_m}{n-m}=-1,\text{所以 } a_{n+m}=a_n+md=0\right)$;

(2) 若 $S_n=m$,$S_m=n$,则 $S_{n+m}=-(n+m)$;

(3) $\dfrac{S_n}{n}-\dfrac{S_m}{m}=\dfrac{(n-m)d}{2}$.

7. 等差数列前 n 项和与通项公式的相互转化

若已知 $S_n=An^2+Bn$,则 $a_n=2An+(B-A)$.

总裁来举例:若已知等差数列前 n 项和 $S_n=9n^2+5n$,则 $a_n=18n+(5-9)=18n-4$.

8. 等差数列的判定

(1) 通项公式的特征形如一元一次函数:$a_n=An+B$(A,B 为常数)$\Leftrightarrow \{a_n\}$ 是等差数列;

(2) 前 n 项和 S_n 的特征形如没有常数项的一元二次函数:$S_n=An^2+Bn$(A,B 为常数)$\Leftrightarrow \{a_n\}$

是等差数列;

（3）定义法：$a_{n+1} - a_n = d \Leftrightarrow \{a_n\}$ 是等差数列;

（4）中项公式法：$a_{n+1} - a_n = a_n - a_{n-1}$，即 $2a_n = a_{n+1} + a_{n-1} \Leftrightarrow \{a_n\}$ 是等差数列.

三、等比数列概念、定理

1. 概念

一般地，如果一个数列从第 2 项起，每一项与它的前一项的比等于同一个常数，这个数列就叫作等比数列，这个常数叫作等比数列的公比，公比通常用字母 q 表示（$q \neq 0$ 并且首项 $a_1 \neq 0$），前 n 项和用 S_n 表示.

（1）若数列 $\{a_n\}$ 中，$\dfrac{a_{n+1}}{a_n} = q$（常数）（$n \in \mathbf{N}$），则称数列 $\{a_n\}$ 为等比数列，q 为公比;

（2）若数列 $\{a_n\}$ 满足 $\dfrac{a_{n+1}}{a_n} = \dfrac{a_n}{a_{n-1}}$，即 $a_n^2 = a_{n+1} \times a_{n-1}$，则数列 $\{a_n\}$ 为等比数列.

由定义可知，常数列不一定是等比数列，非零常数列是等比数列（因为等比数列任意元素均不为 0）.

2. 推广

（1）若等比数列 $\{a_n\}$ 的公比为 q，则数列 $\{\lambda_1 a_n\}$（λ_1 为非零常数）是公比为 q 的等比数列;

（2）若等比数列 $\{b_n\}$ 的公比为 q_2，则数列 $\{\lambda_1 a_n \times \lambda_2 b_n\}$（$\lambda_1, \lambda_2$ 为非零常数）也是等比数列，公比为 $q \times q_2$.

3. 通项公式

（1）$a_n = a_1 q^{n-1}$;

（2）$a_n = a_m q^{n-m}$;

（3）$a_n = \dfrac{a_1}{q} q^n$.

总裁有话说：（1）$a_n = \dfrac{a_1}{q} q^n$ 形式上为关于 n 的指数函数，若数列 $\{a_n\}$ 为等比数列 $\Leftrightarrow a_n = c \times d^n$（$c, d \neq 0$）.

（2）推导：等比数列 $\{a_n\}$，设公比为 q，则有：

$$(n-1) \text{个} \begin{cases} \dfrac{a_2}{a_1} = q, \\[2mm] \dfrac{a_3}{a_2} = q, \\[2mm] \dfrac{a_4}{a_3} = q, \\[2mm] \cdots \\[2mm] \dfrac{a_n}{a_{n-1}} = q, \end{cases}$$

将 $(n-1)$ 个等式相乘，等号左边与左边相乘，右边与右边相乘，有 $\dfrac{a_n}{a_1} =$

$q^{n-1}(n \geqslant 2)$,故 $a_n = a_1 q^{n-1}(a_1 \neq 0$ 且 $q \neq 0, n \in \mathbf{N}^+)$.

(3) $a_n = a_m q^{n-m}$ 可推出 $q = \sqrt[n-m]{\dfrac{a_n}{a_m}}$.

4. 单调性

若首项 $a_1 > 0$,公比 $q > 1$,则等比数列为递增数列;

若首项 $a_1 > 0$,公比 $0 < q < 1$,则等比数列为递减数列;

若首项 $a_1 < 0$,公比 $q > 1$,则等比数列为递减数列;

若首项 $a_1 < 0$,公比 $0 < q < 1$,则等比数列为递增数列;

若公比 $q = 1$,则等比数列为常数列;

若公比 $q < 0$,则等比数列为摆动数列.

5. 求和公式

(1) $S_n = \begin{cases} na_1, & q = 1, \\ \dfrac{a_1(1-q^n)}{1-q}, & q \neq 1; \end{cases}$

(2) $S_n = \dfrac{a_1(1-q^n)}{1-q}$ 可变形为:$S_n = \dfrac{a_1(q^n-1)}{q-1} = \dfrac{a_1}{q-1} \times q^n - \dfrac{a_1}{q-1}$.

🖋 **总裁有话说**:注意变形后 $\dfrac{a_1}{q-1}$ 前后为相反数.

6. 等比中项

如果 a, b, c 成等比数列,则 b 为 a 与 c 的等比中项,$b^2 = ac$ 或 $b = \pm\sqrt{ac}$.

7. 等比数列性质

性质 1:(角标和性质) 在等比数列 $\{a_n\}$ 中,若 $m, n, s, t \in \mathbf{Z}^+, m+n = s+t$,则 $a_m \times a_n = a_s \times a_t$,反之不成立. 该性质可以推广到 3 项或多项,但等式两边的项数必须一样.

证明:$a_m \times a_n = a_1^2 q^{m+n-2}$,

$a_s \times a_t = a_1^2 q^{s+t-2}$,

因为 $m+n = s+t$,所以 $a_m \times a_n = a_s \times a_t$.

🖋 **总裁有话说**:距离首末等距离的两项积均相等,即 $a_1 \times a_n = a_1 \times a_1 \times q^{n-1} = a_2 \times a_{n-1} = \cdots = a_k \times a_{n-k+1}$(两项下标和为 $n+1$,这两项必距离首末等距离);当 $k \neq 1$ 时,距 a_k 前后等远两项之积都相等,即 $a_{k-1} \times a_{k+1} = a_{k-2} \times a_{k+2} = \cdots = a_k^2$.

性质 2:(等距离性质) 若 $\{a_n\}$ 是等比数列,公比为 $q, a_k, a_{k+m}, a_{k+2m}, \cdots (k, m \in \mathbf{N}^+)$ 组成的数列仍是等比数列(相隔等距离的项组成的数列仍然是等比数列),公比为 q^m(高频).

🖋 **总裁来举例**:若有等比数列 $a_1 = 1, a_2 = 2, a_3 = 4, a_4 = 8, a_5 = 16, a_6 = 32, a_7 = 64$,其中 $a_1 - a_4$

相距 3 项，$a_4 - a_7$ 相距 3 项，故 a_1, a_4, a_7 也成等比数列，新等比数列公比 $q = \dfrac{8}{1} = \dfrac{64}{8} = 8 = 2^3$（原数列公比^{距离}）.

性质3：(片段和性质) 若 S_n 为等比数列的前 n 项和，则 $S_n, S_{2n} - S_n, S_{3n} - S_{2n}$ 仍为等比数列，其公比为 q^n（高频）.

✍**总裁来举例**：若有等比数列 $a_1 = 1, a_2 = 2, a_3 = 4, a_4 = 8, a_5 = 16, a_6 = 32, a_7 = 64, a_8 = 128, a_9 = 256, a_{10} = 512$，其中 $S_3 = 7, S_6 - S_3 = 56, S_9 - S_6 = 448$，则 $S_3, S_6 - S_3, S_9 - S_6$ 为等比数列，新等比数列公比 $= \dfrac{56}{7} = \dfrac{448}{56} = 8 = 2^3$（原等比数列公比^{片段中的项数}）.

性质4：(低频) 等比数列的奇数项，仍组成一个等比数列，新公比是原公比的平方；等比数列的偶数项，仍组成一个等比数列，新公比是原公比的平方. 当等比数列项数 n 是偶数时，$S_偶 = S_奇 \times q$，n 是奇数时，$S_奇 = a_1 + S_偶 \times q$.

性质5：若数列 $\{a_n\}, \{b_n\}$ 为等比数列，则 $\{\lambda a_n\}(\lambda \neq 0), \{|a_n|\}, \left\{\dfrac{1}{a_n}\right\}, \{a_n^2\}, \{ma_n b_n\}(m \neq 0)$ 仍为等比数列.

8. 等比数列的判定

(1) 通项公式的特征形如指数函数：$a_n = Aq^n$（A, q 均是不为 0 的常数，$n \in \mathbf{N}^+$）$\Leftrightarrow \{a_n\}$ 是等比数列；

(2) 前 n 项和 $S_n = \dfrac{a_1}{q-1} \times q^n - \dfrac{a_1}{q-1} = kq^n - k\left(k = \dfrac{a_1}{q-1}\right.$ 是不为 0 的常数，且 $q \neq 0, q \neq 1\Big)$ $\Rightarrow \{a_n\}$ 是等比数列；

(3) 定义法：$\dfrac{a_{n+1}}{a_n} = q$（q 是不为 0 的常数，$n \in \mathbf{N}^+$）$\Leftrightarrow \{a_n\}$ 是等比数列；

(4) 中项公式法：$\dfrac{a_{n+1}}{a_n} = \dfrac{a_n}{a_{n-1}}$，即 $a_n^2 = a_{n+1} \times a_{n-1}$（$a_{n-1} \times a_n \times a_{n+1} \neq 0, n \in \mathbf{N}^+$）$\Leftrightarrow \{a_n\}$ 是等比数列.

▶ 第二节　见微知著

一、考点精析:等差数列

题型分类：

1. 等差数列的判定.

2. 等差数列的通项公式 a_n.

3. 等差数列的前 n 项和 S_n.

例1:下列通项公式表示的数列中为等差数列的是(　　).

A. $a_n = \dfrac{n}{n+1}$ 　　　　　　B. $a_n = n^2 - 1$ 　　　　　　C. $a_n = 5n + (-1)^n$

D. $a_n = 3n - 1$ 　　　　　　E. $a_n = \sqrt{n} - \sqrt[3]{n}$

答案:D　方法一解析:

用代入法,求出 a_1,a_2,a_3 可知选项 A,B,C,E 都不是等差数列,若 $a_n = 3n - 1$,则 $a_n - a_{n-1} = 3n - 1 - [3(n-1) - 1] = 3$,即 $a_n = 3n - 1$ 为 $a_1 = 2$,公差 $d = 3$ 的等差数列,选 D.

方法二解析:

等差数列($d \neq 0$)的通项公式为关于 n 的一次函数 $An + B$,选 D.

例2:数列 $\{a_n\}$ 是等差数列.

(1) 点 $P_n(n, a_n)$ 都在直线 $y = 2x + 1$ 上.

(2) 点 $Q_n(n, S_n)$ 都在抛物线 $y = x^2 + 1$ 上.

答案:A　解析:条件(1) 点 $P_n(n, a_n)$ 都在直线 $y = 2x + 1$ 上,即 $a_n = 2n + 1$,所以数列 $\{a_n\}$ 是等差数列,条件(1) 充分;

条件(2) 点 $Q_n(n, S_n)$ 都在抛物线 $y = x^2 + 1$ 上,即 $S_n = n^2 + 1$,抛物线有常数项,所以数列不是等差数列,条件(2) 不充分,选 A.

例3:$a_1 a_8 < a_4 a_5$.

(1)$\{a_n\}$ 为等差数列,且 $a_1 > 0$.

(2)$\{a_n\}$ 为等差数列,且公差 $d \neq 0$.

答案:B　解析:条件(1) 令 $a_n = 1, d = 0$,则 $a_1 = 1 > 0$,但此时 $a_1 a_8 = a_4 a_5 = 1$,此时为常数列,条件(1) 不充分;条件(2)$d \neq 0$,此时有 $a_1 a_8 = a_1(a_1 + 7d) = a_1^2 + 7a_1 d$,$a_4 a_5 = (a_1 + 3d)(a_1 + 4d) = a_1^2 + 7a_1 d + 12d^2$,因此 $a_1 a_8 - a_4 a_5 = -12d^2 < 0$,即 $a_1 a_8 < a_4 a_5$,条件(2) 充分,选 B.

总裁有话说:比较大小可以用比差法.

例4:已知数列 $\{a_n\}$ 为等差数列,公差为 d,$a_1 + a_2 + a_3 + a_4 = 12$,则 $a_4 = 0$.

(1)$d = -2$.

(2)$a_2 + a_4 = 4$.

答案:D　解析:令等差数列首项为 a_1,公差为 d,可得到 $a_1 + a_1 + d + a_1 + 2d + a_1 + 3d = 12$,即 $2a_1 + 3d = 6$,题干要求推出 $a_1 + 3d = 0$.

条件(1)$d = -2$,得到 $a_1 = 6$,从而 $6 + 3 \times (-2) = 0$ 成立,条件(1) 充分;

条件(2) $\begin{cases} a_1 + d + a_1 + 3d = 4 \\ 2a_1 + 3d = 6 \end{cases}$ 联立,得到 $d = -2, a_1 = 6$,因此 $a_1 + 3d = 0$ 成立,条件(2) 充分,选 D.

例5:已知 $\{a_n\}$ 为等差数列,则该数列的公差为零.

(1) 对任何正整数 n,都有 $a_1 + a_2 + \cdots + a_n \leqslant n$.

(2)$a_2 \geqslant a_1$.

答案:C　解析:条件(1) 可以举出反例 $\{a_n\}$:$1, 0, -1, -2, -3, \cdots$,满足条件,但结论不成立,所以条件(1) 不充分;条件(2) 得到 $d = a_2 - a_1 \geqslant 0$,所以条件(2) 不充分.

条件(1)与条件(2)联合,可得到 $S_n = a_1 + a_2 + \cdots + a_n = na_1 + \dfrac{1}{2}n(n-1)d \leqslant n$,可推出 $a_1 +$

$\dfrac{1}{2}(n-1)d \leqslant 1$ 对任何正整数 n 都成立,且 $d \geqslant 0$,$f(n) = a_1 + \dfrac{1}{2}(n-1)d = \dfrac{d}{2}n + \left(a_1 - \dfrac{d}{2}\right)$ 是

关于 n(正整数)的一次函数,且 $d = a_2 - a_1 \geqslant 0$,说明该一次函数单调递增,若 $f(n) = \dfrac{d}{2}n +$

$\left(a_1 - \dfrac{d}{2}\right) \leqslant 1$ 这个条件恒成立,则可以推出 $d = 0$,所以条件(1)与条件(2)联合充分,选 C.

总裁有话说:等差数列求和、一次函数、数列问题转化为核心元素.

例6:等差数列 $\{a_n\}$ 的前 n 项和为 S_n,已知 $S_3 = 3$,$S_6 = 24$,则此等差数列的公差 d 等于( ).

A. 3   B. 2   C. 1   D. $\dfrac{1}{2}$ E. $\dfrac{1}{3}$

答案:B   方法一解析:

等差数列求和公式 $S_n = na_1 + \dfrac{n(n-1)d}{2}$,得到 $\begin{cases} 3a_1 + 3d = 3, \\ 6a_1 + 15d = 24, \end{cases}$ 解得 $d = 2$,选 B.

方法二解析:

由 $\begin{cases} a_1 + a_2 + a_3 = 3, \\ a_4 + a_5 + a_6 = 24 - 3 = 21, \end{cases}$ 得 $9d = 18$,$d = 2$,选 B.

方法三解析:

根据等差数列片段和的性质,得到 S_n,$S_{2n} - S_n$,$S_{3n} - S_{2n}$ 也成等差数列,且公差为 $n^2 d$,即 S_3,$S_6 - S_3$,$S_9 - S_6$ 成等差数列,且公差为 $9d$,所以 $9d = (S_6 - S_3) - S_3 = 18$,即 $d = 2$,选 B.

例7:在 1 到 100 之间,能被 9 整除的整数的平均值是( ).

A. 27   B. 36   C. 45   D. 54   E. 63

答案:D   解析:因为 $\overline{x} = \dfrac{S_n}{n} = \dfrac{(a_1 + a_n)n}{2} \times \dfrac{1}{n} = \dfrac{(a_1 + a_n)}{2}$,则此题中 $\overline{x} = \dfrac{9 + 99}{2} = 54$,选 D.

例8:若平面内有 10 条直线,其中任何两条不平行,且任何三条不共点(即不相交于一点),则这 10 条直线将平面分成了( )部分.

A. 21   B. 32   C. 43   D. 56   E. 77

答案:D   解析:设 n 条线段将平面分成 a_n 个区域,增加一条直线 l,可知 l 与 n 条直线每一条都有一个交点,所以 l 被分为 $n+1$ 段,这 $n+1$ 个线段或射线都将所经过的 a_n 个区域中的一个分为两个区域,因此 $a_{n+1} = a_n + n + 1$,有 $a_1 = 2$,$a_2 = a_1 + 2$,$a_3 = a_2 + 3$,$\cdots$,$a_{10} = a_9 + 10$,将 10 个等式相加,化简得到 $a_{10} = 2 + 2 + 3 + 4 + 5 + \cdots + 10 = 1 + \dfrac{10(1 + 10)}{2} = 56$,选 D.

二、考点精析:等比数列

题型分类:

1. 等比数列的判定.

2. 等比数列的通项公式 a_n.

3. 等比数列的前 n 项和 S_n.

例 1：等比数列 $\{a_n\}$ 满足 $a_2+a_4=20$，则 $a_3+a_5=40$.

(1) 公比 $q=2$.

(2) $a_1+a_3=10$.

答案：D　解析：条件(1) $a_3+a_5=q(a_2+a_4)=2\times20=40$，条件(1) 充分；

条件(2) $a_1+a_3=10$ 和 $a_2+a_4=20$，得到 $\dfrac{a_2+a_4}{a_1+a_3}=\dfrac{q(a_3+a_1)}{a_3+a_1}=2$，即 $q=2$，与条件(1) 等价，条件(2) 充分，选 D.

例 2：$S_2+S_5=2S_8$.

(1) 等比数列前 n 项和为 S_n，且公比 $q=-\dfrac{\sqrt[3]{4}}{2}$.

(2) 等比数列前 n 项和为 S_n，且公比 $q=\dfrac{1}{\sqrt[3]{2}}$.

答案：A　解析：若 $q=1$，则 $S_2=2a_1$，$S_5=5a_1$，$S_8=8a_1$，又 $a_1\neq0$，则 $S_2+S_5=7a_1\neq2S_8$，所以 $q\neq1$，根据 $S_2+S_5=2S_8$ 得到 $\dfrac{a_1(1-q^2)}{1-q}+\dfrac{a_1(1-q^5)}{1-q}=2\dfrac{a_1(1-q^8)}{1-q}$，化简得到 $q^2(2q^6-q^3-1)=0(q\neq0)$，有 $2q^6-q^3-1=0$，即 $(2q^3+1)(q^3-1)=0$，$q\neq1$，得到 $2q^3+1=0$，解得 $q=-\dfrac{\sqrt[3]{4}}{2}$，选 A.

例 3：$a_1^2+a_2^2+a_3^2+\cdots+a_n^2=\dfrac{1}{3}(4^n-1)$.

(1) 数列 $\{a_n\}$ 的通项公式为 $a_n=2^n$.

(2) 在数列 $\{a_n\}$ 中，对任意正整数 n 都有 $a_1+a_2+a_3+\cdots+a_n=2^n-1$.

答案：B　解析：条件(1) $a_1^2=2^2$，$a_2^2=2^4$，$\cdots$，$a_n^2=2^{2n}=\dfrac{2^2(1-4^n)}{1-4}=\dfrac{4}{3}(4^n-1)\neq\dfrac{1}{3}(4^n-1)$，条件(1) 不充分；

条件(2) 方法一：

$a_1=2-1=1$，$a_n=S_n-S_{n-1}=(2^n-1)-(2^{n-1}-1)=2^{n-1}(n\geqslant2)$，

因此 $a_1^2+a_2^2+a_3^2+\cdots+a_n^2=1+2^2+(2^2)^2+\cdots+(2^2)^{n-1}=\dfrac{1\times(1-4^n)}{1-4}=\dfrac{1}{3}(4^n-1)$，条件(2) 充分，选 B.

条件(2) 方法二：

因为该数列前 n 项和为 2^n-1，故该数列一定为等比数列，该数列公比 $q=2$，$a_1=1$，结论为数列 $\{a_n^2\}$ 的前 n 项和，故 $a_1^2=1$，$a_2^2=4$，$a_3^2=16$，结论数列 $\{a_n^2\}$ 的首项为 1，公比 $q=4$，故 $S_n=\dfrac{1}{3}(4^n-1)$，条件(2) 充分，选 B.

总裁有话说：等比数列通项的平方仍然是等比数列，本题条件(2) 考查已知 S_n 求 a_n.

例 4：设 $\{a_n\}$ 是非负等比数列，若 $a_3=1, a_5=\dfrac{1}{4}$，则 $\displaystyle\sum_{n=1}^{8}\dfrac{1}{a_n}=$（　　）.

A. 255　　　　B. $\dfrac{255}{4}$　　　　C. $\dfrac{255}{8}$　　　　D. $\dfrac{255}{16}$　　　　E. $\dfrac{255}{32}$

答案：B　**解析**：由 $a_3=1, a_5=\dfrac{1}{4}$，得到 $q=\dfrac{1}{2}, a_1=4$，$\left\{\dfrac{1}{a_n}\right\}$ 是首项为 $\dfrac{1}{4}$，公比为 2 的等比数列，

所以 $\displaystyle\sum_{n=1}^{8}\dfrac{1}{a_n}=\dfrac{\dfrac{1}{4}(1-2^8)}{1-2}=\dfrac{2^8-1}{4}=\dfrac{255}{4}$，选 B.

例 5：如右图，四边形 $A_1B_1C_1D_1$ 是平行四边形，$A_2B_2C_2D_2$ 分别是 $A_1B_1C_1D_1$ 四边的中点，$A_3B_3C_3D_3$ 分别是 $A_2B_2C_2D_2$ 四边的中点，依次下去，得到四边形序列 $A_nB_nC_nD_n(n=1,2,3,\cdots)$. 设 $A_nB_nC_nD_n$ 的面积为 S_n，且 $S_1=12$，则 $S_1+S_2+S_3+\cdots+S_n$ =（　　）.

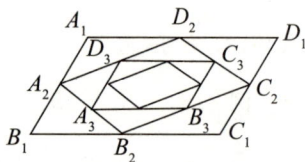

A. 16　　　　B. 20　　　　C. 24　　　　D. 28　　　　E. 30

答案：C　**解析**：根据题目可得，$S_1,S_2,S_3,\cdots$ 成首项 $S_1=12$，公比 $q=\dfrac{1}{2}$ 的等比数列，则 $S_1+S_2+S_3+\cdots+S_n\approx\dfrac{S_1}{1-\dfrac{1}{2}}=24$，选 C.

三、考点精析：等差与等比数列综合问题

1. 既是等差又是等比数列的数列，是非零的常数列.

2. 等差等比数列之间的联系：

(1) 若已知三数成等差，常设 $a-d, a, a+d$ 便于求解（目的是减少未知量）.

(2) 若已知四数成等差，常设 $a-3d, a-d, a+d, a+3d$ 便于求解（目的是减少未知量）.

(3) 若已知三数成等比，常设 $\dfrac{a}{q}, a, aq$ 便于求解（目的是减少未知量）.

(4) 若已知四数成等比，常设 $\dfrac{a}{q^3}, \dfrac{a}{q}, aq, aq^3$ 便于求解（目的是减少未知量）.

例 1：在下面的表格中每行为等差数列，每列为等比数列，则 $x+y+z=$（　　）.

2	$\dfrac{5}{2}$	3
x	$\dfrac{5}{4}$	$\dfrac{3}{2}$
a	y	$\dfrac{3}{4}$
b	c	z

A. 2 　　　　　B. $\dfrac{5}{2}$ 　　　　　C. 3 　　　　　D. $\dfrac{7}{2}$ 　　　　　E. 4

答案:A　解析:由 $x,\dfrac{5}{4},\dfrac{3}{2}$ 为等差数列,得 $\dfrac{5}{4}-x=\dfrac{3}{2}-\dfrac{5}{4}$,解得 $x=1$;

由 $\dfrac{5}{2},\dfrac{5}{4},y$ 成等比数列,则 $y=\left(\dfrac{5}{4}\right)^2\div\dfrac{5}{2}$,解得 $y=\dfrac{5}{8}$;

由 $\dfrac{3}{2},\dfrac{3}{4},z$ 成等比数列,则 $z=\left(\dfrac{3}{4}\right)^2\div\dfrac{3}{2}$,得到 $z=\dfrac{3}{8}$,所以 $x+y+z=1+\dfrac{5}{8}+\dfrac{3}{8}=2$,

选 A.

例 2: 已知 $\{a_n\},\{b_n\}$ 分别是等比数列与等差数列,$a_1=b_1=1$,则 $b_2\geqslant a_2$.

(1) $a_2>0$.

(2) $a_{10}=b_{10}$.

答案:C　解析:条件(1) 取 $q=2,d=0$,则 $a_2=2,b_2=1$,条件(1) 不充分;

条件(2) 得到 $q^9=1+9d$,取 $q=-2,d=-\dfrac{171}{3}$,显然 $b_2<a_2$,条件(2) 不充分.

条件(1) 和条件(2) 联合,条件(1) 得到 $a_2=a_1q=q>0$,条件(2) 得到 $q^9=1+9d$,所以 $b_2=$

$1+d=1+\dfrac{q^9-1}{9}=\dfrac{q^9+8}{9}=\dfrac{q^9+1+\cdots+1}{9}\geqslant\sqrt[9]{q^9}=q=a_2$,所以充分,选 C.

例 3: 在等差数列 $\{a_n\}$ 中,$a_3=2,a_{11}=6$;数列 $\{b_n\}$ 是等比数列,若 $b_2=a_3,b_3=\dfrac{1}{a_2}$,则满足 $b_n>$

$\dfrac{1}{a_{26}}$ 的最大的 n 是(　　).

A. 3 　　　　　B. 4 　　　　　C. 5 　　　　　D. 6

答案:B　方法一解析:

由 $\begin{cases}a_3=a_1+2d=2,\\a_{11}=a_1+10d=6,\end{cases}$ 得 $d=\dfrac{1}{2},a_1=1$,因此 $a_{26}=a_1+25d=1+\dfrac{25}{2}=\dfrac{27}{2},b_2=a_3=2,b_3=\dfrac{1}{a_2}$

$=\dfrac{2}{3},q=\dfrac{b_3}{b_2}=\dfrac{1}{3},b_n=b_1q^{n-1}=6\times\left(\dfrac{1}{3}\right)^{n-1}>\dfrac{2}{27}$,即 $\left(\dfrac{1}{3}\right)^{n-1}>\dfrac{1}{81}=\left(\dfrac{1}{3}\right)^4$,则 $n-1<4$,即 $n<5$,

所以最大的 n 是 4,选 B.

方法二解析:

公差 $d=\dfrac{a_{11}-a_3}{8}=\dfrac{1}{2}$,所以 $a_{26}=a_3+23d=2+\dfrac{23}{2}=\dfrac{27}{2}$,公比 $q=\dfrac{b_3}{b_2}=\dfrac{\frac{1}{a_2}}{a_3}=\dfrac{1}{a_2a_3}=\dfrac{1}{(a_3-d)a_3}$

$=\dfrac{1}{\left(2-\frac{1}{2}\right)\times 2}=\dfrac{1}{3}$,所以 $b_n=b_2q^{n-2}=2\times\left(\dfrac{1}{3}\right)^{n-2}$,根据 $2\times\left(\dfrac{1}{3}\right)^{n-2}>\dfrac{2}{27}$,得到 $n<5$,选 B.

四、考点精析:等差与等比数列性质问题

例 1: 若等比数列 $\{a_n\}$ 满足 $a_2a_4+2a_3a_5+a_2a_8=25$,且 $a_1>0$,则 $a_3+a_5=($ 　　).

A. 8   B. 5   C. 2   D. -2 E. -5

答案: B   方法一解析:

$a_2a_4+2a_3a_5+a_2a_8=a_3^2+2a_3a_5+a_5^2=25$,即 $(a_3+a_5)^2=25$,又因为 $a_1>0$,所以 $a_3+a_5=a_1\times q^2+a_1\times q^4>0$,即 $a_3+a_5=5$,选 B.

方法二解析:

特殊数列法:令 $a_n\equiv C>0$,则 $a_2a_4+2a_3a_5+a_2a_8=4C^2=25$,所以 $C=\dfrac{5}{2}$,$a_3+a_5=5$,选 B.

例 2: 若等差数列 $\{a_n\}$ 满足 $5a_7-a_3-12=0$,则 $\displaystyle\sum_{k=1}^{15}a_k=($ $)$.

A. 15   B. 24   C. 30   D. 45   E. 60

答案: D   方法一解析:

已知 $5a_7-a_3-12=0$,则 $5a_7-a_3=12=5(a_1+6d)-(a_1+2d)=4a_1+28d$,得到 $a_1+7d=3$,则 $\displaystyle\sum_{k=1}^{15}a_k=S_{15}=15a_1+\dfrac{15\times14}{2}d=15(a_1+7d)=45$,选 D.

方法二解析:

$\displaystyle\sum_{k=1}^{15}a_k=S_{15}=\dfrac{15\times(a_1+a_{15})}{2}=\dfrac{15\times2a_8}{2}=15a_8$,又因为 $5a_7-a_3-12=0$,即 $5(a_8-d)-(a_8-5d)-12=0$,所以 $a_8=3$,原式 $=S_{15}=15\times3=45$,选 D.

方法三解析:

(特殊数列法)令 $a_n\equiv C$(常数列),则 $5a_7-a_3-12=4C-12=0$,得 $C=3$,所以 $\displaystyle\sum_{k=1}^{15}a_k=\sum_{k=1}^{15}C=\sum_{k=1}^{15}3=3\times15=45$,选 D.

例 3: 若在等差数列中,前 5 项和 $S_5=15$,前 15 项和 $S_{15}=120$,则前 10 项和 $S_{10}=($ $)$.

A. 40   B. 45   C. 50   D. 55   E. 60

答案: D   解析:因为在等差数列中,满足片段和定理,S_5,$S_{10}-S_5$,$S_{15}-S_{10}$ 也成等差数列,即 15,$S_{10}-15$,$120-S_{10}$ 成等差数列,所以 $2(S_{10}-15)=15+(120-S_{10})$,解得 $S_{10}=55$,选 D.

例 4: $\{a_n\}$ 的前 n 项和 S_n 与 $\{b_n\}$ 的前 n 项和 T_n 满足 $S_{19}:T_{19}=3:2$.

(1) $\{a_n\}$ 和 $\{b_n\}$ 是等差数列.

(2) $a_{10}:b_{10}=3:2$.

答案: C   解析:条件(1)特殊数列法,设 $a_n=1$,$b_n=1$,则 $S_{19}:T_{19}=1:1$,条件(1)不充分;条件(2)中可满足的数列 $\{a_n\}$ 与 $\{b_n\}$ 有无数个,所以条件(2)也不充分.联合条件(1)和条件(2),$\dfrac{2a_{10}}{2b_{10}}=\dfrac{a_1+a_{19}}{b_1+b_{19}}=\dfrac{19(a_1+a_{19})}{2}\div\dfrac{19(b_1+b_{19})}{2}=\dfrac{S_{19}}{T_{19}}=3:2$ 成立,选 C.

例 5: $\dfrac{a+b}{a^2+b^2}=-\dfrac{1}{3}$.

(1) $a^2,1,b^2$ 成等差数列.

(2) $\dfrac{1}{a},1,\dfrac{1}{b}$ 成等比数列.

答案:E 解析:条件(1)a^2,1,b^2 成等差数列,所以 $a^2+b^2=2$,取 $a=0$,$b=\sqrt{2}$,满足条件(1),但 $\dfrac{a+b}{a^2+b^2}=\dfrac{\sqrt{2}}{2}\neq-\dfrac{1}{3}$,条件(1) 不充分;

条件(2) $\dfrac{1}{a}$,1,$\dfrac{1}{b}$ 成等比数列,所以 $\dfrac{1}{ab}=1$,令 $a=b=1$,满足条件 $\dfrac{1}{ab}=1$,但 $\dfrac{a+b}{a^2+b^2}=1\neq-\dfrac{1}{3}$,条件(2) 不充分.

将条件(1) 和条件(2) 联合,则有 $\begin{cases}a^2+b^2=2,\\ab=1,\end{cases}$ 得到 $a^2=b^2=1$,但 a,b 同号,所以 $\begin{cases}a=1,\\b=1\end{cases}$ 或 $\begin{cases}a=-1,\\b=-1,\end{cases}$ 满足条件(1),(2) 但 $\dfrac{a+b}{a^2+b^2}\neq-\dfrac{1}{3}$,所以条件(1) 和条件(2) 联合也不充分,选 E.

总裁有话说: 本题也可列举一个特殊数列:$a=1$,$b=1$,同时满足两个条件,但 $\dfrac{a+b}{a^2+b^2}=1\neq-\dfrac{1}{3}$,即条件(1) 和(2) 都不充分,联合也不充分,选 E.

例6:设数列 $\{a_n\}$ 为等比数列,$a_2=2$.

(1)$a_1+a_3=5$.

(2)$a_1a_3=4$.

答案:E 方法一解析:

显然单独都不充分,考虑联合.

a_1,a_3 是方程 $x^2-5x+4=0$ 的两个根,则 $\begin{cases}a_1=1,\\a_3=4\end{cases}$ 或 $\begin{cases}a_1=4,\\a_3=1,\end{cases}$ 则 $a_2=\pm2$,所以不充分,选 E.

方法二解析:

举反例 $\begin{cases}a_1=1,\\a_3=4,\end{cases}$ 符合条件(1) 和条件(2),此时 $a_2=\pm2$,不能得出 $a_2=2$,所以条件(1) 和(2) 都不充分,联合起来也不充分,选 E.

例7:已知等差数列 $\{a_n\}$ 的公差不为 0,但第 3,4,7 项构成等比数列,则 $\dfrac{a_2+a_6}{a_3+a_7}=$（ ）.

A. $\dfrac{3}{5}$ B. $\dfrac{2}{3}$ C. $\dfrac{3}{4}$ D. $\dfrac{4}{5}$ E.5

答案:A 解析:由已知第 3,4,7 项构成等比数列,即 $(a_1+3d)^2=(a_1+2d)(a_1+6d)$,解得 $a_1=-\dfrac{3}{2}d$,因此 $\dfrac{a_2+a_6}{a_3+a_7}=\dfrac{2a_1+6d}{2a_1+8d}=\dfrac{2\times\left(-\dfrac{3}{2}d\right)+6d}{2\times\left(-\dfrac{3}{2}d\right)+8d}=\dfrac{3d}{5d}=\dfrac{3}{5}$,选 A.

例8:实数 a,b,c 成等差数列.

(1)e^a,e^b,e^c 成等比数列.

(2)$\ln a$,$\ln b$,$\ln c$ 成等差数列.

答案:A 解析:条件(1)e^a,e^b,e^c 成等比数列,则 $(e^b)^2=e^a\times e^c$,可推出 $e^{a+c}=e^{2b}$,得到 $2b=a+c$,条件(1) 充分;条件(2)$\ln a$,$\ln b$,$\ln c$ 成等差数列,则 $2\ln b=\ln a+\ln c$,$b^2=ac$,条件(2) 不充分,选 A.

总裁有话说：若 $2b = a + c$，则 a, b, c 成等差数列；若 $b^2 = ac$，则 a, b, c 不一定成等比数列.

五、考点精析：通项公式与前 n 项和之间的转化

1. 等差数列通项 $a_n = nd + (a_1 - d)$ 与前 n 项和 $S_n = \dfrac{d}{2}n^2 + \left(a_1 - \dfrac{d}{2}\right)n$.

(1) 若已知 $S_n = An^2 + Bn$，则 $a_n = 2An + (B - A)$.

总裁来举例：若已知等差数列前 n 项和 $S_n = 10n^2 + 3n$，则 $a_n = 20n + (3 - 10) = 20n - 7$.

(2) 若已知 $a_n = An + B$，则公差 $d = A$，首项 $a_1 = A + B$，则 $S_n = \dfrac{A}{2}n^2 + \left(A + B - \dfrac{A}{2}\right)n$.

总裁来举例：若已知等差数列 $a_n = 3n - 5$，则公差 $d = 3$，首项 $a_1 = A + B = -2$，则 $S_n = \dfrac{3}{2}n^2 + \left(-2 - \dfrac{3}{2}\right)n = \dfrac{3}{2}n^2 - \dfrac{7}{2}n$.

例 1：$S_6 = 126$.

(1) 数列 $\{a_n\}$ 的通项公式是 $a_n = 10(3n + 4)$ $(n \in \mathbf{N})$.

(2) 数列 $\{a_n\}$ 的通项公式是 $a_n = 2^n$ $(n \in \mathbf{N})$.

答案：B　方法一解析：

条件(1) 得 $a_1 = 70, a_2 = 100$，有 $a_n - a_{n-1} = 10(3n + 4) - 10[3(n - 1) + 4] = 30$，从而 $\{a_n\}$ 是首项 $a_1 = 70$，公差 $d = 30$ 的等差数列，因此 $S_6 = \dfrac{6(a_1 + a_6)}{2} = 870$，条件(1) 不充分；

条件(2)$\{a_n\}$ 是首项 $a_1 = 2$，公比 $q = 2$ 的等比数列，因此 $S_6 = \dfrac{2(1 - 2^6)}{1 - 2} = -2 \times (1 - 2^6) = 126$，条件(2) 充分，选 B.

方法二解析：

条件(1)$a_n = 30n + 40$，故 $d = 30, a_1 = 70$，则 $S_n = 15n^2 + 55n$，$S_6 = 15 \times 6^2 + 55 \times 6 = 870$，条件(1) 不充分；

条件(2)$a_n = 2^n$ 化成指数型有 $a_n = 2 \times 2^{n-1}$，$q = 2, a_1 = 2$，故 $S_6 = \dfrac{2(1 - 2^6)}{1 - 2} = -2(1 - 2^6) = 126$，条件(2) 充分，选 B.

例 2：数列 $\{a_n\}$ 的前 k 项和 $a_1 + a_2 + \cdots + a_k$ 与随后 k 项和 $a_{k+1} + a_{k+2} + \cdots + a_{2k}$ 之比与 k 无关.

(1)$a_n = 2n - 1$ $(n = 1, 2, \cdots)$.

(2)$a_n = 2n$ $(n = 1, 2, \cdots)$.

答案：A　解析：条件(1)$a_n = 2n - 1$ 可得到数列 $\{a_n\}$ 为等差数列，则 $a_1 + a_2 + \cdots + a_k = S_k = \dfrac{k(1 + 2k - 1)}{2} = k^2$. $a_{k+1} + a_{k+2} + \cdots + a_{2k} = S_{2k} - S_k = \dfrac{2k(1 + 4k - 1)}{2} - k^2 = 4k^2 - k^2 = 3k^2$，因此两者之比为 $\dfrac{k^2}{3k^2}$，与 k 无关，条件(1) 充分；

条件(2)$a_n = 2n$，可得到数列 $\{a_n\}$ 为等差数列，则 $S_k = \dfrac{k(2 + 2k)}{2} = k(1 + k)$，$S_{2k} - S_k$

$$=\frac{2k(2+4k)}{2}-\frac{k(2+2k)}{2}=\frac{2k+6k^2}{2}=\frac{k(2+6k)}{2}=k(1+3k)$$，因此两者之比为 $\frac{1+k}{1+3k}$，与 k 有关，条件(2)不充分，选 A.

♠例3：若数列 $\{a_n\}$ 中，$a_n\neq 0(n\geqslant 1)$，$a_1=\frac{1}{2}$，前 n 项和 S_n 满足 $a_n=\frac{2S_n^2}{2S_n-1}(n\geqslant 2)$，则 $\left\{\frac{1}{S_n}\right\}$ 是（　　）.

　　A. 首项为2，公比为 $\frac{1}{2}$ 的等比数列　　B. 首项为2，公比为2的等比数列

　　C. 既非等差也非等比数列　　　　　　　D. 首项为2，公差为 $\frac{1}{2}$ 的等差数列

　　E. 首项为2，公差为2的等差数列

答案：E　解析：当 $n=1$ 时，$\frac{1}{S_1}=\frac{1}{a_1}=2$；当 $n\geqslant 2$ 时，$a_n=S_n-S_{n-1}=\frac{2S_n^2}{2S_n-1}$，因此 $(S_n-S_{n-1})(2S_n-1)=2S_n^2$，可推出 $S_{n-1}-S_n-2S_nS_{n-1}=0$，由 $a_n\neq 0$，得 $S_n\neq 0$，所以等式两边同除 S_nS_{n-1}，得到 $\frac{1}{S_n}-\frac{1}{S_{n-1}}=2$，可知 $\left\{\frac{1}{S_n}\right\}$ 是首项为2，公差为2的等差数列，选 E.

📖**总裁有话说**：本题考查数列 $\{a_n\}$ 与 $\{S_n\}$ 之间的关系，要确定 $\left\{\frac{1}{S_n}\right\}$ 是什么数列，需要将 a_n 转化为 S_n.

六、考点精析：构造数列

题型特征：

题目中一定有 $a_{n+1}=qa_n+d$.

解题方法：

等号两边同时加一个常数 $C=\frac{d}{q-1}$，构造新等比数列.

♠例1：(2019) 设数列 $\{a_n\}$ 满足 $a_1=0$，$a_{n+1}-2a_n=1$，则 $a_{100}=$（　　）.

　　A. $2^{99}-1$　　　　B. 2^{99}　　　　C. $2^{99}+1$　　　　D. $2^{100}-1$　　　　E. $2^{100}+1$

答案：A　解析：$a_{n+1}-2a_n=1$ 化为标准型，有 $a_{n+1}=2a_n+1$，$q=2$，$d=1$，因此 $C=1$.

等号两边同时加1，有 $a_{n+1}+1=2a_n+2=2(a_n+1)$，得到 $\frac{a_{n+1}+1}{a_n+1}=2$，则 $\{a_n+1\}$ 是以 $a_1+1=1$ 为首项，以2为公比的等比数列，故 $a_n=2^{n-1}-1$，$a_{100}=2^{99}-1$，选 A.

七、考点精析：数列的最值问题

等差数列前 n 项和最值问题

(1) 等差数列 S_n 有最值的条件.

①当 $a_1<0$，$d>0$ 时，S_n 有最小值；

② 当 $a_1 > 0, d < 0$ 时,S_n 有最大值.

(2) $S_n = \dfrac{d}{2}n^2 + \left(a_1 - \dfrac{d}{2}\right)n$,等差数列前 n 项和是不含常数项的二次函数.

① 常数项为 0;

② 开口方向由 d 的符号决定;

③ 二次项系数为 d 的一半;

④ 二次项系数 + 一次项系数 = 数列的首项;

⑤ 对称轴为 $n = \dfrac{1}{2} - \dfrac{a_1}{d}$.

(3) 最值在最靠近对称轴的整数处取得.

(4) 因为 S_n 的最值一定在数列"变号"时取得,可令 $a_n = 0$,若解得 n 为整数 m,则 $S_m = S_{m-1}$ 均为最值;若解得 n 的值为小数,则当 n 取距离该小数最近的整数时,S_n 取到最值.

总裁来举例:若解得 $n = 7$,则 $S_7 = S_6$ 均为该数列最值.

例 1:已知 $\{a_n\}$ 是公差大于 0 的等差数列,S_n 是 $\{a_n\}$ 的前 n 项和,则 $S_n \geqslant S_{10}$,$n = 1, 2, \cdots$.

(1) $a_{10} = 0$.

(2) $a_{11}a_{10} < 0$.

答案:D 解析:$\{a_n\}$ 是公差大于 0 的等差数列,要想说明 $S_n \geqslant S_{10}$,只需证明 S_{10} 为最小值即可.条件(1)$a_{10} = 0$,显然结论成立;条件(2)$a_{11}a_{10} < 0$ 可以推出 $a_{11} > 0$,$a_{10} < 0$,条件(2)充分,选 D.

例 2:(2020)等差数列 $\{a_n\}$ 满足 $a_1 = 8$,且 $a_2 + a_4 = a_1$,则 $\{a_n\}$ 的前 n 项和的最大值为(　　).

A. 16　　　　　B. 17　　　　　C. 18　　　　　D. 19　　　　　E. 20

答案:E 解析:$a_2 + a_4 = a_1$,则 $a_1 + 4d = 0$,故 $d = -2$,S_n 的对称轴 $n = \dfrac{1}{2} - \dfrac{8}{-2} = 4.5$,故 $n = 4$ 或 5 时,前 n 项和有最大值,$S_n = \dfrac{d}{2}n^2 + \left(a_1 - \dfrac{d}{2}\right)n$,将 $n = 4$ 或 5 代入,$S_n = -1 \times 16 + (8 + 1) \times 4 = 20$,选 E.

八、考点精析:穷举

例 1:设 $a_1 = 1, a_2 = k, a_{n+1} = |a_n - a_{n-1}| (n \geqslant 2)$,则 $a_{100} + a_{101} + a_{102} = 2$.

(1) $k = 2$.

(2) k 是小于 20 的正整数.

答案:D 解析:条件(1)$k = 2$ 时,穷举得到该数列为 $1, 2, 1, 1, 0, 1, 1, 0, \cdots$,从第三项开始,相邻的三项总是为 $1, 1, 0$,三项加和为 2,则 $a_{100} + a_{101} + a_{102} = 2$,条件(1)充分;

条件(2)令 $k = 5$,穷举得到该数列为 $1, 5, 4, 1, 3, 2, 1, 1, 0, 1, 1, 0\cdots$,令 $k = 19$,因为小于 20 的正整数最大的是 19,穷举得到该数列为 $1, 19, 18, 1, 17, 16, \cdots$,因为 $a_3 = 18$,$a_6 = 16$,故 $a_9 = 14$,$a_{12} = 12$,$a_{15} = 10$,$a_{30} = 0$,所以 $k = 19$ 时,从第 30 项起每 3 项加和都为 2,条件(2)也充分,选 D.

例2:已知数列$\{a_n\}$满足$a_1=1,a_2=2$,且$a_{n+2}=a_{n+1}-a_n(n=1,2,3,\cdots)$,则$a_{100}=($).

A.1 　　　B.-1 　　　C.2 　　　D.-2 　　　E.0

答案:B 　解析:$a_1=1,a_2=2,a_3=a_2-a_1=1,a_4=a_3-a_2=-1,a_5=a_4-a_3=-2,a_6=a_5-a_4=-1,a_7=a_6-a_5=1=a_1$.

该数列是6项为一个周期的周期数列,所以$a_{100}=a_4=-1$,选B.

第三节　　业精于勤

1. 等差数列$\{a_n\}$中,a_3,a_8是方程$2x^2+3x-18=0$的两个根,则数列$\{a_n\}$的前10项和$S_{10}=($).

　　A.-9 　　　B.-18 　　　C.-6 　　　D.-7.5 　　　E.-15

2. 数列$\{a_n\}$满足$\frac{1}{2}a_n=a_{n+1}-\left(\frac{1}{2}\right)^{n+1}$,且$a_1=\frac{1}{2}$,若$a_n<\frac{1}{3}$,则$n$的最小值为( ).

　　A.3 　　　B.4 　　　C.5 　　　D.6 　　　E.7

3. 已知数列$\{a_n\}$满足$a_1=\frac{1}{2}$,$a_{n+1}=a_n+\frac{1}{\sqrt{n+1}+\sqrt{n}}$,则$a_{100}=($).

　　A.7.5 　　　B.8.5 　　　C.9.5 　　　D.10.5 　　　E.11.5

4. 等比数列$\{a_n\}$的前n项和为S_n,已知$S_n=36,S_{2n}=54$,则S_{3n}的值为( ).

　　A.36 　　　B.54 　　　C.63 　　　D.72 　　　E.90

5. 等差数列$\{a_n\}$的前n项和为S_n,已知$S_3=3,S_6=24$,则$a_9=($).

　　A.12 　　　B.15 　　　C.18 　　　D.21 　　　E.24

6. 等差数列$\{a_n\}$共有$2n+1$项,其中任意一项不为0,则此数列中的奇数项之和与偶数项之和的比值为( ).

　　A.$\frac{n+3}{n+1}$ 　　　B.$\frac{n+3}{n}$ 　　　C.$\frac{n+2}{n+1}$ 　　　D.$\frac{n+2}{n}$ 　　　E.$\frac{n+1}{n}$

7. 若数列$\{a_n\}$的前n项和$S_n=n^2+2n+5$,则$a_{n+1}+a_{n+2}+a_{n+3}=($).

　　A.$6n+15$ 　　　B.$7n+12$ 　　　C.$8n+9$ 　　　D.$9n+20$ 　　　E.$10n+25$

8. 数列$\{a_n\}$的前n项和为S_n,$a_n=-n^2+10n+11$,则S_n取得最大值时,$n=($).

　　A.10 　　　B.11 　　　C.12 　　　D.10或11 　　　E.11或12

9. 如果数列$\{a_n\}$:$x,a_1,a_2,\cdots,a_m,y$和数列$\{b_n\}$:$x,b_1,b_2,\cdots,b_n,y$都是等差数列,则(a_2-a_1)与(b_4-b_2)的比值为( ).

　　A.$\frac{n}{2m}$ 　　　B.$\frac{n+1}{2m}$ 　　　C.$\frac{n+1}{2(m+1)}$ 　　　D.$\frac{n+1}{m+1}$ 　　　E.$\frac{2n+1}{m+1}$

10. 若关于x的方程$x^2-x+a=0$和$x^2-x+b=0(a\neq b)$的4个根组成首项为$\frac{1}{4}$的等差数列,则$a+b$的值是( ).

A. $\dfrac{3}{8}$ B. $\dfrac{11}{24}$ C. $\dfrac{13}{24}$ D. $\dfrac{31}{72}$ E. $\dfrac{7}{8}$

11. 等差数列 $\{a_n\}$ 的前 n 项和为 S_n, 已知 $a_1 = 13$, $S_3 = S_{11}$, 则 S_n 的最大值为（   ）.

A. 42   B. 49   C. 59   D. 78   E. 117

12. 如右图, 每个最小的等边三角形由 3 根火柴棍组成, 则图形存在 9 层时, 共有（   ）根火柴.

A. 120   B. 125   C. 130

D. 135   E. 140

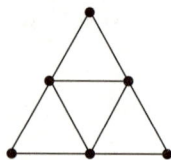

13. $|a_1| + |a_2| + |a_3| + \cdots + |a_{15}| = 153$.

(1) 数列 $\{a_n\}$ 的通项公式为 $a_n = 2n - 7$.

(2) 数列 $\{a_n\}$ 的通项公式为 $a_n = 2n - 9$.

14. 已知 S_n 为数列的前 n 项和, 则 $a_n = 2n + 1$.

(1) $a_n > 0$, 且 $a_n^2 + 2a_n = 4S_n + 3$.

(2) $2S_n = 3^n + 3$.

答案解析

1. 答案: D. 由韦达定理可知 $a_3 + a_8 = -\dfrac{3}{2}$, 即有 $S_{10} = \dfrac{(a_1 + a_{10}) \times 10}{2} = \dfrac{(a_3 + a_8) \times 10}{2} = -\dfrac{15}{2}$, 选 D.

2. 答案: B. 因为 $\dfrac{1}{2} a_n = a_{n+1} - \left(\dfrac{1}{2}\right)^{n+1}$, 等式两边同时乘以 2^{n+1} 可得, $2^n a_n = 2^{n+1} a_{n+1} - 1$, 所以 $2^{n+1} a_{n+1} - 2^n a_n = 1$ 且 $2a_1 = 1$, 所以数列 $\{2^n a_n\}$ 是等差数列, 且首项和公差都为 1, 则 $2^n a_n = 1 + n - 1 = n$, 所以 $a_n = \dfrac{n}{2^n}$. 又因为 $a_{n+1} - a_n = \dfrac{n+1}{2^{n+1}} - \dfrac{n}{2^n} = \dfrac{n+1-2n}{2^{n+1}} = \dfrac{1-n}{2^{n+1}}$.

当 $n = 1$ 时, $a_1 = a_2 = \dfrac{1}{2}$;

当 $n \geqslant 2$ 时, $a_{n+1} < a_n$, 即数列 $\{a_n\}$ 从第二项开始单调递减, 因为 $a_3 = \dfrac{3}{8} > \dfrac{1}{3}$, $a_4 = \dfrac{1}{4} < \dfrac{1}{3}$, 故当 $n \leqslant 3$ 时, $a_n > \dfrac{1}{3}$; 当 $n \geqslant 4$ 时, $a_n < \dfrac{1}{3}$. 所以 $a_n < \dfrac{1}{3}$, 则 n 的最小值为 4, 选 B.

3. 答案: C. 已知 $a_{n+1} = a_n + \dfrac{1}{\sqrt{n+1} + \sqrt{n}}$, 后项与前项系数一致, 考查累加, 有 $a_{n+1} - a_n = \dfrac{1}{\sqrt{n+1} + \sqrt{n}}$.

$$a_2 - a_1 = \dfrac{1}{\sqrt{2} + \sqrt{1}} = \sqrt{2} - \sqrt{1},$$

$$a_3 - a_2 = \dfrac{1}{\sqrt{3} + \sqrt{2}} = \sqrt{3} - \sqrt{2},$$

$$\cdots$$

$$a_n - a_{n-1} = \dfrac{1}{\sqrt{n+1} + \sqrt{n}} = \sqrt{n} - \sqrt{n-1},$$

得到 $a_n - a_1 = \sqrt{n} - 1$, $a_{100} = 9 + \dfrac{1}{2} = 9.5$, 选 C.

4.答案:C. 考查等比数列片段和性质.

原数列为等比数列,则 S_n, $S_{2n} - S_n$, $S_{3n} - S_{2n}$ 仍为等比数列,即 $(S_{3n} - S_{2n})S_n = (S_{2n} - S_n)^2$, 所以 $S_{3n} = \dfrac{(S_{2n} - S_n)^2}{S_n} + S_{2n} = \dfrac{(54 - 36)^2}{36} + 54 = 63$, 选 C.

5.答案:B. 由 $S_3 = 3$, $S_6 = 24$, 得 $S_6 - S_3 = 24 - 3 = 21$, 新数列公差为 $d' = S_6 - S_3 - S_3 = 18 = 3^2 \times d$, 因此原数列公差为 $d = 2$. 又由 $S_3 = 3$, 可知 $S_3 = a_1 + a_2 + a_3 = 3a_2 = 3$, 所以 $a_2 = 1$, $a_9 = a_2 + 7d = 1 + 7 \times 2 = 15$.

6.答案:E. 数列中的奇数项组成了共有 $n+1$ 项的等差数列,首项为 a_1, 末项为 a_{2n+1}, 则奇数项之和 $S_奇 = \dfrac{a_1 + a_{2n+1}}{2} \times (n+1) = (n+1)a_{n+1}$, 数列中的偶数项组成了共有 n 项的等差数列,首项为 a_2, 末项为 a_{2n}, 则偶数项之和 $S_偶 = \dfrac{a_2 + a_{2n}}{2} \times n = na_{n+1}$, 则 $\dfrac{S_奇}{S_偶} = \dfrac{n+1}{n}$, 选 E.

7.答案:A. $a_{n+1} + a_{n+2} + a_{n+3} = S_{n+3} - S_n = (n+3)^2 + 2(n+3) + 5 - n^2 - 2n - 5 = 6n + 15$, 选 A.

8.答案:D. 因为数列的通项公式为开口向下的二次函数, $a_n = -n^2 + 10n + 11 = -(n-5)^2 + 36$, 可知当 $n = 5$ 时, a_n 有最大值 36, $a_n = 0$ 时, $-n^2 + 10n + 11 = 0$, 解得 $n = 11$, 或 $n = -1$, 即当 $n = 10$ 或 11 时,数列前 n 项和有最大值,选 D.

9.答案:C. 设 $\{a_n\}$ 的公差为 d_1, $\{b_n\}$ 的公差为 d_2.

则 $d_1 = \dfrac{y-x}{m+1}$, $d_2 = \dfrac{y-x}{n+1}$, $\dfrac{a_2 - a_1}{b_4 - b_2} = \dfrac{d_1}{2d_2} = \dfrac{\dfrac{y-x}{m+1}}{2 \times \left(\dfrac{y-x}{n+1}\right)} = \dfrac{n+1}{2(m+1)}$, 选 C.

10.答案:D. 设这 4 个根分别为 x_1, x_2, x_3, x_4, 且 $x_1 + x_4 = 1$, $x_2 + x_3 = 1$, 因为首项已知,且成等差数列,故四个根为 $\dfrac{1}{4}$, $\dfrac{5}{12}$, $\dfrac{7}{12}$, $\dfrac{3}{4}$, 则 a 与 b 可为 $\dfrac{1}{4} \times \dfrac{3}{4} = \dfrac{3}{16}$, $\dfrac{5}{12} \times \dfrac{7}{12} = \dfrac{35}{144}$, 因此二者之和为 $\dfrac{3}{16} + \dfrac{35}{144} = \dfrac{31}{72}$, 选 D.

11.答案:B. 因为 $S_3 = S_{11}$, 所以对称轴 $n = \dfrac{3+11}{2} = 7$, 当 $n = 7$, $d < 0$ 时,等差数列有最大值,所以 $S_{13} = S_1 = 13 = \dfrac{d}{2} \times 13^2 + \left(13 - \dfrac{d}{2}\right) \times 13$, 解得 $d = -2$, 因此 $S_7 = \dfrac{-2}{2} \times 7^2 + \left(13 - \dfrac{-2}{2}\right) \times 7 = 49$, 选 B.

12.答案:D. 从图上可以看出第一层有 3 根火柴,所以 $a_1 = 3$, 第二层有 6 根火柴,所以 $a_2 = 6$, 则公差 $d = 3$, 前 9 项和为 $S_n = \dfrac{d}{2}n^2 + \left(a_1 - \dfrac{d}{2}\right)n$, $S_9 = \dfrac{3}{2} \times 9^2 + \left(3 - \dfrac{3}{2}\right) \times 9 = 135$, 选 D.

13.答案:A. 条件(1) 因为 $a_n = 2n - 7$, 所以数列 $\{a_n\}$ 是等差数列,则 $a_1 = 2 - 7 = -5$, $d = 2$, 该等差数列为 -5, -3, -1, 1, 3, 5, 7, $\cdots$, 则数列从第四项起为首项为 $a_4 = 1$, 公差为 2 的非负等差数

列，$S_{12} = 12 \times 1 + \dfrac{12 \times 11}{2} \times 2 = 12 + 132 = 144$，$|a_1| + |a_2| + |a_3| + \cdots + |a_{15}| = (5 + 3 + 1) +$

$S_{12} = 9 + 144 = 153$，条件（1）充分；

条件（2）因为 $a_n = 2n - 9$，所以数列 $\{a_n\}$ 是等差数列，则 $a_1 = 2 - 9 = -7$，$d = 2$，该等差数列为

$-7, -5, -3, -1, 1, 3, 5, 7, \cdots$，则数列从第五项起为首项为 $a_5 = 1$，公差为 2 的非负等差数列，S_{11}

$= 11 \times 1 + \dfrac{11 \times 10}{2} \times 2 = 11 + 110 = 121$，$|a_1| + |a_2| + |a_3| + \cdots + |a_{15}| = (7 + 5 + 3 + 1) + S_{11}$

$= 16 + 121 = 137$，条件（2）不充分，选 A.

14.**答案**：A. 条件（1）由 $a_n^2 + 2a_n = 4S_n + 3$，可知 $a_{n+1}^2 + 2a_{n+1} = 4S_{n+1} + 3$，因此 $(a_{n+1}^2 - a_n^2) +$

$2(a_{n+1} - a_n) = 4 a_{n+1}$，即 $2(a_{n+1} + a_n) = a_{n+1}^2 - a_n^2 = (a_{n+1} - a_n)(a_{n+1} + a_n)$. 又 $a_n > 0$，可知 $a_{n+1} -$

$a_n = 2$. 由 $a_1^2 + 2a_1 = 4S_1 + 3$，且 $a_1 = s_1$，解得 $a_1 = -1$（舍）或 $a_1 = 3$. 因此 $\{a_n\}$ 是首项为 3，公差为

2 的等差数列，故 $a_n = 2n + 1$，即条件（1）充分；

条件（2）$2a_1 = 3 + 3$，故 $a_1 = 3$，当 $n > 1$ 时，$2S_{n-1} = 3^{n-1} + 3$，故 $2a_n = 2S_n - 2S_{n-1} = 3^n - 3^{n-1}$

$= 2 \times 3^{n-1}$，即 $a_n = 3^{n-1}$，所以 $a_n = \begin{cases} 3, & n = 1, \\ 3^{n-1}, & n \geq 2, \end{cases}$ 所以条件（1）充分，条件（2）不充分，选 A.

第 四 章

平面几何

本章思维导图

一、三角形构成

1. 定义

三角形是由同一平面内不在同一直线上的三条线段"首尾"顺次连接所组成的封闭图形. 常见的三角形, 按边分有一般三角形(三边均不相等)、等腰三角形(腰相等, 且与底不等)、等边三角形(三边均相等). 按角分有直角三角形、锐角三角形、钝角三角形.

2. 三角形构成

三个角常用大写字母 A, B, C 表示, 三个角对应的边常用小写字母 a, b, c 表示.

3. 三角形边与角的关系

若一个三角形的三边 $a, b, c(a \geqslant b \geqslant c > 0)$ 满足:

(1) $b^2 + c^2 > a^2$, 则这个三角形为锐角三角形;

(2) $b^2 + c^2 = a^2$, 则这个三角形为直角三角形;

(3) $b^2 + c^2 < a^2$, 则这个三角形为钝角三角形.

4. 三角形角的关系

(1) 三角形内角和为 $180°$;

(2) 三角形一个外角等于不相邻的两个内角之和;

(3) 三角形一个外角大于任何一个和它不相邻的内角.

5. 三角形边的关系

三角形两边之和大于第三边,三角形两边之差小于第三边.

6. 直角三角形

(1) 直角三角形两直角边的平方和等于斜边的平方;

(2) 直角三角形中,两个锐角互余;

(3) 直角三角形中,斜边上的中线等于斜边的一半(该性质为直角三角形斜边中线定理);

(4) 直角三角形的两直角边的乘积等于斜边与斜边上高的乘积(等积法);

(5) 直角三角形中,如果有一个锐角等于 $30°$,那么它所对的直角边等于斜边的一半.同理,在直角三角形中,如果有一条直角边等于斜边的一半,那么这条直角边所对的锐角等于 $30°$;

(6) 如右图,在直角三角形 ABC 中,$\angle A = 90°$,AD 是斜边上的高,则 $\dfrac{1}{AB^2} + \dfrac{1}{AC^2} = \dfrac{1}{AD^2}$;

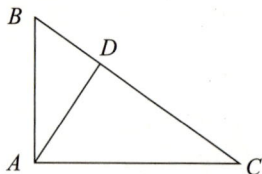

(7) 以 c 为斜边的直角三角形 ABC 的内切圆半径 $r = \dfrac{a+b-c}{2}$,外接圆半径 $R = \dfrac{c}{2} =$ 斜边的一半;

(8) $30°$ 直角三角形,若 $\angle A = 30°$,$\angle B = 60°$,则三边之比为 $a:b:c = 1:\sqrt{3}:2$;

(9) $45°$ 直角三角形(等腰直角三角形),若 $\angle A = \angle B = 45°$,则三边之比为 $a:b:c = 1:1:\sqrt{2}$.

7. 等腰三角形

(1) 等腰三角形的顶角的平分线,底边的中线,底边的高重合(三线合一);

(2) 等腰三角形是以底边的高所在直线为对称轴的轴对称图形;

(3) 等腰三角形两底角相等,两腰上的中线相等,两底角平分线相等;

(4) 等腰直角三角形面积 $= \dfrac{1}{2}a^2 = \dfrac{1}{4}c^2$,$a$ 为直角边,c 为斜边.

8. 等边三角形

(1) 等边三角形的三条边相等;

(2) 等边三角形是特殊的等腰三角形;

(3) 等边三角形的三个角也相等;

(4) 有一个角是 $60°$ 的等腰三角形是等边三角形;

(5) 等边三角形面积 $= \dfrac{\sqrt{3}}{4}a^2$,a 为等边三角形边长.

二、一般四边形

1. 平行四边形

(1) 定义

在同一平面内有两组对边分别平行的四边形叫作平行四边形.

(2) 平行四边形的判定(同平面内)

① 两组对边分别平行的四边形是平行四边形(定义判定法);

② 一组对边平行且相等的四边形是平行四边形;

③ 两组对边分别相等的四边形是平行四边形;

④ 两组对角分别相等的四边形是平行四边形(两组对边平行判定);

⑤ 对角线互相平分的四边形是平行四边形;

⑥ 一组对边相等一组对角相等的四边形是平行四边形;

⑦ 一组对边平行一组对角相等的四边形是平行四边形;

⑧ 连接任意四边形各边的中点组成的四边形是平行四边形.

(3) 性质

① 平行四边形两组对边分别相等;

② 平行四边形两组对角分别相等,邻角互补;

③ 平行四边形平行线间平行的高相等;

④ 平行四边形两条对角线互相平分;

⑤ 平行四边形的面积等于底和高的乘积;

⑥ 过平行四边形对角线交点的直线,将平行四边形分成全等的两部分图形;

⑦ 平行四边形 $ABCD$ 中,AC,BD 是平行四边形 $ABCD$ 的对角线,则四条边的平方和等于对角线的平方和;

⑧ 平行四边形的面积等于相邻两边与其夹角正弦的乘积.

(4) 辅助线

① 连接对角线或平移对角线;

② 过顶点作对边的垂线构成直角三角形;

③ 连接对角线交点与一边中点,或过对角线交点作一边的平行线,构成线段平行或中位线;

④ 连接顶点与对边上一点的线段或延长这条线段,构造相似三角形或等积三角形;

⑤ 过顶点作对角线的垂线,构成线段平行或三角形全等.

(5) 周长与面积

若平行四边形两边长分别为 a,b,b 上的高为 h,则面积 $S=bh$,周长 $C=2(a+b)$.

2. 矩形

(1) 定义

有一个角是直角的平行四边形是矩形.

(2) 判定

① 有一个角是直角的平行四边形是矩形;

② 对角线相等的平行四边形是矩形;

③ 有三个角是直角的四边形是矩形;

④ 对角线相等且互相平分的四边形是矩形.

(3) 性质

① 矩形具有平行四边形的一切性质;

② 矩形的对角线相等;

③ 矩形的四个角都是 90°;

④ 矩形是轴对称图形,又是中心对称图形.它有 2 条对称轴,分别是每组对边中点连线所在的直线;对称中心是两条对角线的交点.

(4) 周长与面积

两边长分别为 a,b,则面积 $S = ab$,周长 $C = 2(a + b)$,对角线长度为 $\sqrt{a^2 + b^2}$.

3. 菱形

(1) 定义

有一组邻边相等的平行四边形是菱形.

(2) 判定

① 一组邻边相等的平行四边形是菱形;

② 对角线互相垂直的平行四边形是菱形;

③ 关于两条对角线都成轴对称的四边形是菱形;

④ 四边相等的四边形是菱形.

(3) 性质

① 菱形具有平行四边形的一切性质;

② 菱形四边相等;

③ 菱形每条对角线平分一组对角;

④ 菱形是中心对称图形,也是轴对称图形;

⑤ 在 60° 的菱形中(实质为两个正三角形拼接),短对角线等于边长,长对角线是短对角线或者边长的 $\sqrt{3}$ 倍.

(4) 周长与面积

周长 $C = 4 \times$ 边长,面积 $S =$ 对角线乘积的一半.

4. 正方形

(1) 定义

一组邻边相等且有一个角是直角的平行四边形是正方形.

(2) 判定

① 一组邻边相等的矩形是正方形;

② 有一个角是直角的菱形是正方形;

③ 对角线互相垂直的矩形是正方形;

④ 对角线相等的菱形是正方形.

(3) 性质

正方形具有矩形和菱形的一切性质.

(4) 周长与面积

周长 $C = 4 \times$ 边长,面积 $S =$ 边长的平方.

5. 梯形

梯形是只有一组对边平行的四边形.平行的两边叫作梯形的底边：较长的一条底边叫作下底，较短的一条底边叫作上底；另外两边叫作腰；夹在两底之间的垂线段叫作梯形的高.一腰垂直于底的梯形叫作直角梯形.两腰相等的梯形叫作等腰梯形.

(1) 判定

① 一组对边平行，另一组对边不平行的四边形是梯形；

② 一组对边平行且不相等的四边形是梯形.

(2) 性质

① 梯形的上底与下底平行；

② 梯形的中位线平行于两底并且等于上下底和的一半.

(3) 等腰梯形：两腰相等的梯形叫作等腰梯形.

(4) 直角梯形：一腰垂直于底的梯形.

(5) 上、下底分别为 a，b，高为 h，则面积 $S = \dfrac{1}{2}(a+b)h =$ 中位线 × 高，中位线 $= \dfrac{1}{2}(a+b)$.

三、圆与扇形

1. 圆

(1) 定义：在平面内，到定点的距离等于定长的点的集合叫作圆.

(2) 连接圆心和圆上任意一点的线段叫作半径，字母表示为 r.

(3) 通过圆心并且两端都在圆上的线段叫作直径，字母表示为 d.直径所在的直线是圆的对称轴.在同一个圆中，圆的直径 $d = 2r$.

(4) 同圆内圆的直径、半径的长度永远相同，圆有无数条半径和无数条直径.圆是轴对称、中心对称图形.对称轴是直径所在的直线.

(5) 圆上任意两点间的部分叫作圆弧，简称弧.

(6) 大于半圆的弧称为优弧，小于半圆的弧称为劣弧，所以半圆既不是优弧，也不是劣弧.优弧一般用三个字母表示，劣弧一般用两个字母表示.优弧是所对圆心角大于 180 度的弧，劣弧是所对圆心角小于 180 度的弧.

(7) 在同圆或等圆中，能够互相重合的两条弧叫作等弧.

(8) 顶点在圆心上的角叫作圆心角，圆心角度数等于所对的弧的度数.

(9) 顶点在圆周上，且它的两边分别与圆有另一个交点的角叫作圆周角.圆周角等于相同弧所对的圆心角的一半，等于所对的弧的度数的一半.

(10) 能够重合的两个圆叫作等圆.

(11) 圆心相同的圆叫作同心圆.

2. 圆的周长与面积：若圆的半径是 r，则面积 $S = \pi r^2$，周长 $C = 2\pi r$.

3. 扇形

(1) 定义:扇形是圆的一部分,由两个半径和一段弧围成.

(2) 面积与弧长:若圆的半径是 r,圆心角为 A(度数),则扇形面积 $= \dfrac{A°}{360°}\pi r^2$,扇形弧长 $=\dfrac{A°}{360°}2\pi r$,扇形周长 $= 2r + \dfrac{A°}{360°}2\pi r$.

第二节　见微知著

一、考点精析:角与边的关系

1. 中线定理

三角形一条中线两侧所对的边的平方和等于底边平方的一半与该边中线平方的两倍的和.即对任意三角形 ABC,设 I 是线段 BC 的中点,AI 为中线,则有如下关系:$AB^2 + AC^2 = 2BI^2 + 2AI^2$ 或 $AB^2 + AC^2 = \dfrac{1}{2}BC^2 + 2AI^2$.

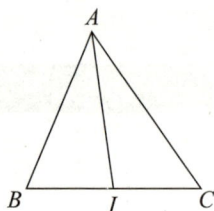

2. 角平分线定理

角平分线是从一个角的顶点引出的把这个角分成两个相等的角的射线,叫作这个角的角平分线.或三角形的一个角(内角)的角平分线交其对边的点与该角所连成的线段,叫作这个三角形的一条角平分线.

(1) 定理一:角平分线上的点到这个角两边的距离相等;

(2) 定理二:如右图,可知 $\dfrac{AB}{AC} = \dfrac{MB}{MC}$;

(3) 定理三:角平分线长 $AM^2 = AB \times AC - BM \times CM$.

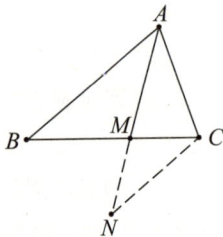

3. 相交弦定理

若圆内任意弦 AD、弦 BC 交于点 P,则 $PA \cdot PD = PC \cdot PB$(相交弦定理).

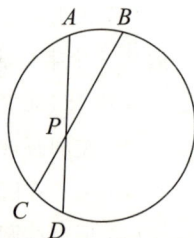

4. 燕尾定理

在三角形 ABC 中,AD,BE,CF 相交于同一点 O,有

$S_{\triangle AOB} : S_{\triangle AOC} = BD : CD$;

$S_{\triangle AOB} : S_{\triangle COB} = AE : CE$;

$S_{\triangle BOC} : S_{\triangle AOC} = BF : AF$.

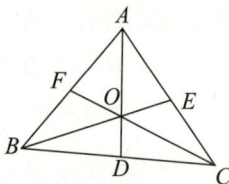

5. 鸟头(共角)定理

鸟头(共角)定理是若两个三角形有一组对应角相等或互补,这两个三角形叫作共角三角形,共角三角形的面积比等于对应角(相等角或互补角)两夹边乘积的比.

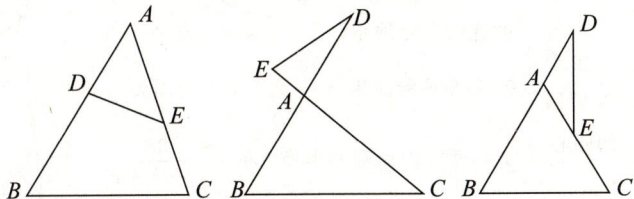

如上图,在 $\triangle ABC$ 中,D,E 分别是 AB,AC 上的点(或 D,E 分别在 BA,CA 的延长线上),则

$$\frac{S_{\triangle ADE}}{S_{\triangle ABC}}=\frac{AD}{AB}\times\frac{AE}{AC}=\frac{\frac{1}{2}AD\times AE\times\sin A}{\frac{1}{2}AB\times AC\times\sin A}.$$

6. 蝶形定理

(1) 如右图,任意四边形中的比例关系

任意四边形被对角线分成面积为 S_1,S_2,S_3,S_4 四部分,则有

①$S_1:S_2=S_4:S_3$ 或 $S_1\times S_3=S_2\times S_4$;

②$AO:OC=(S_1+S_2):(S_4+S_3)$.

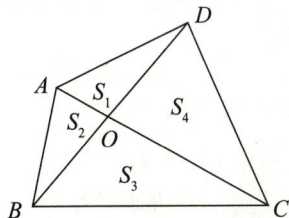

(2) 如右图,梯形中的比例关系

任意梯形被对角线分成面积为 S_1,S_2,S_3,S_4 四部分,则有

①$S_1:S_3=a^2:b^2$,$S_1:S_2=a:b$,$S_2=S_4$;

②$S_1:S_3:S_2:S_4=a^2:b^2:ab:ab$.

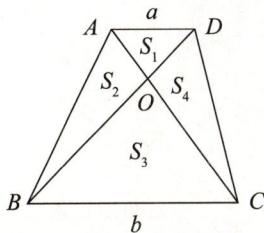

7. 射影定理

在直角三角形中,斜边上的高是两条直角边在斜边射影的比例中项,每一条直角边又是这条直角边在斜边上的射影和斜边的比例中项.

如右图,在 $\mathrm{Rt}\triangle ABC$ 中,$\angle ABC=90°$,BD 是斜边 AC 上的高,则有射影定理如下:

$BD^2=AD\cdot CD$;

$AB^2=AC\cdot AD$;

$BC^2=CD\cdot AC$.

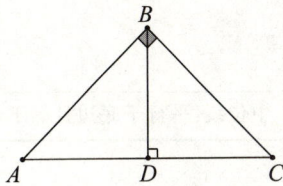

8. 弦切角定理

弦切角的度数等于它所夹的弧所对的圆心角度数的一半,等于它所夹的弧所对的圆周角度数.

已知:直线 PT 切圆 O 于点 C,BC,AC 为圆 O 的弦,则 $\angle TCB=\frac{1}{2}\angle BOC=\angle BAC$.

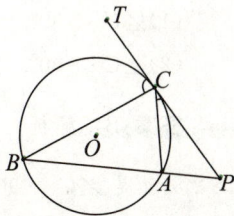

9. 四心五线

四心	交线	与圆相关	性质	图形
内心	三角形三条角平分线的交点	三角形内切圆的圆心	1. 内心到三角形三边等距,且顶点与内心的连线平分顶角; 2. 三角形的面积 $= \frac{1}{2} \times$ 三角形的周长 $(a+b+c) \times$ 内切圆的半径 r, $r = \frac{2S}{a+b+c}$; 3. $AE = AF$, $BF = BD$, $CD = CE$.	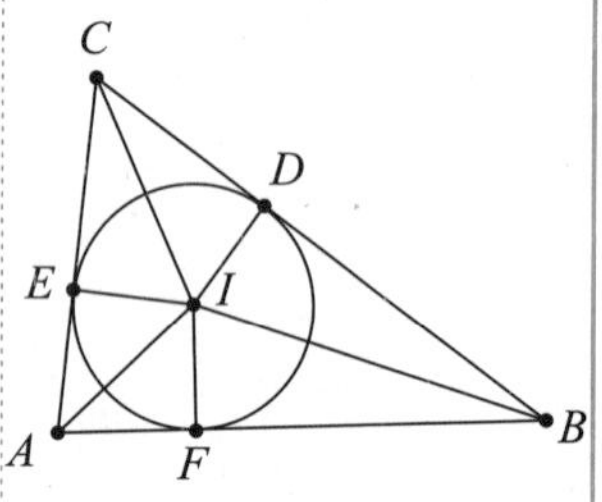
外心	三角形三边垂直平分线的交点	三角形外接圆的圆心	1. 外心到三顶点等距,即 $OA = OB = OC$; 2. 外心与三角形一边中点的连线垂直于三角形的这一边; 3. $S = \frac{abc}{4R}$, $R = \frac{abc}{4S}$.	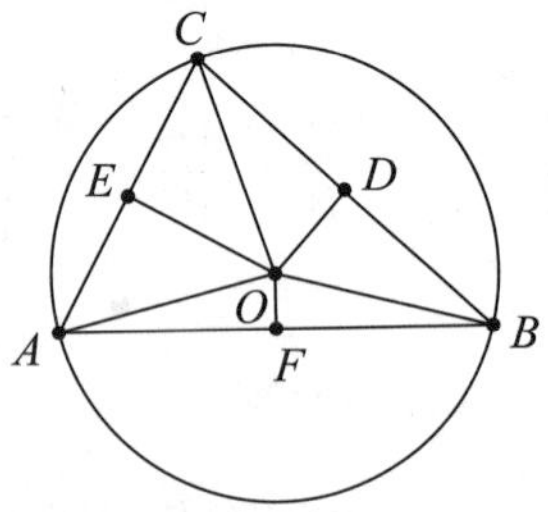
垂心	三角形三条高的交点	—	1. 顶点与垂心连线必垂直对边; 2. 如右图,$\triangle ABH$ 的垂心为 C,$\triangle BHC$ 的垂心为 A,$\triangle ACH$ 的垂心为 B.	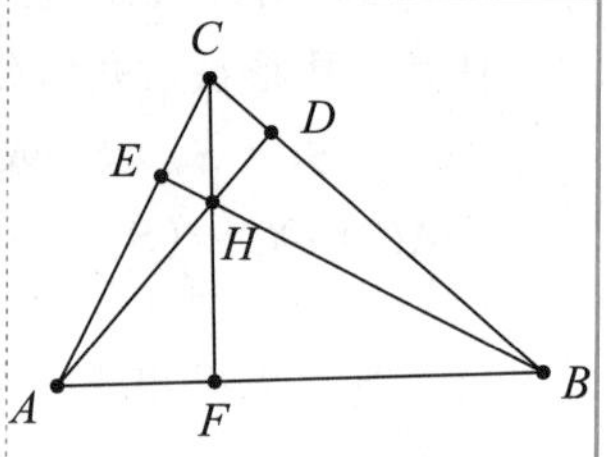
重心	三角形三条中线的交点	—	1. 顶点与重心 G 的连线必平分对边; 2. 三角形重心与顶点的距离等于它与对边中点的距离的 2 倍,$GA = 2GD$,$GB = 2GE$,$GC = 2GF$; 3. 重心的坐标是三顶点坐标的平均值,即 $X_G = \frac{X_A + X_B + X_C}{3}$, $Y_G = \frac{Y_A + Y_B + Y_C}{3}$.	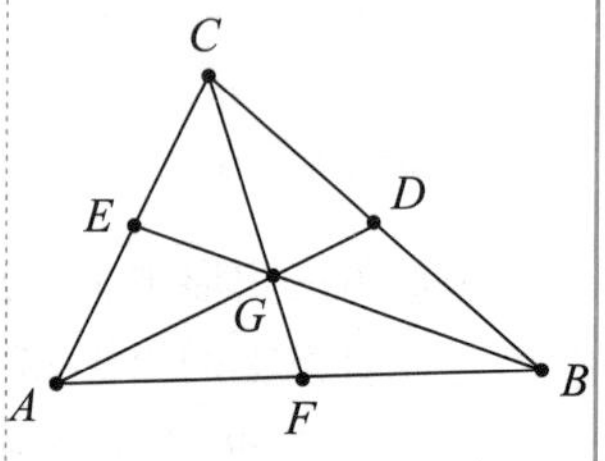
中位线:平行于底边且等于底边的一半。				

例 1:(2020) 在 $\triangle ABC$ 中,$\angle B = 60°$,则 $\frac{c}{a} > 2$.

(1) $\angle C < 90°$.

(2) $\angle C > 90°$.

答案:B 解析:三角形中大角对大边,由 $\angle B = 60°$,$\angle C = 90°$ 的直角三角形可知,$\frac{c}{a} = 2$,则 $\frac{c}{a} > 2$ 必然是 $\angle C > 90°$,故条件(1)不充分,条件(2)充分,选 B.

例2：（2016）如右图，在四边形 $ABCD$ 中，$AB \parallel CD$，AB 与 CD 的边长分别为 4 和 8，若 $\triangle ABE$ 的面积为 4，则四边形 $ABCD$ 的面积为（　　）．

A. 24　　　　　B. 30　　　　　　C. 32

D. 36　　　　　E. 40

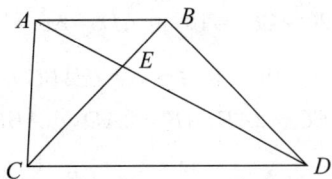

答案：D　方法一解析：

由梯形的蝶形定理可知，$\triangle ABE \backsim \triangle DCE$，

则 $\dfrac{S_{\triangle DEC}}{S_{\triangle BEA}} = \left(\dfrac{CD}{AB}\right)^2 = 4$，得 $S_{\triangle CDE} = 16$，在梯形 $ABCD$ 中，令 $S_{\triangle AEC} = S_{\triangle BED} = x$，由 $S_{\triangle AEC} \times S_{\triangle BED}$

$= S_{\triangle CED} \times S_{\triangle BEA} = 4 \times 16$，得到 $S_{\triangle AEC} = S_{\triangle BED} = 8$，所以梯形 $ABCD$ 的面积为 36，选 D．

方法二解析：

因为 $\triangle ABE$ 和 $\triangle DCE$ 相似，得到 $\dfrac{S_{\triangle ABE}}{S_{\triangle CDE}} = \left(\dfrac{AB}{CD}\right)^2 = \left(\dfrac{4}{8}\right)^2 = \dfrac{1}{4}$，因此 $S_{\triangle CDE} = 4S_{\triangle ABE} = 16$，由

相似可得 $\dfrac{BE}{CE} = \dfrac{AB}{CD} = \dfrac{4}{8} = \dfrac{1}{2}$，即 $S_{\triangle AEC} = 2S_{\triangle ABE} = 8$，同理 $\triangle BDE$ 的面积也为 8，所以梯形 $ABCD$

的面积为 $4 + 16 + 8 + 8 = 36$，选 D．

例3：四边形 $ABCD$ 的对角线 AC，BD 相交于点 O，$\triangle AOD$ 的面积为 3，$\triangle BOC$ 的面积为 12，则四边形 $ABCD$ 的面积的最小值为（　　）．

A. 23　　　　B. 24　　　　C. 25　　　　D. 26　　　　E. 27

答案：E　解析：由四边形蝶形定理可知，相对两个三角形面积乘积相等，如右图所示 $S_{\triangle AOD} \times S_{\triangle BOC} = S_{\triangle AOB} \times S_{\triangle COD} = 3 \times 12 = 36$，$S_{ABCD}$

$= S_{\triangle AOB} + S_{\triangle COD} + 3 + 12 = S_{\triangle AOB} + S_{\triangle COD} + 15 \geqslant 15 + 2$

$\sqrt{S_{\triangle AOB} \times S_{\triangle COD}} = 15 + 2 \times 6 = 27$，选 E．

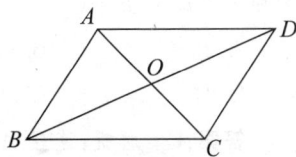

例4：（2019）在三角形 ABC 中，$AB = 4$，$AC = 6$，$BC = 8$，D 为 BC 的中点，则 $AD = $（　　）

A. $\sqrt{11}$　　　B. $\sqrt{10}$　　　C. 3　　　D. $2\sqrt{2}$　　　E. $\sqrt{7}$

答案：B

方法一解析：如右图，过 A 作 $AH \perp BC$，垂足为 H．由中线定理，

$AB^2 + AC^2 = \dfrac{1}{2}BC^2 + 2AD^2$，有 $4^2 + 6^2 = \dfrac{1}{2} \times 8^2 + 2AD^2$，求出 $AD = $

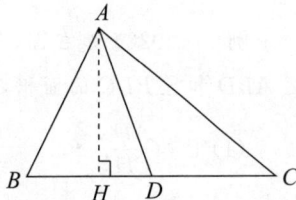

$\sqrt{10}$，选 B．

方法二解析：如右图，过 A 作 $AH \perp BC$，垂足为 H．由勾股定理得，$AB^2 + AC^2 = (AH^2 + BH^2)$

$+ (AH^2 + HC^2) = 2AH^2 + BH^2 + HC^2 = 2(AD^2 - DH^2) + (BD - HD)^2 + (HD + DC)^2 = 2AD^2$

$+ 2BD^2 = 2AD^2 + \dfrac{1}{2}BC^2$．故中线 $AD = \dfrac{1}{2}\sqrt{2AB^2 + 2AC^2 - BC^2}$，所以 $AD = \sqrt{10}$，选 B．

方法三解析：看到中线，构造平行四边形求解．如图，反向延长 AD 至 A' 点，使得 $AD = A'D$，即构造了平行四边形 $ABA'C$，作 $BE \perp AD$ 于点 E，设 $AD = 2x$，由 $AB = BD = 4$，则 $AE = DE = x$，分别对直角三角形 ABE 与 $A'BE$ 使用勾股定理，有

$BE^2 = AB^2 - AE^2 = A'B^2 - A'E^2 \Rightarrow 4^2 - x^2 = 6^2 - (3x)^2 \Rightarrow 8x^2 = $

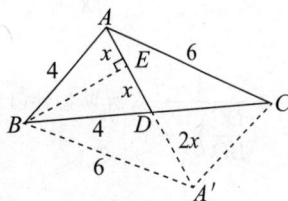

$20 \Rightarrow 4x^2 = 10$，则 $AD = 2x = \sqrt{10}$，选 B.

例 5：如右图，在 $\triangle ABC$ 中，E 是 AC 上的点，D 是 BA 延长线上的一点，其中 $EC = 2AE$，$AB = 2AD$，$\triangle ABC$ 的面积为 1，则 $\triangle ADE$ 的面积为（　　）.

A. $\dfrac{1}{4}$　　　　B. $\dfrac{1}{5}$　　　　C. $\dfrac{1}{6}$

D. $\dfrac{3}{8}$　　　　E. $\dfrac{2}{9}$

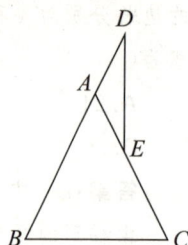

答案：C　方法一解析：

由鸟头（共角）定理可知，$\dfrac{S_{\triangle ABC}}{S_{\triangle ADE}} = \dfrac{\frac{1}{2} \times AB \times AC \times \sin\angle BAC}{\frac{1}{2} \times AD \times AE \times \sin\angle DAE} = \dfrac{AB \times AC}{AD \times AE} = \dfrac{2AD \times 3AE}{AD \times AE} = 6$，

由于 $\triangle ABC$ 的面积为 1，故 $S_{\triangle ADE} = \dfrac{1}{6}$，选 C.

方法二解析：

连接 BE，已知 $EC = 2AE$，那么 $S_{\triangle BEC} = 2S_{\triangle BEA}$，$S_{\triangle ABC} = 3S_{\triangle BEA}$，又因为 $AB = 2AD$，那么 $S_{\triangle BEA} = 2S_{\triangle ADE}$，则 $S_{\triangle ABC} = 3S_{\triangle BEA} = 6S_{\triangle ADE}$，而 $\triangle ABC$ 的面积为 1，故 $S_{\triangle ADE} = \dfrac{1}{6}$，选 C.

例 6：如右图，$\triangle ABC$ 内三个三角形的面积分别为 5，8，10，四边形 $AEFD$ 的面积为 a，则 $a = $（　　）.

A. 20　　　　B. 21　　　　C. 22

D. 24　　　　E. 25

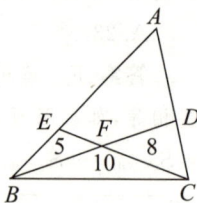

答案：C　解析：连接 AF，根据两三角形等高，面积比等于底边长之比有

$\dfrac{S_{\triangle AEF}}{S_{\triangle ADF} + 8} = \dfrac{EF}{FC} = \dfrac{5}{10} = \dfrac{1}{2}$，$\dfrac{S_{\triangle ADF}}{S_{\triangle AEF} + 5} = \dfrac{FD}{FB} = \dfrac{8}{10} = \dfrac{4}{5}$，解得 $S_{\triangle AEF} = 10$，$S_{\triangle ADF} = 12$，则四边形 $AEFD$ 的面积 $a = 22$，选 C.

例 7：（2022）如右图，AD 与圆相交于点 D，AC 与圆相交于 BC，则能确定 $\triangle ABD$ 和 $\triangle BDC$ 的面积之比.

(1) 已知 $\dfrac{AD}{CD}$.

(2) 已知 $\dfrac{BD}{CD}$.

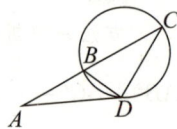

答案：B　解析：根据弦切角定理可知，$\angle BDA = \angle BCD$，且 $\angle A = \angle A$，所以 $\triangle ABD \backsim \triangle ADC$. 由此得出 $\dfrac{S_{\triangle ABD}}{S_{\triangle ADC}} = \left(\dfrac{BD}{DC}\right)^2 \Rightarrow S_{\triangle ADC} = \left(\dfrac{DC}{BD}\right)^2 S_{\triangle ABD}$，故 $\dfrac{S_{\triangle ABD}}{S_{\triangle BDC}} = \dfrac{S_{\triangle ABD}}{S_{\triangle ADC} - S_{\triangle ABD}} = \dfrac{S_{\triangle ABD}}{\left(\dfrac{DC}{BD}\right)^2 S_{\triangle ABD} - S_{\triangle ABD}}$

$= \dfrac{1}{\left(\dfrac{DC}{BD}\right)^2 - 1}$，所以条件 (1) 不充分，条件 (2) 充分，选 B.

二、考点精析：三角形的面积

1. 三角形面积公式

$$(1)S = \frac{1}{2}ah = \frac{1}{2}ab\sin C = \sqrt{p(p-a)(p-b)(p-c)} = rp = \frac{abc}{4R}.$$

其中 h 是 a 边上的高，$\angle C$ 是 a，b 边所夹的角，$p = \frac{1}{2}(a+b+c)$，r 是三角形内切圆的半径，R 是三角形外接圆的半径.

(2) 等腰直角三角形的面积：$S = \frac{1}{2}a^2 = \frac{1}{4}c^2$，其中 a 为直角边，c 为斜边.

(3) 等边三角形的面积：$S = \frac{\sqrt{3}}{4}a^2$，其中 a 为边长.

2. 三角形等积法

(1) 等底等高的两个三角形面积相等.
(2) 若两个三角形高相等，面积之比 = 底之比.
(3) 若两个三角形底相等，面积之比 = 高之比.

◆ 例 1：(201301)△ABC 的边长分别为 a，b，c，则 △ABC 为直角三角形.

(1)$(c^2 - a^2 - b^2)(a^2 - b^2) = 0$.

(2)△ABC 的面积为 $\frac{1}{2}ab$.

答案：B　解析：条件(1)$(c^2 - a^2 - b^2)(a^2 - b^2) = 0$，得到 $a^2 = b^2$ 或 $c^2 = a^2 + b^2$，条件(1) 不充分；

条件(2) 方法一：因为另一边长等于某一边上的高，即两边垂直，条件(2) 充分，选 B.

条件(2) 方法二：$S_{\triangle ABC} = \frac{1}{2}ab\sin C$，而 $\sin C = 1$，即 $\angle C = 90°$，故条件(2) 充分，选 B.

◆ 例 2：已知三角形 ABC 的周长为 18，$BC = 8$，则三角形 ABC 面积的最大值是（　　）.

A. 10　　　　　B. 12　　　　　C. 24　　　　　D. 36　　　　　E. 60

答案：B　解析：设三角形 ABC 三边为 a，b，c，已知 $a+b+c = 18$，$a = 8$，则 $b+c = 10$，三角形 ABC 面积最大时，$b = c = 5$，根据海伦公式有，$\sqrt{p(p-a)(p-b)(p-c)} = \sqrt{9 \times 1 \times 4 \times 4} = 12$，所以三角形 ABC 面积的最大值为 12，选 B.

◆ 例 3：(2018) 如右图，圆 O 是三角形 ABC 的内切圆. 若三角形 ABC 的面积与周长的大小之比为 1:2，则圆 O 的面积为（　　）.

A. π　　　　　B. 2π　　　　　C. 3π

D. 4π　　　　　E. 5π

答案：A　解析：设三角形三边长分别为 a，b，c，内切圆半径为 r，则

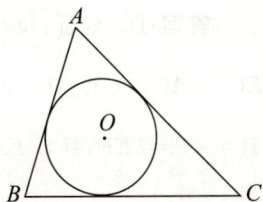

$\dfrac{S_{\triangle ABC}}{C_{\triangle ABC}}=\dfrac{\dfrac{1}{2}(a+b+c)r}{a+b+c}=\dfrac{1}{2}$，所以 $S_{内切圆}=\pi r^{2}=\pi$，选 A．

例4： 如右图，若 $\triangle ABC$ 的面积为 1，$\triangle AEC,\triangle DEC,\triangle BED$ 的面积相等，则 $\triangle AED$ 的面积为（   ）．

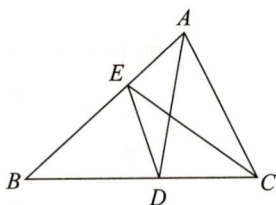

A. $\dfrac{1}{3}$ B. $\dfrac{1}{6}$ C. $\dfrac{1}{5}$

D. $\dfrac{1}{4}$ E. $\dfrac{2}{5}$

答案： B 方法一解析：

如右图所示，作 $CF\perp AB$ 交 AB 于点 F，作 $DG\perp AB$ 交 AB 于点 G．

根据题干有 $S_{\triangle BEC}=2S_{\triangle AEC}$，$\dfrac{1}{2}\times BE\times CF=2\times\dfrac{1}{2}\times AE\times CF$，得

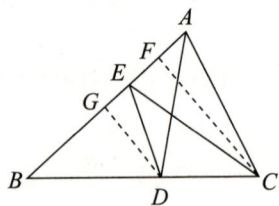

到 $BE=2AE$，根据已知可得到 $\dfrac{1}{2}\times BE\times DG=\dfrac{1}{3}$，从而 $\triangle AED$ 的面积

$S=\dfrac{1}{2}\times AE\times DG=\dfrac{1}{2}\times\dfrac{1}{2}\times BE\times DG=\dfrac{1}{2}\times\dfrac{1}{3}=\dfrac{1}{6}$，选 B．

方法二解析：

由题 $\triangle AEC,\triangle DEC,\triangle BED$ 的面积相等，所以 D 是 BC 的中点，E 是 AB 的三等分点．故 $S_{\triangle AED}=\dfrac{1}{3}S_{\triangle ABD}=\dfrac{1}{3}\times\dfrac{1}{2}\times S_{\triangle ABC}=\dfrac{1}{3}\times\dfrac{1}{2}\times1=\dfrac{1}{6}$，选 B．

总裁有话说： 方法二注意到了面积比与边长比之间的关系，等积法解题效率更高．

例5：（201401）如右图，已知 $AE=3AB$，$BF=2BC$，若 $\triangle ABC$ 的面积为 2，则 $\triangle AEF$ 的面积为（   ）．

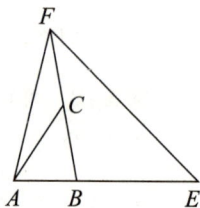

A. 14   B. 12   C. 10

D. 8   E. 6

答案： B 解析：因为 $\triangle ABF$ 与 $\triangle ABC$ 是等高三角形，故面积比等于底边比，因为 $BF=2BC$，所以 $S_{\triangle ABF}=2S_{\triangle ABC}=4$，又因为 $AE=3AB$，所以 $S_{\triangle AEF}=3S_{\triangle ABF}=12$，选 B．

总裁有话说： 利用等积法快速解题．

例6： 如右图，$AB=AC=5$，$BC=6$，E 是 BC 的中点，$EF\perp AC$，则 $EF=$（   ）．

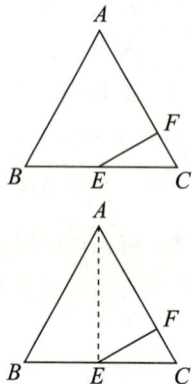

A. 1.2   B. 2   C. 2.2

D. 2.4   E. 2.5

答案： D 解析：如右图，连接 AE，得到 $AE\perp BC$，在 $Rt\triangle AEC$ 中，$AE^{2}+EC^{2}=AC^{2}$，得到 $AE=4$，在 $Rt\triangle AEC$ 中，$S_{\triangle AEC}=\dfrac{1}{2}AE\times EC=\dfrac{1}{2}EF\times AC$，得到 $4\times3=5EF$，解得 $EF=2.4$，选 D．

例 7:(2017) 已知 $\triangle ABC$ 和 $\triangle A'B'C'$ 满足 $AB:A'B'=AC:A'C'=2:3$,$\angle A+\angle A'=\pi$,则 $\triangle ABC$ 和 $\triangle A'B'C'$ 的面积比为(   ).

A.$\sqrt{2}:\sqrt{3}$ 　　 B.$\sqrt{3}:\sqrt{5}$ 　　 C.$2:3$ 　　 D.$2:5$ 　　 E.$4:9$

答案:E **解析**:$\dfrac{S_{\triangle ABC}}{S_{\triangle A'B'C'}}=\dfrac{\frac{1}{2}AB\cdot AC\cdot \sin A}{\frac{1}{2}A'B'\cdot A'C'\cdot \sin A'}=\dfrac{AB}{A'B'}\cdot \dfrac{AC}{A'C'}\cdot \dfrac{\sin A}{\sin(\pi-A)}=\dfrac{4}{9}$,选 E.

三、考点精析:相似与全等

	全等三角形	相似三角形
定义	两个能够完全重合的三角形称为全等三角形	对应边成比例的两个三角形叫作相似三角形
特点	1. 全等三角形的对应角相等,对应边也相等; 2. 翻折、平移、旋转、叠加后仍全等.	1. 相似三角形对应边成比例,对应角相等; 2. 相似三角形对应边的比叫作相似比; 3. 相似三角形周长比等于相似比,面积比等于相似比的平方; 4. 相似三角形对应线段(角平分线、中线、高)之比等于相似比.
判定	1. 两个三角形对应的三条边相等,两个三角形全等,简称"边边边"或"SSS"; 2. 两个三角形对应的两边及其夹角相等,两个三角形全等,简称"边角边"或"SAS"; 3. 两个三角形对应的两角及其夹边相等,两个三角形全等,简称"角边角"或"ASA"; 4. 两个三角形对应的两角及其一角的对边相等,两个三角形全等,简称"角角边"或"AAS"; 5. 两个直角三角形对应的一条斜边和一条直角边相等,两个直角三角形全等,简称"斜边、直角边"或"HL". **总裁说明**:"边边角"即"SSA"和"角角角"即"AAA"是错误的证明方法.	1. 如果一个三角形的三条边与另一个三角形的三条边对应成比例,那么这两个三角形相似(简称:三边对应成比例的两三角形相似); 2. 如果一个三角形的两条边与另一个三角形的两条边对应成比例,并且夹角相等,那么这两个三角形相似(简称:两边对应成比例且其夹角相等的两三角形相似); 3. 如果一个三角形的两个角分别与另一个三角形的两个角对应相等,那么这两个三角形相似(简称:两角对应相等的两三角形相似); 4. 如果一个直角三角形的斜边和一条直角边与另一个直角三角形的斜边和一条直角边对应成比例,那么这两个三角形相似.

相似常见图形:

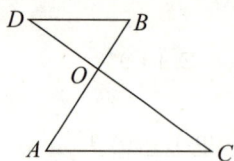

图1

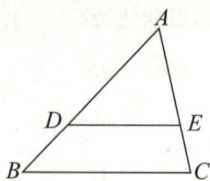

图2

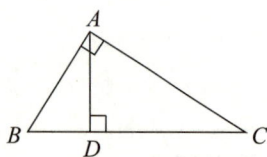

图3

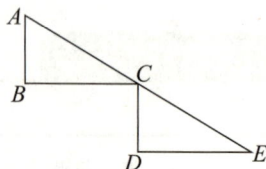

图4

例1:直角三角形 ABC 的斜边 $AB=13$cm,直角边 $AC=5$cm,把 AC 对折到 AB 上与斜边相重合,点 C 与点 E 重合,折痕为 AD(如右图),则图中阴影部分的面积为(   )cm².

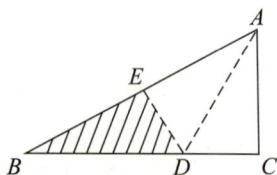

A. 20　　　　　B. $\dfrac{40}{3}$　　　　　C. $\dfrac{38}{3}$

D. 14　　　　　E. 12

答案:B 方法一解析:

在 △ABC 和 △DBE 中,∠$ACB=$∠$DEB=90°$.

∠B 为公共角,则 △ABC∽△DBE,$S_{\triangle ABC}=\dfrac{1}{2}\times 12\times 5=30$cm².

则 $\dfrac{S_{\triangle ABC}}{S_{\triangle DBE}}=\left(\dfrac{12}{13-5}\right)^2=\left(\dfrac{3}{2}\right)^2$,所以 $S_{\triangle DBE}=30\times\dfrac{4}{9}=\dfrac{40}{3}$cm²,选 B.

方法二解析:

AD 为 ∠CAB 的角平分线,由角平分线的性质得到 $DE=CD$.考虑 △ABD 的面积,由 $AB\times ED=BD\times AC$,其中 $AB=13$cm,$AC=5$cm,$BD=BC-DC=12-ED$,即 $13\times ED=(12-ED)\times 5$,所以 $ED=\dfrac{10}{3}$cm,因此 $S_{\triangle DBE}=\dfrac{1}{2}\times 8\times\dfrac{10}{3}=\dfrac{40}{3}$cm²,选 B.

总裁有话说:三角形面积的计算,方法一利用相似三角形,方法二利用等面积法.

例2:如右图,△ABC 是直角三角形,S_1,S_2,S_3 为正方形,已知 a,b,c 分别是 S_1,S_2,S_3 的边长,则(   ).

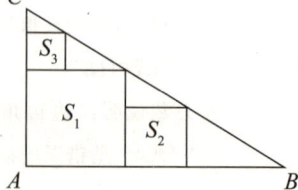

A. $a=b+c$　　　　　　　　　B. $a^2=b^2+c^2$

C. $a^2=2b^2+2c^2$　　　　　　D. $a^3=b^3+c^3$

E. $a^3=2b^3+2c^3$

答案:A 解析:由三角形相似可得 $\dfrac{b}{a-c}=\dfrac{a-b}{c}$,进而 $a=b+c$,选 A.

例3:如右图,在直角三角形 ABC 中,$AC=4$,$BC=3$,$DE\parallel BC$,已知梯形 $BCDE$ 的面积为3,

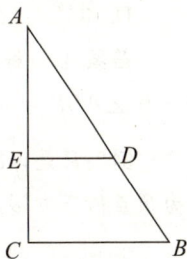

则 DE 长为（ ）.

A. $\sqrt{3}$ B. $\sqrt{3}+1$ C. $4\sqrt{3}-1$

D. $\dfrac{3\sqrt{2}}{2}$ E. $\sqrt{2}+1$

答案：D 解析：$S_{\triangle ABC}=\dfrac{1}{2}\times 4\times 3=6$，$S_{\triangle ADE}=6-3=3$，则 $\left(\dfrac{DE}{BC}\right)^2=\dfrac{3}{6}$，$DE$

$=\dfrac{3\sqrt{2}}{2}$，选 D.

✒例 4：（2022）在 $\triangle ABC$ 中，D 为 BC 边上的点，BD,AB,BC 成等比数列，则 $\angle BAC=90°$.

(1) $BD=DC$.

(2) $AD\perp BC$.

答案：B 解析：已知 BD,AB,BC 成等比数列，所以 $\dfrac{BD}{AB}=\dfrac{AB}{BC}$，且 $\angle ABC=\angle DBA$，因此 $\triangle ABC\backsim\triangle DBA$. 条件(1) 不充分，由条件(2) 可知 $\angle ADB=90°$，因此 $\angle ADB=\angle BAC=90°$，条件(2) 充分，选 B.

✒例 5：（2022）在直角 $\triangle ABC$ 中，D 为斜边 AC 的中点，以 AD 为直径的圆交 AB 于 E，若 $\triangle ABC$ 的面积为 8，则 $\triangle AED$ 的面积为（ ）.

A. 1   B. 2   C. 3   D. 4   E. 6

答案：B 解析：如图，直径 AD 所对的圆周角 $\angle AED=90°$，故 $\triangle AED$ 与

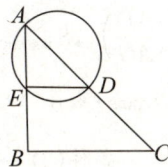

$\triangle ABC$ 相似，则 $\dfrac{S_{\triangle AED}}{S_{\triangle ABC}}=\left(\dfrac{AD}{AC}\right)^2=\left(\dfrac{1}{2}\right)^2$，所以 $S_{\triangle AED}=2$.

四、考点精析：四边形 —— 梯形与四边形

1. 梯形面积

(1)（上底＋下底）×高÷2，用字母表示：$(a+b)\times h\div 2$.

(2) 中位线×高，用字母表示：$l\cdot h$（l 表示中位线长度）.

另外对角线互相垂直的梯形：对角线×对角线÷2.

2. 四边形

(1) 四个内角和为 $360°$，通常将四边形分割为三角形.

(2) 菱形的面积为对角线长度乘积的一半.

✒例 1：如右图，在平行四边形 $ABCD$ 中，$\angle ABC$ 的平分线交 AD 于 E，$\angle BED=150°$，则 $\angle A=$（ ）.

A. $100°$ B. $110°$ C. $120°$

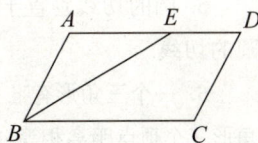

D. $130°$　　　　　　E. $150°$

答案：C 解析：由 $\angle BED = 150°$，可知 $\angle AEB = \angle EBC = 30°$，由于 BE 为 $\angle ABC$ 的平分线，从而 $\angle ABE = 30°$，所以 $\angle A = 150° - 30° = 120°$，选 C．

例 2： P 是以 a 为边长的正方形，P_1 是以 P 的四边中点为顶点的正方形，P_2 是以 P_1 的四边中点为顶点的正方形，P_i 是以 P_{i-1} 的四边中点为顶点的正方形，则 P_6 的面积是（　　）．

A. $\dfrac{a^2}{16}$　　　　B. $\dfrac{a^2}{32}$　　　　C. $\dfrac{a^2}{40}$　　　　D. $\dfrac{a^2}{48}$　　　　E. $\dfrac{a^2}{64}$

答案：E 解析：后一个正方形 P_i 是前一个正方形 P_{i-1} 面积的 $\dfrac{1}{2}$．P 的面积为 a^2，P_1 的面积为 $\dfrac{1}{2}a^2$，P_2 的面积为 $\dfrac{1}{2^2}a^2$，P_3 的面积为 $\dfrac{1}{2^3}a^2$，…，所以 P_6 的面积为 $\dfrac{1}{2^6}a^2 = \dfrac{1}{64}a^2$，选 E．

总裁有话说： 中点四边形定理．

例 3： 如右图，在三角形 ABC 中，已知 $EF /\!/ BC$，则三角形 AEF 的面积等于梯形 $EBCF$ 的面积．

(1) $AG = 2GD$．

(2) $BC = \sqrt{2}EF$．

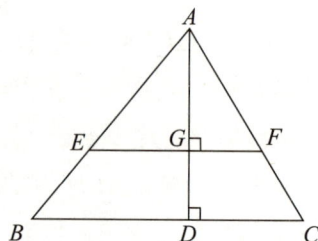

答案：B 解析：因为 $\triangle AEF \backsim \triangle ABC$，因此 $\dfrac{S_{\triangle ABC}}{S_{\triangle AEF}} = \left(\dfrac{BC}{EF}\right)^2 = \left(\dfrac{AD}{AG}\right)^2$，$S_{梯形 EBCF} = S_{\triangle ABC} - S_{\triangle AEF}$，条件（1）$\dfrac{S_{\triangle ABC}}{S_{\triangle AEF}} = \left(\dfrac{AD}{AG}\right)^2 = \dfrac{9}{4}$，所以 $S_{梯形 EBCF} = S_{\triangle ABC} - S_{\triangle AEF} \ne S_{\triangle AEF}$，条件（1）不充分；

条件（2）$\dfrac{S_{\triangle ABC}}{S_{\triangle AEF}} = \left(\dfrac{BC}{EF}\right)^2 = 2$，所以 $S_{梯形 EBCF} = S_{\triangle ABC} - S_{\triangle AEF} = S_{\triangle AEF}$，即梯形 $EBCF$ 的面积与三角形 AEF 的面积相等，条件（2）充分，选 B．

总裁有话说： 相似三角形面积之比是对应边长比的平方．

五、考点精析：圆与扇形

1. 垂径定理：垂直于弦的直径平分这条弦，并且平分弦所对的弧．定理延伸：相交圆的公共弦与圆心连线互相垂直平分．

2. 在同圆或等圆中，若两个圆心角，两个圆周角，两条弧，两条弦中有一组量相等，那么它们所对应的其余各组量都分别相等．

3. 同弧所对的圆周角等于该弧所对的圆心角的一半．

4. 不在同一直线上的 3 个点确定一个圆．

5. 圆的切线垂直于过切点的半径，经过半径的非圆心一端，并且垂直于这条半径的直线，是该圆的切线．

6. 一个三角形有唯一确定的外接圆和内切圆．外接圆圆心是三角形各边垂直平分线的交点，到三角形三个顶点距离相等；内切圆的圆心是三角形各内角平分线的交点，到三角形三边距离相等．

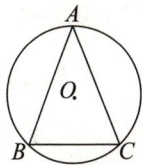

例1:(2020)如右图,圆 O 的内接 $\triangle ABC$ 是等腰三角形,底边 $BC=6$,顶角为 $\frac{\pi}{4}$,则圆 O 的面积为( ).

A. 12π B. 16π C. 18π D. 32π E. 36π

答案:C **解析**:由圆的性质:圆周角等于对应圆心角的一半,可得 $\angle BOC=\frac{\pi}{2}=90°$,则在等腰直角三角形 BOC 中,半径 $OB=\frac{BC}{\sqrt{2}}=3\sqrt{2}$,则圆 O 的面积为 18π,选 C.

例2:如右图,O 是半圆的圆心,C 是半圆上的一点,$OD\perp AC$,则能确定 OD 的长.

(1) 已知 BC 的长.

(2) 已知 AO 的长.

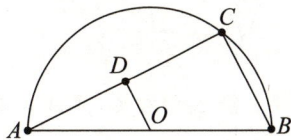

答案:A **解析**:因为 AB 为半圆直径,所以 $AC\perp BC$,又因为 OD $\perp AC$,且 O 为 AB 中点,所以 $OD=\frac{1}{2}BC$.

条件(1) 已知 BC 长,可得 $OD=\frac{1}{2}BC$,条件(1) 充分;

条件(2) 已知 AO 长,不能得出 OD 长,条件(2) 不充分,选 A.

例3:如右图,在 $\triangle ABC$ 中,$AB=10$,$AC=8$,$BC=6$,过 C 点以 C 到 AB 的距离为直径作圆,该圆与 AB 有公共点,且交 AC 于 M,交 BC 于 N,连接 MN,则 $MN=$( ).

A. $\frac{15}{4}$ B. $\frac{24}{5}$ C. $\frac{15}{2}$

D. $\frac{40}{3}$ E. $\frac{44}{3}$

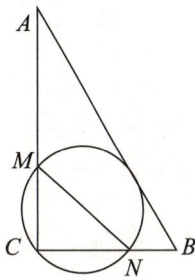

答案:B **解析**:设 $CD\perp AB$ 于点 D,因为 $AC^2+BC^2=64+36=100=AB^2$,则 $\triangle ABC$ 为直角三角形,$\angle C=90°$.又 $S_{\triangle ABC}=\frac{1}{2}AC\times BC=\frac{1}{2}AB\times CD$,故 $CD=\frac{AC\cdot BC}{AB}=\frac{24}{5}$,又因为 $\angle C=90°$,因此 MN 为直径,所以 $MN=CD=\frac{24}{5}$,选 B.

六、考点精析:不规则图形面积

1. 将不规则图形转化为规则图形来进行计算,常用割补法.

2. 真题中的图形,一定会严格按照比例尺放大、缩小,用尺子或量角器求线段长或角度简单且有效.

3. 根据图形的对称关系进行求解.

4. 集合问题也常用几何来体现,发掘内涵,利用几何问题的解题方法也可快速解题.

例1：(2022) 如右图，$\triangle ABC$ 是等腰直角三角形，以 A 为圆心的圆弧交 AC 于 D，交 BC 于 E，交 AB 的延长线于 F，若曲边 $\triangle CDE$ 和 BEF 的面积相等，则 $\dfrac{AD}{AC}=$（　　）.

A. $\dfrac{\sqrt{3}}{2}$　　　　B. $\dfrac{2}{\sqrt{5}}$　　　　C. $\sqrt{\dfrac{3}{\pi}}$

D. $\dfrac{\sqrt{\pi}}{2}$　　　　E. $\sqrt{\dfrac{2}{\pi}}$

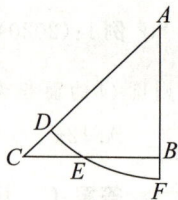

答案：E　**解析**：若曲边三角形 CDE 与 BEF 的面积相等，则 $S_{\triangle ABC}=S_{扇形\,ADF}$，即 $\dfrac{1}{4}AC^2=\dfrac{45°}{360°}\pi$

$\times AD^2$，则 $\dfrac{AD}{AC}=\sqrt{\dfrac{2}{\pi}}$，选 E.

例2：如右图，圆 A 与圆 B 的半径均为 1，则阴影部分的面积为（　　）.

A. $\dfrac{2\pi}{3}$　　　　B. $\dfrac{\sqrt{3}}{2}$　　　　C. $\dfrac{\pi}{3}-\dfrac{\sqrt{3}}{4}$

D. $\dfrac{2\pi}{3}-\dfrac{\sqrt{3}}{4}$　　　　E. $\dfrac{2\pi}{3}-\dfrac{\sqrt{3}}{2}$

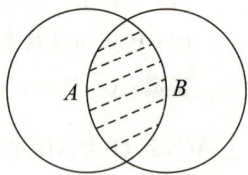

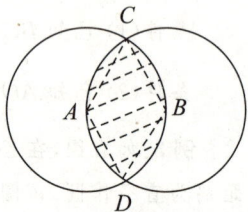

答案：E　**解析**：集合问题的几何体现，圆问题添半径，则 $AB=AC=AD=BC=BD=1$，四边形 $ABCD$ 为菱形，因此 $S=2S_{扇形\,CBD}-S_{菱形\,ACBD}=$

$2\times\dfrac{1}{3}\pi-\dfrac{1}{2}\times1\times\sqrt{3}=\dfrac{2\pi}{3}-\dfrac{\sqrt{3}}{2}$，选 E.

例3：如右图，四边形 $ABCD$ 是边长为 1 的正方形，弧 AOB，BOC，COD，DOA 均为半圆，则阴影部分的面积为（　　）.

A. $\dfrac{1}{2}$　　　　B. $\dfrac{\pi}{2}$　　　　C. $1-\dfrac{\pi}{4}$

D. $\dfrac{\pi}{2}-1$　　　　E. $2-\dfrac{\pi}{2}$

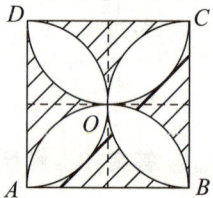

答案：E　**解析**：结合对称性，$S_{阴影}=8S_{小阴影}=8\left[\left(\dfrac{1}{2}\right)^2-\dfrac{\pi}{4}\times\left(\dfrac{1}{2}\right)^2\right]=2\left(1-\dfrac{\pi}{4}\right)=2-\dfrac{\pi}{2}$，

选 E.

总裁有话说：对于不规则图形面积的计算，优先考虑用割补法，本题特别要考虑四边形与扇形的结合.

例4：如右图，在正方形 $ABCD$ 中，弧 AOC 是 $\dfrac{1}{4}$ 圆周，$EF\parallel AD$. 若 $DF=a$，$CF=b$，则阴影部分的面积为（　　）.

A. $\dfrac{1}{2}ab$　　　　B. ab　　　　C. $2ab$

D. b^2-a^2　　　　E. $(b-a)^2$

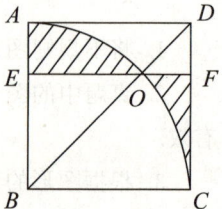

答案：B　方法一解析：

$S_{阴影}=S_{扇形\,AOB}+S_{矩形\,BCFE}-2S_{\triangle BEO}-S_{扇形\,BOC}=\dfrac{45°}{360°}\times\pi\times(a+b)^2+(a+b)b-2\times\dfrac{1}{2}b^2-$

$\dfrac{45°}{360°} \times \pi \times (a+b)^2 = ab$,选 B.

方法二解析:

割补法:注意对称性,如右图,过点 O 作 $OG \perp BC$,垂足为 G,根据图形的对称性可得到,$S_{阴影} = S_{矩形 OFCG} = ab$,选 B.

◆ 例 5:(2021)如右图,已知六边形边长为 1,分别以六边形的顶点 O, P, Q 为圆心,以 1 为半径作圆弧则阴影部分面积为(   ).

A. $\pi - \dfrac{3\sqrt{3}}{2}$ B. $\pi - \dfrac{3\sqrt{3}}{4}$ C. $\dfrac{\pi}{2} - \dfrac{3\sqrt{3}}{4}$

D. $\dfrac{\pi}{2} - \dfrac{3\sqrt{3}}{8}$ E. $2\pi - 3\sqrt{3}$

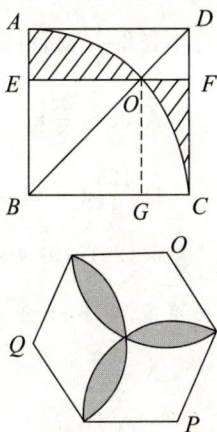

答案:A 解析:阴影部分是三个扇形叠加重合区域,则阴影面积为三个扇形面积相加再减去正六边形面积(即六个边长为 1 的等边三角形面积),则 $S_{阴影} = S_{圆} - S_{六边形} = \pi - 6 \times \dfrac{\sqrt{3}}{4} = \pi - \dfrac{3\sqrt{3}}{2}$,选 A.

第三节 业精于勤

◆ 1. 设 P 是正方形 $ABCD$ 外的一点,$PB = 10$ cm,$\triangle APB$ 的面积是 80 cm²,$\triangle CPB$ 的面积是 90 cm²,则正方形 $ABCD$ 的面积为(   )cm².

A. 720   B. 580   C. 640

D. 600   E. 560

◆ 2. 如右图,若相邻点的水平距离与竖直距离都是 1,则多边形 $ABCDE$ 的面积为(   ).

A. 7   B. 8   C. 9

D. 10   E. 11

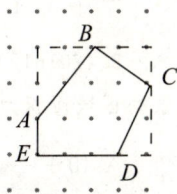

◆ 3. (201110)如右图,一块面积为 400 平方米的正方形土地被分割成甲、乙、丙、丁四个小长方形区域作为不同的功能区域,它们的面积分别为 128,192,48 和 32 平方米.乙的左下角划出一块正方形区域(阴影)作为公共区域,这块小正方形的面积为(   )平方米.

A. 16   B. 17   C. 18

D. 19   E. 20

◆ 4. (2016)如右图,正方形 $ABCD$ 由四个相同的长方形和一个小正方形拼成,则能确定小正方形的面积.

(1)已知正方形 $ABCD$ 的面积.

(2)已知长方形的长宽之比.

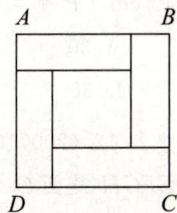

◆ 5. (200801)在长方形 $ABCD$ 中,$AB = 10$ cm,$BC = 5$ cm,以 AB 和 AD 分别

为半径作 $\frac{1}{4}$ 圆,则图中阴影部分的面积为( )cm^2.

A. $25 - \frac{25}{2}\pi$ B. $25 + \frac{125}{2}\pi$ C. $50 + \frac{25}{4}\pi$

D. $\frac{125}{4}\pi - 50$ E. 以上均不正确

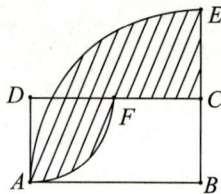

6.(201010)如右图,小正方形的 $\frac{3}{4}$ 被阴影所覆盖,大正方形的 $\frac{6}{7}$ 被阴影所覆盖,则小、大正方形阴影部分面积之比为( ).

A. $\frac{7}{8}$ B. $\frac{6}{7}$ C. $\frac{3}{4}$

D. $\frac{4}{7}$ E. $\frac{1}{2}$

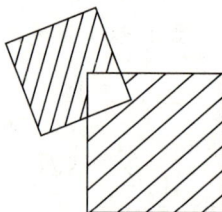

7.(201001)如右图,长方形 $ABCD$ 的两条边分别为 8 m 和 6 m,四边形 $OEFG$ 的面积是 4 m^2,则阴影部分的面积为( ).

A. 32 m^2 B. 28 m^2 C. 24 m^2

D. 20 m^2 E. 16 m^2

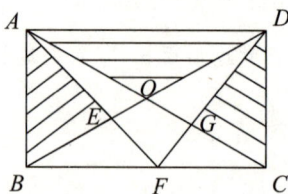

8.(201612)如右图,在扇形 AOB 中,$\angle AOB = \frac{\pi}{4}$,$OA = 1$,$AC \perp OB$,则阴影部分的面积为( ).

A. $\frac{\pi}{8} - \frac{1}{4}$ B. $\frac{\pi}{8} - \frac{1}{8}$ C. $\frac{\pi}{4} - \frac{1}{2}$

D. $\frac{\pi}{4} - \frac{1}{4}$ E. $\frac{\pi}{4} - \frac{1}{8}$

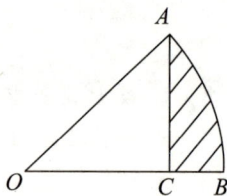

9.(201612)某种机器人可搜索的区域是半径 1 m 的圆,若该机器人沿直线行走 10 m,则其搜索的区域面积为( )m^2.

A. $10 + \frac{\pi}{2}$ B. $10 + \pi$ C. $20 + \frac{\pi}{2}$ D. $20 + \pi$ E. 10π

10.(201410)如右图,大小两个半圆的直径在同一条直线上,弦 AB 与小半圆相切,且与直径平行,弦 AB 长为 12,则图中阴影部分面积为( ).

A. 24π B. 21π C. 18π

D. 15π E. 12π

11.(201010)如右图,阴影甲的面积比阴影乙的面积多 28 cm^2,$AB = 40$ cm,CB 垂直于 AB,则 BC 的长为( )cm(π 取到小数点后两位).

A. 30   B. 32   C. 34

D. 36   E. 40

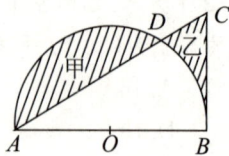

12.(200710)如右图,正方形 $ABCD$ 四条边与圆 O 相切,而正方形 $EFGH$ 是圆 O 的内接正方形.已知正方形 $ABCD$ 的面积为 1,则正方形 $EFGH$ 的面积是( ).

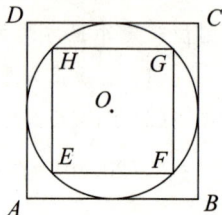

A. $\dfrac{2}{3}$　　　　B. $\dfrac{1}{2}$　　　　C. $\dfrac{\sqrt{2}}{2}$　　　　D. $\dfrac{\sqrt{2}}{3}$　　　　E. $\dfrac{1}{4}$

13.（199910）如右图，半圆 ADB 以 C 为圆心，半径为 1，且 $CD\perp AB$，分别延长 BD 和 AD 至 E 和 F，使得圆弧 AE 和 BF 分别以 B 和 A 为圆心，则图中阴影部分的面积是（　　）.

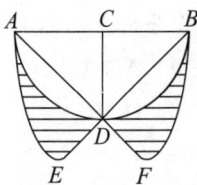

A. $\dfrac{\pi}{2}-\dfrac{1}{2}$　　B. $(1-\sqrt{2})\pi$　　C. $\dfrac{\pi}{2}-1$

D. $\dfrac{3\pi}{2}-2$　　E. $\pi-1$

14. 如右图，在平行四边形 $ABCD$ 中，E 为 CD 上一点，则 $S_{\triangle DEF}:$ $S_{\triangle EBF}:S_{\triangle ABF}=4:10:25$.

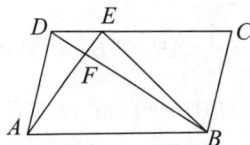

(1) $|DE|:|CE|=1:2$；

(2) $|DE|:|CE|=2:3$.

15. 如右图，半圆的直径 $|BC|=8\mathrm{cm}$，$|AB|=|AC|$，D 是 AC 的中点，则阴影部分的面积是（　　）cm^2.

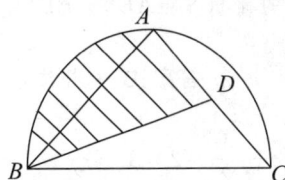

A. 2π　　　　B. $\dfrac{3}{2}\pi$　　　　C. 3π

D. $\dfrac{5}{2}\pi$　　　　E. 4π

16. 如右图，矩形纸片 $ABCD$ 的长 $|AD|=9\ \mathrm{cm}$，宽 $|AB|=3\ \mathrm{cm}$，将其折叠，使点 D 与点 B 重合，那么折叠后折痕 EF 的长为（　　）cm.

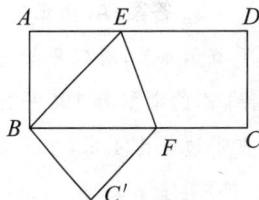

A. $\sqrt{10}$　　　　B. 3　　　　C. $2\sqrt{2}$

D. 4　　　　E. 以上均不正确

17. 如右图，在三角形 ABC 中，$\angle C=90^\circ$，$\angle B=60^\circ$，$AB=12$，若以 A 点为圆心，AC 为半径的弧交 AB 于点 E，以 B 为圆心，BC 为半径的弧交 AB 于点 D，则图中阴影部分面积为（　　）.

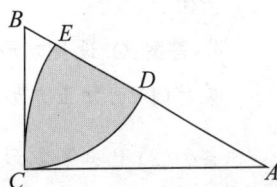

A. 15π　　　　B. $18\sqrt{3}$　　　　C. $15\pi-18\sqrt{3}$

D. $12\sqrt{3}-5\pi$　　E. $15\pi-8\sqrt{3}$

18. 如右图，在边长为 1 的正方形 $ABCD$ 中，$BE=2EC$，$DF=2FC$，则四边形 $ABGD$ 的面积为（　　）.

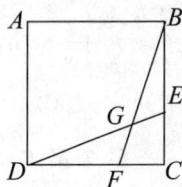

A. $\dfrac{1}{3}$　　　　B. $\dfrac{1}{4}$　　　　C. $\dfrac{2}{3}$

D. $\dfrac{3}{4}$　　　　E. $\dfrac{1}{2}$

19. 两个半径长均为 $\sqrt{2}$ 的直角扇形的圆心分别在对方的圆弧上，扇形 FCD 的圆心 C 是 $\overset{\frown}{AB}$ 的中点，且扇形 FCD 绕着点 C 旋转，半径 AE，CF 交于点 G，半径 BE，CD 交于点 H，则图中阴影面积为（　　）.

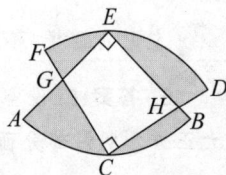

A. $\dfrac{\pi}{2}-1$　　　　B. $\dfrac{\pi}{2}-2$　　　　C. $\pi-1$

D. $\pi - 2$ E. $2\pi - 1$

◆✍ 20. 如右图,长方形 $ABCD$ 被 CE,DF 分成四部分,已知其中三部分的面积分别为 $2,5,8$,则余下的四边形 $OFBC$ 的面积为(   ).

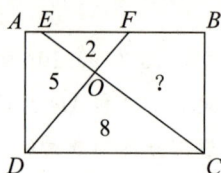

A. 7   B. 8   C. 9

D. 10   E. 11

◆✓ 答案解析

1. 答案:B. 如右图,延长 PB 作 $AE \perp PB$,$CF \perp PB$,则 $\triangle APB$ 的面积 S_1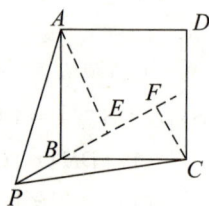
$= \dfrac{1}{2}(AE \times PB) = 80 \ \text{cm}^2$,则 $AE = 160 \div 10 = 16 \ \text{cm}$,$\triangle CPB$ 的面积 $S_2 = \dfrac{1}{2}(CF \times PB) = 90 \ \text{cm}^2$,则 $CF = 180 \div 10 = 18 \ \text{cm}$,由 $AB = BC$,$\angle ABE = \angle BCF$,$\angle E = \angle BFC$,所以 $\triangle AEB$ 与 $\triangle BFC$ 为全等三角形,所以 $BE = CF$. 正方形 $ABCD$ 的面积 $S = AE^2 + BE^2 = AE^2 + CF^2 = 16^2 + 18^2 = 580 \ \text{cm}^2$.

2. 答案:B. 割补法,一个长方形面积减去三个小直角三角形面积,所以 $S_{ABCDE} = 4 \times 3 - \dfrac{1}{2} \times 2 \times 2 - \dfrac{1}{2} \times 2 \times 1 - \dfrac{1}{2} \times 1 \times 2 = 8$.

3. 答案:A. 由正方形面积为 400 平方米,可得到边长为 20 米. $S_丙 + S_丁 = 80$ 平方米,可得到丙、丁宽为 4 米,所以甲长为 16 米,又因为甲的面积为 128 平方米,可得到甲宽为 8 米,又因为乙长为 16 米,乙的面积为 192 平方米,可得到乙宽为 12 米,丁的面积为 32 平方米,得到丁长为 8 米,所以小正方形边长为 4 米,小正方形面积为 $S = 4^2 = 16$ 平方米,选 A.

✎ **总裁有话说:** 因为小正方形的面积为完全平方数,只有 16 为完全平方数满足条件.

4. 答案:C. 设长方形的长、宽分别为 x,y,由图可知小正方形的面积为 $(x-y)^2$.

条件(1)已知正方形 $ABCD$ 的面积,即已知 $x+y$,不能确定小正方形的面积,条件(1)不充分;

条件(2)已知长方形的长宽之比为 $\dfrac{x}{y}$,也不能确定小正方形的面积,条件(2)不充分. 两个条件

联合,设 $\begin{cases}(x+y)^2 = m^2, \\ \dfrac{x}{y} = n,\end{cases}$ 即 $\begin{cases}x+y = m, \\ x = yn,\end{cases}$ 解得 $y = \dfrac{m}{1+n}$,$x = \dfrac{mn}{1+n}$,此时有 $(x-y)^2 = \left(\dfrac{mn}{1+n} - \dfrac{m}{1+n}\right)^2$

可确定,选 C.

5. 答案:D. $S_{阴影} = S_{扇形BAE} + S_{扇形DAF} - S_{长方形ABCD}$
$$= \dfrac{1}{4}\pi \times 10^2 + \dfrac{1}{4}\pi \times 5^2 - 10 \times 5 = \left(\dfrac{125\pi}{4} - 50\right) \text{cm}^2,\ \text{选 D.}$$

✎ **总裁有话说:** 不规则图形的面积考虑割补法,转化为扇形和长方形问题.

6. 答案:E. 设空白部分面积为 S,则小正方形阴影面积为 $3S$,大正方形阴影面积为 $6S$,即小、大正方形阴影部分面积之比为 $1:2$,选 E.

✎ **总裁有话说:** 重叠面积一定要辨认清所重叠的部分究竟是怎样的公共部分.

7. 答案：B. 空白区域面积 $=\dfrac{1}{2}BF\times CD+\dfrac{1}{2}FC\times AB-S_{\text{四边形}OEFG}=\dfrac{1}{2}CD\times BC-4=20\ \text{m}^2$，

从而阴影部分面积为 $6\times8-20=28\ \text{m}^2$，选 B.

🔖 **总裁有话说：** 求不规则图形的面积首先考虑割补法.

8. 答案：A. $\triangle AOC$ 为等腰直角三角形，由 $OA=1$，得到 $AC=OC=\dfrac{1}{\sqrt{2}}$. 所以 $S_{\text{阴影}}=S_{\text{扇形}}-S_{\triangle AOC}$

$=\dfrac{45°}{360°}\times\pi\times1^2-\dfrac{1}{2}\times\left(\dfrac{1}{\sqrt{2}}\right)^2=\dfrac{\pi}{8}-\dfrac{1}{4}$，选 A.

9. 答案：D. 机器人搜索过的区域如右图，面积为 $10\times2+\pi=$
$(20+\pi)\text{m}^2$，选 D.

10. 答案：C. 把图中的小半圆向右平移，使两个半圆的圆心重合，如右

图，设大圆半径为 R，小圆半径为 r，所以 $S_{\text{阴影}}=S_{\text{大半圆}}-S_{\text{小半圆}}=\dfrac{1}{2}\pi(R^2-$

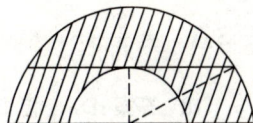

$r^2)=\dfrac{1}{2}\pi\left(\dfrac{1}{2}AB\right)^2=\dfrac{1}{2}\pi\times36=18\pi$，选 C.

🔖 **总裁有话说：** 题目没说小半圆位置固定，那么即可寻找任意特殊位置，两圆圆心重合时计算最
方便.

11. 答案：A. 设空白部分面积为 $x\,\text{cm}^2$，$S_{\text{甲}}-S_{\text{乙}}=28$，则 $(S_{\text{甲}}+x)-(x+S_{\text{乙}})=28$，得到 $\dfrac{\pi}{2}\times$

$20^2-\dfrac{1}{2}\times40\times BC=28$，所以 $BC=10\pi-1.4=30\ \text{cm}$，选 A.

12. 答案：B. 方法一：

$OF=\dfrac{1}{2}AB=\dfrac{1}{2}$，$EF=\sqrt{2}OF=\dfrac{\sqrt{2}}{2}$，所以 $S_{\text{正方形}EFGH}=EF^2=\left(\dfrac{\sqrt{2}}{2}\right)^2=\dfrac{1}{2}$，选 B.

方法二：

把正方形 $EFGH$ 逆时针旋转 $45°$，已知正方形 $ABCD$ 的面积为 1，边长 $AB=1$，$AE=AH=\dfrac{1}{2}$，

$HE=\sqrt{\left(\dfrac{1}{2}\right)^2+\left(\dfrac{1}{2}\right)^2}=\sqrt{\dfrac{1}{2}}$，正方形 $EFGH$ 的面积 $=HE^2=\left(\sqrt{\dfrac{1}{2}}\right)^2=\dfrac{1}{2}$，选 B.

🔖 **总裁有话说：** 两个几何图形的综合问题，要注意两个平面图形之间的公共点.

13. 答案：C. 由图形的对称性，阴影 AED 的面积等于阴影 BFD 的面积，且 $S_{\text{阴影}BFD}=S_{\text{扇形}AFB}$

$-S_{\triangle ADC}-\dfrac{1}{2}S_{\text{半圆}ADB}$，$S_{\text{扇形}AFB}=\dfrac{45°}{360°}\times\pi\times2^2=\dfrac{\pi}{2}$，$S_{\triangle ADC}=\dfrac{1}{2}\times1\times1=\dfrac{1}{2}$，$S_{\text{半圆}ADB}=\dfrac{\pi}{2}$，所以 $S_{\text{阴影}BFD}$

$=\dfrac{\pi}{2}-\dfrac{1}{2}-\dfrac{1}{2}\times\dfrac{\pi}{2}=\dfrac{\pi}{4}-\dfrac{1}{2}$，所以所求阴影部分的面积 $=2\times\left(\dfrac{\pi}{4}-\dfrac{1}{2}\right)=\dfrac{\pi}{2}-1$，选 C.

14. 答案：B. 条件(1)：$\triangle DEF\backsim\triangle BAF$，$S_{\triangle DEF}:S_{\triangle BAF}=\left(\dfrac{|DE|}{|AB|}\right)^2=\left(\dfrac{1}{3}\right)^2=\dfrac{1}{9}$，条件(1) 不

充分；

条件(2):$\triangle DEF \backsim \triangle BAF$,$S_{\triangle DEF} : S_{\triangle BAF} = \left(\dfrac{|DE|}{|AB|}\right)^2 = \left(\dfrac{2}{5}\right)^2 = \dfrac{4}{25}$,$S_{\triangle EBF} : S_{\triangle DEF} = \dfrac{5}{2} = \dfrac{10}{4}$,所以 $S_{\triangle DEF} : S_{\triangle EBF} : S_{\triangle BAF} = 4 : 10 : 25$ 充分.选 B.

15. **答案**:E.过点 A 作 BC 的垂线段,由题意可知垂足 O 就是圆心,所以三角形 ABD 的面积和三角形 ABO 的面积相等,且等于三角形 ABC 面积的一半,于是求阴影部分的面积就可以转化成求扇形 ABO 的面积,也就是圆面积的四分之一,则 $S = \dfrac{1}{4}\pi r^2 = 4\pi$,选 E.

16. **答案**:A.设 $|AE| = x \Rightarrow |BE| = 9 - x \Rightarrow 3^2 + x^2 = (9-x)^2 \Rightarrow x = 4$,作 $FG \perp AD$ 于点 G,$|EG| = 5 - 4 = 1$,所以 $|EF| = \sqrt{1^2 + 3^2} = \sqrt{10}$,选 A.

17. **答案**:C.因为 $\angle C = 90°$,$\angle B = 60°$,$AB = 12$,所以 $BC = 6$,$AC = 6\sqrt{3}$,$S_{阴影} = S_{扇形 BDC} + S_{扇形 ACE}$

$- S_{\triangle ABC} = \dfrac{60°}{360°}\pi \times 6^2 + \dfrac{30°}{360°}\pi \times (6\sqrt{3})^2 - \dfrac{1}{2} \times 6 \times 6\sqrt{3} = 15\pi - 18\sqrt{3}$,选 C.

18. **答案**:D.连接 EF,BD,因为 $BE = 2EC$,$DF = 2FC$,所以 E,F 为三等分

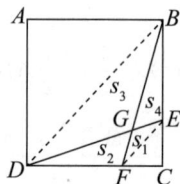

点,正方形边长为1,所以 $CF = CE = \dfrac{1}{3}$,$EF = \dfrac{\sqrt{2}}{3}$,$BD = \sqrt{2}$,$\dfrac{EF}{BD} = \dfrac{\frac{\sqrt{2}}{3}}{\sqrt{2}} = \dfrac{1}{3}$,根据

任意梯形蝶形定理可知,$S_1 : S_2 : S_3 : S_4 = 1 : 3 : 9 : 3$,$S_{梯形 EFDB} = S_{\triangle CBD} - S_{\triangle CEF}$

$= \dfrac{1}{2} \times 1 \times 1 - \dfrac{1}{2} \times \dfrac{1}{3} \times \dfrac{1}{3} = \dfrac{8}{18}$,所以 $S_3 = \dfrac{1}{4}$,$S_{四边形 ABGD} = \dfrac{1}{2} + \dfrac{1}{4} = \dfrac{3}{4}$,选 D.

19. **答案**:D.将 E 点旋转至弧 FD 的中点,此时四边形 $CGEH$ 为正方形,边长为1,$S_{阴影} = 2(S_{扇形}$

$- S_{正方形}) = \dfrac{90°}{360°}\pi \times 2 \times 2 - 1 \times 1 \times 2 = \dfrac{1}{4}\pi \times 2 \times 2 - 2 = \pi - 2$,选 D.

20. **答案**:C.连接 DE,CF,设 $\triangle OED$ 面积为 x,则 $\triangle OFC$ 面积也为 x,$x^2 = 2 \times 8 = 16$,所以 x

$= 4$,$S_{\triangle OED} = S_{\triangle OFC} = 4$,因为 $\triangle DEC$ 与矩形 $ABCD$ 同底等高,所以 $S_{\triangle DEC} = \dfrac{1}{2}S_{ABCD}$,所以 $S_{ABCD} = 2(4$

$+ 8) = 24$,因此 $S_{OFBC} = 24 - 2 - 5 - 8 = 9$,选 C.

第 五 章

解析几何

第一节 本章初识

解析几何基础公式：

1. 斜率公式

(1) 对于过两个已知点 (x_1,y_1) 和 (x_2,y_2) 的直线，若 $x_1 \neq x_2$，则该直线的斜率 $k = \dfrac{y_1 - y_2}{x_1 - x_2} = \dfrac{y_2 - y_1}{x_2 - x_1}$，两点中点坐标为 $\left(\dfrac{x_1 + x_2}{2}, \dfrac{y_1 + y_2}{2}\right)$．

(2) 已知直线一般式 $Ax + By + C = 0(B \neq 0)$，则斜率 $k = -\dfrac{A}{B}$．

(3) 设 α 为直线的倾斜角(直线向上的方向与 x 轴正半轴所成的角)，$\alpha \in [0,\pi)$，则斜率 $k = \tan\alpha\left(\alpha \neq \dfrac{\pi}{2}\right)$．

倾斜角 α	0	$\dfrac{\pi}{6}$	$\dfrac{\pi}{4}$	$\dfrac{\pi}{3}$	$\dfrac{\pi}{2}$	$\dfrac{2\pi}{3}$	$\dfrac{3\pi}{4}$	$\dfrac{5\pi}{6}$
斜率 k	0	$\dfrac{\sqrt{3}}{3}$	1	$\sqrt{3}$	不存在	$-\sqrt{3}$	-1	$-\dfrac{\sqrt{3}}{3}$

2. 直线方程

(1) 点斜式：已知直线过点 (x_0,y_0)，斜率为 k，则直线的方程为 $y - y_0 = k(x - x_0)$．

(2) 斜截式：已知直线过点 $(0,b)$，斜率为 k，则直线的方程为 $y = kx + b$，b 为直线在 y 轴上的纵截距．

(3) 截距式：已知直线过点 $A(a,0)$ 和 $B(0,b)(a \neq 0, b \neq 0)$，则直线的方程为 $\dfrac{x}{a} + \dfrac{y}{b} = 1$．

(4) 一般式：$Ax + By + C = 0(A,B$ 不同时为零$)$．

3. 距离公式

(1) 两点间的距离公式：$d=\sqrt{(x_1-x_2)^2+(y_1-y_2)^2}$.

(2) 点到直线距离公式：$d=\dfrac{|Ax_0+By_0+C|}{\sqrt{A^2+B^2}}$.

(3) 平行直线间的距离：已知 $l_1:Ax+By+C_1=0$ 与 $l_2:Ax+By+C_2=0$ 之间的距离为 $d=\dfrac{|C_1-C_2|}{\sqrt{A^2+B^2}}$.

━━ 第二节　见微知著

一、考点精析：圆的方程

1. 当圆心为 $(0,0)$，半径为 r 时，圆的标准方程为 $x^2+y^2=r^2$.

2. 当圆心为 $C(a,b)$，半径为 r 时，圆的标准方程为 $(x-a)^2+(y-b)^2=r^2$.

3. 圆的一般方程为 $x^2+y^2+Dx+Ey+F=0(D^2+E^2-4F>0)$.

一般方程标准化常用配方法：

$$\left(x+\frac{D}{2}\right)^2+\left(y+\frac{E}{2}\right)^2=\frac{D^2+E^2-4F}{4}(D^2+E^2-4F>0)，圆心 C\left(-\frac{D}{2},-\frac{E}{2}\right)，半径 r=\frac{\sqrt{D^2+E^2-4F}}{2}.$$

二、考点精析：图像判定问题

题型分类：

1. 直线判定问题

(1) 已知直线 $Ax+By+C=0$ 过某些象限，求直线方程系数的符号.

(2) 已知直线方程系数的符号，判定直线图像过哪些象限.

解题方法：画图

2. 双十字相乘问题

已知方程 $Ax^2+Bxy+Cy^2+Dx+Ey+F=0$ 的图像是两条直线，将该方程利用双十字相乘因式分解为 $(A_1x+B_1y+C_1)(A_2x+B_2y+C_2)=0$ 的形式.

3. 正方形、矩形、菱形的判定问题

(1) 若有 $|ax-b|+|cy-d|=e$，则 $a=c$ 时，图形表示正方形；$a \neq c$ 时，图形表示菱形。围成的面积均为 $S=\dfrac{2e^2}{ac}$，其中 b,d 只影响图形的中心位置，不影响图形的面积。

(2) 若有 $|xy|-a|x|-b|y|+ab=0$，其中 a,b 都大于 0，当 $a=b$ 时，图形表示正方形；当 $a \neq b$ 时，图形表示矩形。围成的面积均为 $S=4|ab|$。

4. 半圆的判定问题

若圆的方程为 $(x-a)^2+(y-b)^2=r^2$，则

(1) 右半圆的方程为 $(x-a)^2+(y-b)^2=r^2(x \geq a)$ 或者 $x=\sqrt{r^2-(y-b)^2}+a$；

(2) 左半圆的方程为 $(x-a)^2+(y-b)^2=r^2(x \leq a)$ 或者 $x=-\sqrt{r^2-(y-b)^2}+a$；

(3) 上半圆的方程为 $(x-a)^2+(y-b)^2=r^2(y \geq b)$ 或者 $y=\sqrt{r^2-(x-a)^2}+b$；

(4) 下半圆的方程为 $(x-a)^2+(y-b)^2=r^2(y \leq b)$ 或者 $y=-\sqrt{r^2-(x-a)^2}+b$。

5. 直线系问题

(1) 若有两条直线 $A_1x+B_1y+C_1=0$ 和 $A_2x+B_2y+C_2=0$ 相交，则过这两条直线交点的直线系方程为 $(A_1x+B_1y+C_1)\lambda+(A_2x+B_2y+C_2)=0$。逆定理：若已知 $(A_1x+B_1y+C_1)\lambda+(A_2x+B_2y+C_2)=0$ 的图像，则该图像必过直线 $A_1x+B_1y+C_1=0$ 和 $A_2x+B_2y+C_2=0$ 的交点。

(2) 两圆公共弦直线方程：若已知圆 $C_1:x^2+y^2+D_1x+E_1y+F_1=0$ 与圆 $C_2:x^2+y^2+D_2x+E_2y+F_2=0$ 相交于两点，则过这两个点的直线方程为 $(D_1-D_2)x+(E_1-E_2)y+(F_1-F_2)=0$（即两圆的方程相减）。

解题步骤：第一步，将直线整理成形如 $a\lambda+b=0$ 的形式；第二步，令 $a=0,b=0$。

或给 λ 赋特殊值，如 $0,1,2$，代入组成方程。

例1：直线 $y=ax+b$ 过第二象限。

(1) $a=-1,b=1$。

(2) $a=1,b=-1$。

答案：A　解析：条件(1) $y=-x+1$ 经过第二象限；

条件(2) $y=x-1$ 不过第二象限，选 A。

例2：如右图，直线 $y=ax+b$ 经过第一、二、四象限。

(1) $a<0$。

(2) $b>0$。

答案：C　解析：由右图可知，选 C。

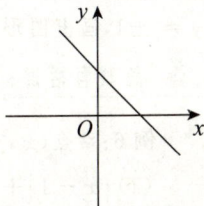

111

例 3：当 $ab < 0$ 时，直线 $y = ax + b$ 必然（　　）.

A. 经过一、二、四象限　　　　　B. 经过一、三、四象限

C. 在 y 轴上的截距为正数　　　　D. 在 x 轴上的截距为正数

E. 在 x 轴上的截距为负数

答案：D　解析：当 $a > 0, b < 0$ 时，直线过一、三、四象限；当 $a < 0, b > 0$ 时，直线过一、二、四象限，所以 A，B 选项错误，y 轴上的截距为 b，正负不定，x 轴上的截距为 $-\dfrac{b}{a} > 0$，所以必定为正，选 D.

例 4：方程 $x^2 + mxy + 6y^2 - 10y - 4 = 0$ 的图形是两条直线.

(1) $m = 7$.

(2) $m = -7$.

答案：D　方法一解析：

条件(1) 设 $x^2 + mxy + 6y^2 - 10y - 4 = (x + Ay + 2)(x + By - 2)$，将等式右边展开，由多项式相等则对应系数相等可得

$$\begin{cases} -2A + 2B = -10, \\ A + B = 7, \end{cases} \quad 解得 \begin{cases} A = 6, \\ B = 1, \end{cases} 所以条件(1)充分，同理可得条件(2)充分，选 D.$$

方法二解析：

条件(1)$m = 7$ 得 $x^2 + 7xy + 6y^2 - 10y - 4 = (x + 6y + 2)(x + y - 2) = 0$，即表示两条直线 $x + 6y + 2 = 0$，$x + y - 2 = 0$；条件(2)$m = -7$ 得 $x^2 - 7xy + 6y^2 - 10y - 4 = (x - 6y - 2)(x - y + 2) = 0$，即表示两条直线 $x - 6y - 2 = 0$，$x - y + 2 = 0$，所以条件(1)充分，条件(2)也充分，选 D.

例 5：曲线 $|xy| + 1 = |x| + |y|$ 所围成的图形的面积为（　　）.

A. $\dfrac{1}{4}$　　　　B. $\dfrac{1}{2}$　　　　C. 1　　　　D. 2　　　　E. 4

答案：E　方法一解析：

分四种情况：①$x \geqslant 0, y \geqslant 0$，则有 $xy + 1 = x + y$，$(x - 1)(y - 1) = 0$，其表示两条直线 $x = 1$，$y = 1$；

②$x < 0, y \geqslant 0$，则有 $-xy + 1 = -x + y$，$(x + 1)(y - 1) = 0$，表示两条直线 $x = -1$，$y = 1$；

③$x < 0, y < 0$，则有 $xy + 1 = -x - y$，$(x + 1)(y + 1) = 0$，表示两条直线 $x = -1$，$y = -1$；

④$x \geqslant 0, y < 0$，则有 $-xy + 1 = x - y$，$(x - 1)(y + 1) = 0$，表示两条直线 $x = 1$，$y = -1$.

因此，曲线 $|xy| + 1 = |x| + |y|$ 所围成的图形是以 2 为边长的正方形，从而所求面积 $S = 2^2 = 4$，选 E.

方法二解析：

$|xy| - |x| - |y| + 1 = |x||y| - |x| - |y| + 1 = (|x| - 1)(|y| - 1) = 0$，则 $x = \pm 1$，$y = \pm 1$，画出图形，选 E.

总裁有话说：知道正方形、菱形、矩形判定条件，秒杀选 E.

例 6：动点 (x, y) 的轨迹是圆.

(1) $|x - 1| + |y| = 4$.

(2) $3(x^2 + y^2) + 6x - 9y = -1$.

答案:B **解析**:条件(1)$|x-1|=4-|y|$,两边平方得到$(x-1)^2=16+y^2-8|y|$,即$x^2-2x+1-y^2+8|y|-16=0$,该方程中x^2和y^2的系数异号,轨迹不是圆,实际曲线表示正方形;

条件(2)$3(x^2+y^2)+6x-9y+1=0$,即$x^2+y^2+2x-3y=-\dfrac{1}{3}$,配方可得$(x+1)^2+\left(y-\dfrac{3}{2}\right)^2=\dfrac{35}{12}$,轨迹是圆,选 B.

例7:若圆的方程是$x^2+y^2=1$,则它的右半圆(在第一象限和第四象限内的部分)的方程是( ).

A. $y-\sqrt{1-x^2}=0$ B. $x-\sqrt{1-y^2}=0$ C. $y+\sqrt{1-x^2}=0$

D. $x+\sqrt{1-y^2}=0$ E. $x^2+y^2=\dfrac{1}{2}$

答案:B **解析**:$x^2+y^2=1$,因为$0<x\leqslant 1$,所以$x=\sqrt{1-y^2}$,选 B.

例8:圆$(x-1)^2+(y-2)^2=4$和直线$(1+2\lambda)x+(1-\lambda)y-(3+3\lambda)=0$相交于两点.

(1)$\lambda=\dfrac{2\sqrt{3}}{5}$.

(2)$\lambda=\dfrac{5\sqrt{3}}{2}$.

答案:D **解析**:题干要求圆心$(1,2)$到直线的距离$d=\dfrac{|1+2\lambda+2-2\lambda-3-3\lambda|}{\sqrt{(1+2\lambda)^2+(1-\lambda)^2}}<2$,整理可得$|-3\lambda|<2\sqrt{5\lambda^2+2\lambda+2}$,即$9\lambda^2<4(5\lambda^2+2\lambda+2)$,得到$11\lambda^2+8\lambda+8>0$,因为$\Delta=8^2-4\times 8\times 11<0$,对任意$\lambda$,不等式$11\lambda^2+8\lambda+8>0$都成立,选 D.

总裁有话说:直线与圆的相交问题,直接将结论等价化简,条件反向代入,计算量大.

三、考点精析:位置关系

题型分类:

1. 直线与直线的位置关系

直线间的位置关系	斜截式直线: $l_1:y=k_1x+b_1$ $l_2:y=k_2x+b_2$	一般式直线: $l_1:A_1x+B_1y+C_1=0$ $l_2:A_2x+B_2y+C_2=0$
l_1 与 l_2 相交	$k_1\neq k_2$ 若两条直线不垂直,则直线夹角 α 满足: $\tan\alpha=\left\lvert\dfrac{k_1-k_2}{1+k_1k_2}\right\rvert$	$\dfrac{A_1}{A_2}\neq\dfrac{B_1}{B_2}$
l_1 与 l_2 重合	$k_1=k_2$ 且 $b_1=b_2$	$\dfrac{A_1}{A_2}=\dfrac{B_1}{B_2}=\dfrac{C_1}{C_2}$

l_1 与 l_2 平行	$k_1 = k_2$ 且 $b_1 \neq b_2$	$\dfrac{A_1}{A_2} = \dfrac{B_1}{B_2} \neq \dfrac{C_1}{C_2}$
l_1 与 l_2 垂直	$k_1 k_2 = -1$	$A_1 A_2 + B_1 B_2 = 0$

若两条直线互相垂直,其中一条直线的斜率为 0,则另外一条直线的斜率不存在,即一条直线平行于 x 轴,另一条直线平行于 y 轴,只能用一般式直线的垂直表示.

2. 点与圆的位置关系

点 $P(x_1, y_1)$ 与圆 $(x-a)^2 + (y-b)^2 = r^2$ 的位置关系:

(1) 当 $(x_1-a)^2 + (y_1-b)^2 > r^2$ 时,则点 P 在圆外;

(2) 当 $(x_1-a)^2 + (y_1-b)^2 = r^2$ 时,则点 P 在圆上;

(3) 当 $(x_1-a)^2 + (y_1-b)^2 < r^2$ 时,则点 P 在圆内.

3. 直线与圆的位置关系

(1) 直线与圆的位置关系有三种 $\left(\text{设圆心到直线的距离为 } d, d = \dfrac{|Ax+By+C|}{\sqrt{A^2+B^2}}, \text{圆的半径为 } r\right)$.

几何法:① 相离: $d > r$

　　　　② 相切: $d = r$

　　　　③ 相交: $d < r$

相交时,直线被圆所截得的弦长为 $l = 2\sqrt{r^2 - d^2}$.

若已知直线方程 $Ax + By + C = 0$,圆方程 $(x-a)^2 + (y-b)^2 = r^2$ 或 $x^2 + y^2 + Dx + Ey + F = 0$.

代数法:联立方程组 $\begin{cases} Ax + By + C = 0 \\ (x-a)^2 + (y-b)^2 = r^2 \end{cases} \xrightarrow{\text{消元}} $ 一元二次方程 $\xrightarrow{\Delta = b^2 - 4ac} \begin{cases} \Delta > 0: \text{相交} \\ \Delta = 0: \text{相切} \\ \Delta < 0: \text{相离} \end{cases}$

总裁有话说:有些题目利用代数法做更方便,只需当一个没有感情的计算机器即可.

(2) 平移问题

曲线 $y = f(x)$,向上平移 a 个单位 $(a > 0)$,方程变为 $y = f(x) + a$;

曲线 $y = f(x)$,向下平移 a 个单位 $(a > 0)$,方程变为 $y = f(x) - a$;

曲线 $y = f(x)$,向左平移 a 个单位 $(a > 0)$,方程变为 $y = f(x+a)$;

曲线 $y = f(x)$,向右平移 a 个单位 $(a > 0)$,方程变为 $y = f(x-a)$.

(3) 切线问题

求圆的切线方程,设切线方程为 $y = k(x-a) + b$.

解题要点:缺半径,添半径.

解题方法:1. 利用切线与半径垂直,用斜率相乘得 -1 求解;

　　　　　　2. 利用点到直线距离等于半径,确定切线方程.

过圆上某点 $P(x_0,y_0)$ 的切线方程求解

① 已知圆 $x^2+y^2=r^2$，则圆上过点 P 的切线方程为 $x_0x+y_0y=r^2$；

② 已知圆 $(x-a)^2+(y-b)^2=r^2$，则圆上过点 P 的切线方程为 $(x_0-a)(x-a)+(y_0-b)\times(y-b)=r^2$．

4. 圆与圆的位置关系

已知两圆的方程：

圆 $C_1:(x-a_1)^2+(y-b_1)^2=r_1^2$，圆心为 $C_1(a_1,b_1)$，半径为 r_1，

圆 $C_2:(x-a_2)^2+(y-b_2)^2=r_2^2$，圆心为 $C_2(a_2,b_2)$，半径为 r_2，

两圆的圆心距 $d=|C_1C_2|$．

两圆的位置关系	几何距离	公切线
外离	$d>r_1+r_2$	4
外切	$d=r_1+r_2$	3
相交	$|r_1-r_2|<d<r_1+r_2$	2
内切	$d=|r_1-r_2|$	1
内含	$0\leqslant d<|r_1-r_2|$	0

🏛 **总裁有话说**：两圆位置关系为相交、内切、内含时，涉及两个半径值差．如果已知半径的大小，则直接用大半径减小半径，如果不知半径的大小，则必须添绝对值符号．若两圆相交，其交线的垂直平分线即为两圆圆心所在的直线．

❀ **例1**：$a=-4$．

(1) 点 $A(1,0)$ 关于直线 $x-y+1=0$ 的对称点是 $A'\left(\dfrac{a}{4},-\dfrac{a}{2}\right)$．

(2) 直线 $l_1:(2+a)x+5y=1$ 与直线 $l_2:ax+(2+a)y=2$ 垂直．

答案：A 解析：条件(1)AA' 所在直线的斜率 $k_{AA'}=\dfrac{0+\dfrac{a}{2}}{1-\dfrac{a}{4}}=-1$，解得 $a=-4$，条件(1)充分；

条件(2)两直线垂直 $(2+a)a+5(2+a)=0$，$(2+a)(a+5)=0$，所以 $a=-5$ 或 $a=-2$，条件(2)不充分，选 A．

🏛 **总裁有话说**：若用斜截式直线求解，由条件(2)两直线垂直，得到 $-\dfrac{2+a}{5}\times\dfrac{-a}{2+a}=-1$，解得 $a=-5$，会有漏解．

❀ **例2**：已知直线 l 过点 $(-2,0)$，斜率为 k，则直线 l 与圆 $x^2+y^2=2x$ 没有交点．

(1)$k<-\sqrt{2}$．

(2)$-\dfrac{\sqrt{2}}{4}\leqslant k\leqslant\dfrac{\sqrt{2}}{4}$．

答案：A 方法一解析：

已知直线 l 为 $y=k(x+2)$，圆方程标准化：$(x-1)^2+y^2=1$，圆心为 $(1,0)$，$r=1$，直线与圆无

交点，故圆心到直线的距离 $d=\dfrac{|3k|}{\sqrt{k^2+1}}>1$，两边同时平方有 $\dfrac{9k^2}{k^2+1}>1$，解得 $k^2>\dfrac{1}{8}$，$k>\dfrac{\sqrt{2}}{4}$ 或

$k<-\dfrac{\sqrt{2}}{4}$，条件 (2) 不充分，条件 (1) 充分，选 A.

方法二解析：

已知直线 $l:y=k(x+2)$，将直线代入圆 $x^2+y^2=2x$，有 $x^2+k^2(x+2)^2=2x$，化简合并得：

$(k^2+1)x^2+(4k^2-2)x+4k^2=0$. 没有交点，故 $\Delta<0$，有 $\Delta=(4k^2-2)^2-16k^2(k^2+1)<0$，解

得 $k^2>\dfrac{1}{8}$，$k>\dfrac{\sqrt{2}}{4}$ 或 $k<-\dfrac{\sqrt{2}}{4}$，条件 (2) 不充分，条件 (1) 充分，选 A.

◆例 3：(2017) 圆 $x^2+y^2-ax-by+c=0$ 与 x 轴相切，则能确定 c 的值.

(1) 已知 a 的值.

(2) 已知 b 的值.

答案：A 方法一解析：

$$圆\left(x-\frac{a}{2}\right)^2+\left(y-\frac{b}{2}\right)^2=\frac{a^2+b^2-4c}{4} 与 x 轴相切 \xleftarrow{\ x 轴为 y=0\ } \left|\frac{b}{2}\right|=\sqrt{\frac{a^2+b^2-4c}{4}}，得$$

到 $c=\dfrac{a^2}{4}$. 条件 (1) 已知 a 的值，即可确定 c 的值；条件 (2) 已知 b 的值，与 c 无关，不充分，选 A.

方法二解析：

已知 x 轴为 $y=0$，将 $y=0$ 代入圆中，有 $x^2-ax+c=0$，相切即 $\Delta=0$，有 $a^2-4c=0$，c 的值

仅与 a 有关，选 A.

◆例 4：(2018) 设 a,b 为实数，则圆 $x^2+y^2=2y$ 与直线 $x+ay=b$ 不相交.

(1) $|a-b|>\sqrt{1+a^2}$.

(2) $|a+b|>\sqrt{1+a^2}$.

答案：A 解析：圆 $x^2+(y-1)^2=1$ 与直线 $x+ay-b=0$ 不相交等价于圆心 $(0,1)$ 到直线的

距离 $d=\dfrac{|a-b|}{\sqrt{1+a^2}}>1$，得到 $|a-b|>\sqrt{1+a^2}$，所以条件 (1) 充分，条件 (2) 不充分，选 A.

◆例 5：设 P 是圆 $x^2+y^2=2$ 上的一点，该圆在点 P 的切线平行于直线 $x+y+2=0$，则点 P 的

坐标可以为（　　）.

    A. $(-1,1)$　　　B. $(1,-1)$　　　C. $(0,\sqrt{2})$　　　D. $(\sqrt{2},0)$　　　E. $(1,1)$

答案：E 解析：设圆上一点 $P(a,b)$，该圆在点 P 的切线平行于直线 $x+y+2=0$，所以 OP 垂

直于直线 $x+y+2=0$，可得 $\begin{cases} a^2+b^2=2, \\ \dfrac{b}{a}\times(-1)=-1, \end{cases}$　可以解出 $a=b=1$ 或 $a=b=-1$，选 E.

总裁有话说：画草图可以判断出圆 $x^2+y^2=2$ 平行于直线 $x+y+2=0$ 的切线的切点应该在

第一或第三象限，只有 E 选项在第一象限.

例6：圆 $C_1:\left(x-\dfrac{3}{2}\right)^2+(y-2)^2=r^2$ 与圆 $C_2:x^2-6x+y^2-8y=0$ 有交点.

(1) $0<r<\dfrac{5}{2}$.

(2) $r>\dfrac{15}{2}$.

答案：E 解析：圆 $C_1:\left(x-\dfrac{3}{2}\right)^2+(y-2)^2=r^2$，其圆心 $O_1\left(\dfrac{3}{2},2\right)$，半径为 r；圆 $C_2:x^2-6x+y^2-8y=0$ 化为标准型 $(x-3)^2+(y-4)^2=5^2$，其圆心 $O_2(3,4)$，半径为 5. 两圆的圆心距 $d=$

$\sqrt{\left(3-\dfrac{3}{2}\right)^2+(4-2)^2}=\dfrac{5}{2}$，两圆有交点，即 $|r-5|\leqslant\dfrac{5}{2}\leqslant r+5$，解得 $\dfrac{5}{2}\leqslant r\leqslant\dfrac{15}{2}$，所以条件(1)

与条件(2)都不充分且不能联合，选 E.

总裁有话说：两圆有交点可以是内切、相交、外切三种情况.

例7：若圆 $(x-a)^2+(y-a)^2=1(a>0)$ 上总存在两个不同的点到原点的距离为1，则 a 的取值范围是（ ）.

A. $(0,\sqrt{2})$ B. $(-\sqrt{2},\sqrt{2})$ C. $(-\sqrt{2},0)$ D. $(-1,1)$ E. 以上均不正确

答案：A 解析：圆 $(x-a)^2+(y-a)^2=1(a>0)$ 上总存在两个不同的点到原点的距离为1，转化为以原点为圆心，1为半径的圆与已知圆相交，可得 $1-1<\sqrt{a^2+a^2}<1+1$，可得 $0<\sqrt{2}a<2$，即 $a\in(0,\sqrt{2})$，选 A.

例8：(2015) 已知直线 L 是圆 $x^2+y^2=5$ 在点 $(1,2)$ 处的切线，则 L 在 y 轴上的截距为（ ）.

A. $\dfrac{2}{5}$ B. $\dfrac{2}{3}$ C. $\dfrac{3}{2}$ D. $\dfrac{5}{2}$ E. 5

答案：D 方法一解析：

设切线 L 为 $y-2=k(x-1)$，即 $kx-y+(2-k)=0$，则圆心 $(0,0)$ 到 L 的距离为 $d=\dfrac{|2-k|}{\sqrt{k^2+1}}$

$=\sqrt{5}$，$k=-\dfrac{1}{2}$，所以直线为 $y-2=-\dfrac{1}{2}(x-1)$，令 $x=0$，得 L 在 y 轴上的截距为 $\dfrac{5}{2}$，选 D.

方法二解析：

点 $A(1,2)$ 在圆上，则 $k_{OA}\times k_L=-1$，$k_L=-\dfrac{1}{2}$，所以直线为 $y-2=-\dfrac{1}{2}(x-1)$，令 $x=0$，得

L 在 y 轴上的截距为 $\dfrac{5}{2}$，选 D.

总裁有话说：要知道截距，必须知道直线方程. 利用过圆 $x^2+y^2=r^2$ 上一点 $P(x_0,y_0)$ 的切线

方程为 $xx_0+yy_0=r^2$，则 L 为 $x\times1+y\times2=5$，所以 $y=-\dfrac{1}{2}x+\dfrac{5}{2}$，得到 L 在 y 轴上的截距为

$\dfrac{5}{2}$，选 D.

例9：(2018) 已知圆 $C:x^2+(y-a)^2=b$，若圆 C 在点 $(1,2)$ 处的切线与 y 轴的交点为 $(0,3)$，

则 $ab=$（ ）.

A. -2 B. -1 C. 0 D. 1 E. 2

答案: E   解析:已知圆 C 的圆心为 $(0,a)$,半径为 $\sqrt{b}$,切线过点 $(1,2)$,$(0,3)$,则切线斜率 $k=\dfrac{2-3}{1-0}=-1$,圆心与切点连线斜率为 1,即 $\dfrac{a-2}{0-1}=1$,则 $a=1$,$b=(0-1)^2+(1-2)^2=2$,所以 $ab=2$,选 E.

四、考点精析:距离问题

题型分类:

1. 两点间的距离公式: $d=\sqrt{(x_1-x_2)^2+(y_1-y_2)^2}$.

2. 点到直线距离公式: $d=\dfrac{|Ax_0+By_0+C|}{\sqrt{A^2+B^2}}$.

3. 平行直线间的距离:已知 $l_1:Ax+By+C_1=0$ 与 $l_2:Ax+By+C_2=0$ 之间的距离为 $d=\dfrac{|C_1-C_2|}{\sqrt{A^2+B^2}}$.

例1: 一抛物线以 y 轴为对称轴,且过点 $\left(-1,\dfrac{1}{2}\right)$ 及原点,已知直线 l 过点 $\left(1,\dfrac{5}{2}\right)$ 和点 $\left(0,\dfrac{3}{2}\right)$,则直线 l 被抛物线截得的线段长度为(   ).

A. $4\sqrt{2}$ B. $3\sqrt{2}$ C. $4\sqrt{3}$ D. $3\sqrt{3}$ E. $2\sqrt{2}$

答案: A   解析:抛物线以 y 轴为对称轴,过原点,抛物线方程为 $y=ax^2$,过点 $\left(-1,\dfrac{1}{2}\right)$,得抛物线方程为 $y=\dfrac{1}{2}x^2$.直线过点 $\left(1,\dfrac{5}{2}\right)$ 和点 $\left(0,\dfrac{3}{2}\right)$,可得直线方程为 $y=x+\dfrac{3}{2}$,解方程组

$$\begin{cases} y=\dfrac{1}{2}x^2, \\ y=x+\dfrac{3}{2}, \end{cases}$$
得到抛物线与直线的交点为 $\left(3,\dfrac{9}{2}\right)$ 与 $\left(-1,\dfrac{1}{2}\right)$,两点之间的距离为 $4\sqrt{2}$,选 A.

例2: 直线 l 是圆 $x^2-2x+y^2+4y=0$ 的一条切线.

(1) $l:x-2y=0$.

(2) $l:2x-y=0$.

答案: A   解析:圆 $(x-1)^2+(y+2)^2=5$,圆心为 $(1,-2)$,验证圆心到直线的距离 d 等于圆的半径 r 即可.

条件(1) $x-2y=0$,$d=\dfrac{|1-2\times(-2)|}{\sqrt{1^2+(-2)^2}}=\sqrt{5}$,条件(1) 充分;

条件(2) $2x-y=0$,$d=\dfrac{|2\times1-(-2)|}{\sqrt{2^2+(-1)^2}}=\dfrac{4}{\sqrt{5}}$,条件(2) 不充分,选 A.

五、考点精析:直线方程

直线	方程	注意
斜截式	$y = kx + b$	倾斜角若为 90° 的直线,没有斜率,不能用该式表示
点斜式	$y - y_0 = k(x - x_0)$	倾斜角若为 90° 的直线,没有斜率,不能用该式表示
截距式	$\dfrac{x}{a} + \dfrac{y}{b} = 1$	过原点(0,0)及与两坐标轴平行的直线无法用该式表示
一般式	$Ax + By + C = 0(A,B$ 不全为 0)	A,B 不能同时等于 0

总裁有话说:1. 斜截式、截距式都可看作是点斜式的变形,如果用斜率做题,切记不可遗漏垂直于 x 轴的直线;

2. 截距相等,不能遗漏过原点的直线;截距式若考查两坐标轴所围三角形面积需注意要带绝对值.

六、考点精析:平面几何与解析几何综合问题

解题方法:有图看图,没图画图

例 1:两直线 $y = x + 1$,$y = ax + 7$ 与 x 轴所围成的面积是 $\dfrac{27}{4}$.

(1)$a = -3$.

(2)$a = -2$.

答案:B　解析:条件(1)$y = x + 1$,$y = -3x + 7$,因此围成的三角形的面积 $S = \dfrac{1}{2} \times \left(\dfrac{7}{3} + 1 \right) \times$

$\dfrac{5}{2} = \dfrac{25}{6} \neq \dfrac{27}{4}$,条件(1) 不充分;条件(2)$y = x + 1$,$y = -2x + 7$,因此围成的三角形的面积 $S = \dfrac{1}{2} \times$

$\left(\dfrac{7}{2} + 1 \right) \times 3 = \dfrac{27}{4}$,条件(2) 充分,选 B.

总裁有话说:画图,根据图像找交点求解速度更快.

例 2:已知 x,y 是实数,则 $x^2 + y^2 \geqslant 1$.

(1)$4y - 3x \geqslant 5$.

(2)$(x - 1)^2 + (y - 1)^2 \geqslant 5$.

答案:A　解析:$\sqrt{x^2 + y^2}$ 表示点 (x,y) 到原点的距离.条件(1)若 $4y - 3x \geqslant 5$ 见下页左图,

则 $d = \sqrt{x^2 + y^2} \geqslant \dfrac{5}{\sqrt{4^2 + 3^2}} = 1$,即 $x^2 + y^2 \geqslant 1$,条件(1) 充分;

条件(2)若 $(x - 1)^2 + (y - 1)^2 \geqslant 5$ 见下页右图,则 $x^2 + y^2 \geqslant \sqrt{5} - \sqrt{2}$,又因为 $\sqrt{5} - \sqrt{2} < 1$,条件(2) 不充分,选 A.

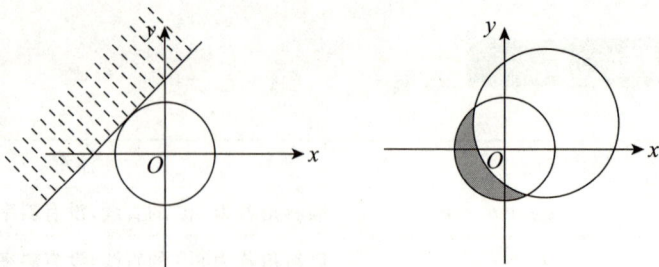

♦ **例 3**：过点 $A(2,0)$ 向圆 $x^2 + y^2 = 1$ 作两条切线 AM 和 AN（见右图），则两切线和弧 MN 所围成的面积（图中阴影部分）为（　　）.

A. $1 - \dfrac{\pi}{3}$　　　　B. $1 - \dfrac{\pi}{6}$　　　　C. $\dfrac{\sqrt{3}}{2} - \dfrac{\pi}{6}$

D. $\sqrt{3} - \dfrac{\pi}{6}$　　　　E. $\sqrt{3} - \dfrac{\pi}{3}$

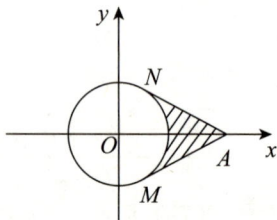

答案：E　解析：如右图，连接 O，N 两点，$ON = 1$，$OA = 2$，从而 $AN = \sqrt{3}$，$\angle NOA = 60°$，所求阴影部分面积为 $2 \times \left(\dfrac{1}{2} \times \sqrt{3} \times 1 - \dfrac{1}{6} \times \pi \times 1^2 \right) = \sqrt{3} - \dfrac{\pi}{3}$，选 E.

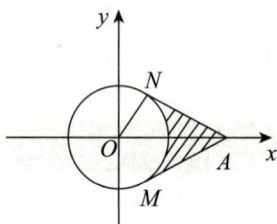

七、考点精析：最值问题

题型分类：

1. 几何意义求最值，求解圆上某点到直线距离的最值.

2. 求圆上一点，横纵坐标之间代数和的最值，形如 $ax + by$.

3. 求圆上一点，横纵坐标的比例最值，形如 $\dfrac{y - b}{x - a}$.

4. 求多边形上一点，横纵坐标之间代数和或差的最值，形如 $ax \pm by$.

5. 求直线上一点 P，直线外两点 M，N 代数和的最值，形如 $MP + NP$ 的最小值.

解题方法：

1. 利用圆心到直线的距离 + 半径，即可得到圆上某点到直线距离的最大值；利用圆心到直线的距离 - 半径，即可得到圆上某点到直线距离的最小值.

2. 设 $k = ax + by$，即得到 $y = -\dfrac{a}{b}x + \dfrac{k}{b}$，可转化为求动直线截距的最值，与圆相切时取得最值，或用代数法求解，或利用参数方程求解：已知圆的方程 $(x - a)^2 + (y - b)^2 = r^2$，参数方程为 $\begin{cases} x = a + r \cdot \cos \theta, \\ y = b + r \cdot \sin \theta, \end{cases}$ 辅助角公式：$a \cdot \sin \theta + b \cdot \cos \theta = \sqrt{a^2 + b^2} \sin(\theta + \varphi)$，其中 $\tan \varphi = \dfrac{b}{a}$.

3. 设 $k = \dfrac{y - b}{x - a}$，转化为求定点 (a, b) 与动点 (x, y) 所连直线的斜率范围，或用代数法求解.

4. 边界点处取最值.

5. 利用对称求最值.

例1：圆 $x^2+y^2-4x-4y-10=0$ 上的点，到直线 $x+y-14=0$ 的最大距离和最小距离之差是（　　）.

　　A. 36　　　　　　B. 18　　　　　　C. $6\sqrt{2}$　　　　　　D. $5\sqrt{2}$　　　　　　E. $3\sqrt{2}$

　　答案：C　解析：将圆的一般方程标准化：$(x-2)^2+(y-2)^2=18$，故圆心为 $(2,2)$，半径为 $3\sqrt{2}$，则圆心到直线距离为 $d=\dfrac{|2+2-14|}{\sqrt{2}}=5\sqrt{2}$，圆上一点到直线距离最大值为 $d+r=5\sqrt{2}+3\sqrt{2}=8\sqrt{2}$，最小值为 $d-r=5\sqrt{2}-3\sqrt{2}=2\sqrt{2}$，所以最大距离与最小距离之差为 $8\sqrt{2}-2\sqrt{2}=6\sqrt{2}$，即为直径，选 C.

例2：设 A,B 分别是圆 $(x-3)^2+(y-\sqrt{3})^2=3$ 上使得 $\dfrac{y}{x}$ 取到最大值和最小值的点，O 是坐标原点，则 $\angle AOB$ 的大小为（　　）.

　　A. $\dfrac{\pi}{2}$　　　　B. $\dfrac{\pi}{3}$　　　　C. $\dfrac{\pi}{4}$　　　　D. $\dfrac{\pi}{6}$　　　　E. $\dfrac{5\pi}{12}$

　　答案：B　方法一解析：

　　圆与 x 轴相切，设圆心为 C 点，得到 $\angle AOB=2\angle COB=2\times\dfrac{\pi}{6}=\dfrac{\pi}{3}$，选 B.

　　方法二解析：（代数法）

　　设 $k=\dfrac{y}{x}$，则 $y=kx$，将 $y=kx$ 代入圆方程中，有 $x^2-6x+9+k^2x^2-2\sqrt{3}kx=0$，合并有 $(k^2+1)x^2-(6+2\sqrt{3}k)x+9=0$，因为 A,B 两点只能在圆周上，故 $\Delta\geqslant 0$，有 $(6+2\sqrt{3}k)^2-36(k^2+1)\geqslant 0$，合并得 $k^2-\sqrt{3}k\leqslant 0$，则 k 的取值范围是 $0\leqslant k\leqslant\sqrt{3}$，又因为 $\tan 60°=\sqrt{3}$，故 $\angle AOB=\dfrac{\pi}{3}$，选 B.

例3：已知动点 $P(x,y)$ 在圆 $(x-2)^2+y^2=1$ 上，则 $\dfrac{y}{x}$ 的最大值为（　　）.

　　A. $\sqrt{3}$　　　　B. $\sqrt{2}$　　　　C. $\dfrac{\sqrt{3}}{3}$　　　　D. $\dfrac{\sqrt{2}}{2}$　　　　E. 1

　　答案：C　方法一解析：

　　$\dfrac{y}{x}=\dfrac{y-0}{x-0}$，故 $\dfrac{y}{x}=k$ 可表示为点 (x,y) 与原点 $(0,0)$ 连线的斜率，直线与圆相切时取得最值，圆心 $(2,0)$ 到直线 $kx-y=0$ 距离为 1，有 $\dfrac{|2k|}{\sqrt{1+k^2}}=1$，所以 $k^2=\dfrac{1}{3}$，$k=\pm\dfrac{\sqrt{3}}{3}$，所以 $\dfrac{y}{x}$ 的最大值为 $\dfrac{\sqrt{3}}{3}$，选 C.

　　方法二解析：（代数法）

　　令 $\dfrac{y}{x}=k$，有 $y=kx$，将 $y=kx$ 代入圆方程中，得到 $(x-2)^2+k^2x^2=1$，合并有 $(k^2+1)x^2-4x+3=0$，因为 P 点在圆上，故 $\Delta\geqslant 0$，即 $16-12(k^2+1)\geqslant 0$，解得 $k^2\leqslant\dfrac{1}{3}$，所以 k 的取值范围是 $-\dfrac{\sqrt{3}}{3}\leqslant k\leqslant\dfrac{\sqrt{3}}{3}$，因此 $\dfrac{y}{x}$ 的最大值为 $\dfrac{\sqrt{3}}{3}$，选 C.

例4：若实数 x,y 满足 $x^2+y^2-2x+4y=0$，则 $x-2y$ 的最大值是（　　）.

　　A. $\sqrt{5}$　　　　B. 10　　　　C. 9　　　　D. $5+2\sqrt{5}$　　　　E. $2+5\sqrt{2}$

答案:B 方法一解析:

令 $x-2y=k$,该直线 $x-2y-k=0$ 与圆相切时 $x-2y$ 可取得最值,将圆方程标准化有:$(x-1)^2+(y+2)^2=5$,圆心为 $(1,-2)$,半径 $r=\sqrt{5}$,直线与圆相切有 $\dfrac{|1\cdot1+(-2)\times(-2)-k|}{\sqrt{1^2+2^2}}=\sqrt{5}$,解得 $k=10$ 或 0,所以 $x-2y$ 最大值为 10,选 B.

方法二解析:

令 $x-2y=k$,$x=k+2y$,将 x 代入圆方程中,$(k+2y)^2+y^2-2(k+2y)+4y=0$,合并有 $5y^2+4ky+k^2-2k=0$,因为 (x,y) 在圆上,所以 $\Delta\geqslant0$,即 $16k^2-20(k^2-2k)\geqslant0$,解得 $k(k-10)\leqslant0$,所以 k 的取值范围是 $0\leqslant k\leqslant10$,故最大值为 10,选 B.

方法三解析:

将圆方程标准化有:$(x-1)^2+(y+2)^2=5$,圆心为 $(1,-2)$,半径 $r=\sqrt{5}$,参数方程为 $\begin{cases} x=1+\sqrt{5}\times\cos\theta, \\ y=-2+\sqrt{5}\times\sin\theta, \end{cases}$ 代入 $x-2y$ 中,有 $1+\sqrt{5}\times\cos\theta+4-2\sqrt{5}\times\sin\theta$,此时 $\sqrt{5}\times\cos\theta-2\sqrt{5}\times\sin\theta$ 最大值为 $\sqrt{(\sqrt{5})^2+(-2\sqrt{5})^2}=5$,故 $x-2y$ 的最大值为 $1+4+5=10$,选 B.

例 5:(2018)已知点 $P(m,0)$,$A(1,3)$,$B(2,1)$,点 (x,y) 在三角形 PAB 上.则 $x-y$ 的最小值与最大值分别为 -2,1.

(1)$m\leqslant1$.

(2)$m\geqslant-2$.

答案:C 解析:边界点处取最值,将 P,A,B 三点坐标分别代入 $x-y$ 中,P 点代入,$x-y=m$,A 点代入,$x-y=1-3=-2$,B 点代入,$x-y=2-1=1$,因此当 m 在 $[-2,1]$ 时,可知 $x-y$ 最小值为 -2,最大值为 1,因此联合充分,选 C.

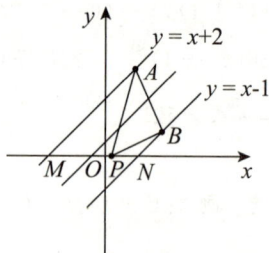

八、考点精析:对称问题

题型分类:

1. 点的对称

(1)两点关于点对称:利用中点坐标求解.

(2)两直线关于点对称:前提是两条直线平行,利用点到两平行线的距离相等求解.

(3)两圆关于点对称:利用中点坐标求解对称圆的圆心.

2. 直线对称

(1)两点关于直线对称:已知点 $P_1(x_1,y_1)$,对称轴为 $Ax+By+C=0$,求 $P_2(x_2,y_2)$,根据 P_1,P_2 中点在对称轴上,并且 P_1,P_2 所连直线与对称轴垂直,斜率相乘为 -1,列方程组求解.

(2)两平行直线关于直线对称:已知直线 $Ax+By+C_1=0$,对称轴为 $Ax+By+C=0$,求对称直线 $Ax+By+C_2=0$,根据对称轴到两对称直线距离相等可得 $2C=C_1+C_2$.

(3)两相交直线关于直线对称:已知直线 l_1,对称轴为 l,求对称直线 l_2,根据 l_1 和 l 交点 P,在直线 l_1 上任取一点 M,求 M 关于直线 l 的对称点 M',利用直线方程求出 PM' 方程,即为 l_2.

（4）两圆关于直线对称：已知圆方程为 $(x-a)^2+(y-b)^2=r^2$，对称轴为 $Ax+By+C=0$，求对称圆，根据已知圆方程圆心 (a,b) 求得关于对称轴对称的点 (a',b')，两圆对称半径相等，得到对称圆的方程为 $(x-a')^2+(y-b')^2=r^2$.

3. 特殊对称

	点坐标 (x,y)	直线方程 $Ax+By+C=0$
关于 x 轴对称	$(x,-y)$	$Ax-By+C=0$
关于 y 轴对称	$(-x,y)$	$-Ax+By+C=0$
关于原点对称	$(-x,-y)$	$-Ax-By+C=0$
关于直线 $y=x$ 对称	(y,x)	$Ay+Bx+C=0$
关于直线 $y=-x$ 对称	$(-y,-x)$	$Ay+Bx-C=0$

例1：（2019）设圆 C 与圆 $(x-5)^2+y^2=2$ 关于 $y=2x$ 对称，则圆 C 的方程为（　　）.

A. $(x-3)^2+(y-4)^2=2$　　　　B. $(x+4)^2+(y-3)^2=2$

C. $(x-3)^2+(y+4)^2=2$　　　　D. $(x+3)^2+(y+4)^2=2$

E. $(x+3)^2+(y-4)^2=2$

答案：E　解析：已知两圆关于直线对称，转化为两圆上的点关于直线对称，根据半径不变求解即可，根据圆心 $(5,0)$，对称直线 $y=2x$，可知圆 C 的圆心 (a,b) 与 $(5,0)$ 中点在对称直线上，两圆圆心连线与对称直线互相垂直，有 $\begin{cases} 2\times\dfrac{a+5}{2}=\dfrac{b+0}{2}, \\ \dfrac{b-0}{a-5}\times 2=-1, \end{cases}$ 得到圆 C 的圆心为 $(-3,4)$，半径不变，所以方程为 $(x+3)^2+(y-4)^2=2$，选 E.

例2：点 $(0,4)$ 关于直线 $2x+y+1=0$ 的对称点是（　　）

A. $(2,0)$　　　　B. $(-3,0)$　　　　C. $(-6,1)$　　　　D. $(4,2)$　　　　E. $(-4,2)$

答案：E　解析：设对称点的坐标为 (a,b)，则 $\begin{cases} \dfrac{b-4}{a-0}\times(-2)=-1, \\ 2\times\dfrac{a+0}{2}+\dfrac{b+4}{2}+1=0, \end{cases}$ 解得 $\begin{cases} a=-4, \\ b=2, \end{cases}$ 选 E.

例3：以直线 $y+x=0$ 为对称轴且与直线 $y-3x=2$ 对称的直线方程为（　　）.

A. $y=\dfrac{x}{3}+\dfrac{2}{3}$　　B. $y=-\dfrac{x}{3}+\dfrac{2}{3}$　C. $y=-3x-2$　　D. $y=-3x+2$　　E. 以上均不正确

答案：A　方法一解析：

设直线 l 为 $y-3x=2$，l 与 x 轴的交点为 $A\left(-\dfrac{2}{3},0\right)$，$l$ 与 y 轴的交点为 $B(0,2)$，$A\left(-\dfrac{2}{3},0\right)$ 以直线 $y+x=0$ 为对称轴的对称点为 $A'\left(0,\dfrac{2}{3}\right)$，$B(0,2)$ 以直线 $y+x=0$ 为对称轴的对称点为 $B'(-2,0)$，所求对称直线一定过 A'，B' 两点，两点确立一条直线，方程为 $y=\dfrac{x}{3}+\dfrac{2}{3}$，选 A.

方法二解析：

直线 $y+x=0$ 与直线 $y-3x=2$ 的交点为 $\left(-\dfrac{1}{2},\dfrac{1}{2}\right)$，设对称直线斜率为 k，有 $\left|\dfrac{k-(-1)}{1+(-1)k}\right|=\left|\dfrac{3-(-1)}{1+(-1)\times3}\right|$，解得 $k=\dfrac{1}{3}$ 或 $k=3$（舍去），所以直线方程为 $y-\dfrac{1}{2}=\dfrac{1}{3}\left(x+\dfrac{1}{2}\right)$，化简为 $y=\dfrac{x}{3}+\dfrac{2}{3}$，选 A.

方法三解析：

设对称直线上任意一点 (x,y) 关于直线 $y+x=0$ 的对称点为 $(-y,-x)$ 在直线 $y-3x=2$ 上，所以 $(-x)-3(-y)=2$，即 $y=\dfrac{x}{3}+\dfrac{2}{3}$，选 A.

总裁有话说：方法一转化为点关于直线对称的问题，方法二利用对称直线与对称轴夹角相同，方法三只有对称轴比较特殊的情况下才能使用.

例 4：直线 l 与直线 $2x+3y=1$ 关于 x 轴对称.

(1) $l:2x-3y=1$.

(2) $l:3x+2y=1$.

答案：A 解析：$2x+3y=1$ 关于 x 轴的对称直线为 $2x+3(-y)=1$，条件(1)充分，条件(2)不充分，选 A.

第三节 业精于勤

1. 已知直线 $\dfrac{x}{a}+\dfrac{y}{b}=1$ 过点 $(2,3)$，且 a,b 均大于零，则直线与坐标轴所围成三角形的面积最小为（　　）.

A.8　　　　　B.9　　　　　C.11　　　　　D.12　　　　　E.16

2.(200901) 圆 $(x+1)^2+(y-1)^2=1$ 与 x 轴交于 A 点，与 y 轴交于 B 点，则与此圆相切于劣弧 AB 中点 M（小于半圆的弧为劣弧）的切线方程为（　　）.

A. $y=x+2-\sqrt{2}$　　　　　B. $y=x+1-\dfrac{1}{\sqrt{2}}$　　　　　C. $y=x-1+\dfrac{1}{\sqrt{2}}$

D. $y=x-2+\sqrt{2}$　　　　　E. $y=x+1-\sqrt{2}$

3.(200910) 曲线 $x^2-2x+y^2=0$ 上的点到直线 $3x+4y-12=0$ 的最短距离是（　　）.

A. $\dfrac{3}{5}$　　　　　B. $\dfrac{4}{5}$　　　　　C.1　　　　　D. $\dfrac{4}{3}$　　　　　E. $\sqrt{2}$

4.(201001) 已知直线 $ax-by+3=0(a>0,b>0)$ 过圆 $x^2+4x+y^2-2y+1=0$ 的圆心，则 ab 的最大值为（　　）.

A. $\dfrac{9}{16}$　　　　　B. $\dfrac{11}{16}$　　　　　C. $\dfrac{3}{4}$　　　　　D. $\dfrac{9}{8}$　　　　　E. $\dfrac{9}{4}$

5. (201010) 直线 $y = k(x+2)$ 是圆 $x^2 + y^2 = 1$ 的一条切线.

(1) $k = -\dfrac{\sqrt{3}}{3}$.

(2) $k = \dfrac{\sqrt{3}}{3}$.

6. (201410) 直线 $y = k(x+2)$ 与圆 $x^2 + y^2 = 1$ 相切.

(1) $k = \dfrac{1}{2}$.

(2) $k = \dfrac{\sqrt{3}}{3}$.

7. (2015) 若直线 $y = ax$ 与圆 $(x-a)^2 + y^2 = 1$ 相切,则 $a^2 = ($).

A. $\dfrac{1+\sqrt{3}}{2}$ B. $1 + \dfrac{\sqrt{3}}{2}$ C. $\dfrac{\sqrt{5}}{2}$ D. $1 + \dfrac{\sqrt{5}}{3}$ E. $\dfrac{1+\sqrt{5}}{2}$

8. (2016) 圆 $x^2 + y^2 - 6x + 4y = 0$ 上到原点距离最远的点是( ).

A. $(-3, 2)$ B. $(3, -2)$ C. $(6, 4)$ D. $(-6, 4)$ E. $(6, -4)$

9. (201101) 直线 $ax + by + 3 = 0$ 被圆 $(x-2)^2 + (y-1)^2 = 4$ 截得的线段的长度为 $2\sqrt{3}$.

(1) $a = 0, b = -1$.

(2) $a = -1, b = 0$.

10. (200910) 圆 $(x-3)^2 + (y-4)^2 = 25$ 与圆 $(x-1)^2 + (y-2)^2 = r^2 (r > 0)$ 相切.

(1) $r = 5 \pm 2\sqrt{3}$.

(2) $r = 5 \pm 2\sqrt{2}$.

11. (201201) 在直角坐标系中,若平面区域 D 中所有点的坐标 (x, y) 均满足:$0 \leqslant x \leqslant 6, 0 \leqslant y \leqslant 6, |y - x| \leqslant 3, x^2 + y^2 \geqslant 9$,则 D 的面积为( ).

A. $\dfrac{9}{4} \times (1 + 4\pi)$ B. $9 \times \left(4 - \dfrac{\pi}{4}\right)$ C. $9 \times \left(3 - \dfrac{\pi}{4}\right)$ D. $\dfrac{9}{4} \times (2 + \pi)$ E. $\dfrac{9}{4} \times (1 + \pi)$

12. (2021) 已知 $ABCD$ 是圆 $x^2 + y^2 = 25$ 的内接四边形,若 AC 是直线 $x = 3$ 与圆 $x^2 + y^2 = 25$ 的交点,则四边形 $ABCD$ 面积的最大值为( ).

A. 20   B. 24   C. 40   D. 48   E. 60

13. (2021) 设 a 为实数,圆 $C: x^2 + y^2 = ax + ay$,则能确定圆 C 的方程.

(1) 直线 $x + y = 1$ 与 C 相切.

(2) 直线 $x - y = 1$ 与 C 相切.

14. (2021) 设 x, y 为实数,则能确定 $x \leqslant y$.

(1) $x^2 \leqslant y - 1$.

(2) $x^2 + (y-2)^2 \leqslant 2$.

15. (201301) 已知平面区域 $D_1 = \{(x, y) \mid x^2 + y^2 \leqslant 9\}, D_2 = \{(x, y) \mid (x - x_0)^2 + (y - y_0)^2 \leqslant 9\}$ 则 D_1, D_2 覆盖区域的边界长度为 8π.

(1) $x_0^2 + y_0^2 = 9$.

(2) $x_0 + y_0 = 3$.

♦ 16. (201110) 已知直线 $y = kx$ 与圆 $x^2 + y^2 = 2y$ 有两个交点 A, B. 若 AB 的长度大于 $\sqrt{2}$, 则 k 的取值范围是(　　).

  A. $(-\infty, -1)$ B. $(-1, 0)$ C. $(0, 1)$

  D. $(1, +\infty)$ E. $(-\infty, -1) \bigcup (1, +\infty)$

♦ 17. (2016) 如右图, 点 A, B, O 的坐标分别为 $(4, 0)$, $(0, 3)$, $(0, 0)$, 若 (x, y) 是 $\triangle AOB$ 中的点, 则 $2x + 3y$ 的最大值为(　　).

  A. 6   B. 7   C. 8

  D. 9   E. 12

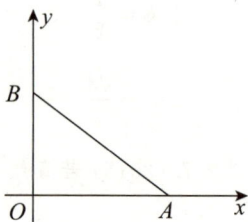

♦ 18. 已知 $\odot O_1$ 和 $\odot O_2$ 的半径分别为 2 和 m, 圆心距为 n, 且 2 和 m 是方程 $x^2 - 10x + n = 0$ 的根, 则两圆的位置关系是(　　).

  A. 相交   B. 外离   C. 内切   D. 外切   E. 有交点

♦ 19. 已知两圆相交于点 $A(1, 3)$ 和点 $B(m, -1)$, 两圆圆心都在直线 $l: x - y + c = 0$ 上, 则 $m + c$ 的值为 a.

  (1) $a = 1$.

  (2) $a = 3$.

♦ 20. $m = -3$.

  (1) 已知函数 $y = x^2 - (2m + 4)x + m^2 - 10$ 与 x 轴的两个交点之间的距离为 $2\sqrt{2}$.

  (2) 直线 $l_1: (m + 1)x + my - 2 = 0$ 与直线 $l_2: mx + 2y + 1 = 0$ 互相垂直.

♦ 21. 三条直线: $x = 1$, l_1, l_2 两两交于 A, B, C 三点, 则 $\triangle ABC$ 的周长为 16.

  (1) C 点坐标为 $(5, 1)$ 且 $|AB| = 6$.

  (2) l_1 与 l_2 关于直线 $y = 1$ 对称.

♦ 22. 直线过点 $\left(1, \dfrac{1}{2}\right)$ 且与圆 $x^2 + y^2 = 2$ 相交于 P, Q 两点, O 为原点, 且 $OP \perp OQ$, 则该直线的方程为(　　).

  A. $3x + 4y - 5 = 0$ B. $x = 1$ C. $x + y - 2 = 0$

  D. $4x + 3y - 5 = 0$ E. $3x + 4y - 5 = 0$ 或 $x = 1$

♦ 23. 圆 $y^2 = 4x - x^2$ 与直线 $x - y + k = 0$ 没有交点.

  (1) $k > 1$.

  (2) $k > 2$.

> ♦ 答案解析

1. **答案: D.** 由直线过点 $(2, 3)$ 得 $\dfrac{2}{a} + \dfrac{3}{b} = 1$, 又因为 a, b 均大于 0, 由均值不等式得 $\dfrac{2}{a} + \dfrac{3}{b} \geqslant 2\sqrt{\dfrac{6}{ab}}$, 即 $1 \geqslant 2\sqrt{\dfrac{6}{ab}}$, 解得 $ab \geqslant 24$, 所以三角形的面积为 $S = \dfrac{1}{2}ab \geqslant 12$, 选 D.

2. **答案:A.** 设所求切线方程为 $y = kx + b$,该切线平行于 AB,则 $k = k_{AB} = \dfrac{1-0}{0-(-1)} = 1$,所求

方程为 $y = x + b$.由圆心 $(-1, 1)$ 到切线的距离等于半径,得到 $\dfrac{|b-2|}{\sqrt{2}} = 1$,$b = 2 - \sqrt{2}(2 + \sqrt{2}$ 舍

去),因此所求直线方程为 $y = x + 2 - \sqrt{2}$,选 A.

总裁有话说:直线与圆相切问题,圆心到切线的距离等于半径.

3. **答案:B.** 所给圆的方程为 $(x-1)^2 + y^2 = 1$,圆心 $(1, 0)$ 到直线

$3x + 4y - 12 = 0$ 的距离 $d = \dfrac{|3-12|}{\sqrt{9+16}} = \dfrac{9}{5} > 1$(圆的半径),所给圆与直

线位置如右图所示,所以最短距离是 $d - r = \dfrac{9}{5} - 1 = \dfrac{4}{5}$,选 B.

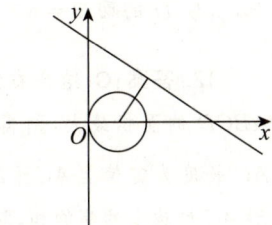

4. **答案:D.** 所给圆为 $(x+2)^2 + (y-1)^2 = 2^2$,将圆心 $(-2, 1)$ 代入

直线方程得到 $2a + b = 3$.

方法一:(利用二次函数)$ab = a(3-2a) = -2\left(a - \dfrac{3}{4}\right)^2 + \dfrac{9}{8}$,当 $a = \dfrac{3}{4}$,$b = 3 - 2a = \dfrac{3}{2}$ 时,

$ab = \dfrac{9}{8}$ 取最大值,选 D.

方法二:(利用均值不等式求最值)$3 = 2a + b \geqslant 2\sqrt{2ab}$,则 $ab \leqslant \left(\dfrac{3}{2}\right)^2 \times \dfrac{1}{2} = \dfrac{9}{8}$,当 $a = \dfrac{3}{4}$,

$b = \dfrac{3}{2}$ 时达到最值,选 D.

总裁有话说:解析几何为背景的题目,利用二次函数或者均值不等式求最值.

5. **答案:D.** 直线 $kx - y + 2k = 0$,利用圆心到直线的距离 d 等于圆的半径 r,得到 $\dfrac{|2k|}{\sqrt{k^2+1}} = 1$,

所以 $k = \pm\dfrac{\sqrt{3}}{3}$,选 D.

6. **答案:B.** 圆与直线相切,即圆心到直线的距离等于半径,$d = \dfrac{|2k|}{\sqrt{k^2+1}} = 1 = r$,解得 $k = \pm\dfrac{\sqrt{3}}{3}$,

即条件(1)不充分,条件(2)充分,选 B.

7. **答案:E.** 因为 $d = r$,所以可得到 $\dfrac{|a^2|}{\sqrt{a^2+1}} = 1$,得到 $a^4 = a^2 + 1$,$a^4 - a^2 - 1 = 0$,解得

$a^2 = \dfrac{1+\sqrt{5}}{2}$,负值舍去,选 E.

8. **答案:E.** $(x-3)^2 + (y+2)^2 = 13$,圆心为 $(3, -2)$,B 选项为圆心,排除;A,C,D 中的点不在

圆上,也排除;只有 E 选项中的点符合要求,选 E.

9. **答案:B.** 条件(1)直线 $y = 3$,圆心到直线的距离 $d = 2$,等于圆的半径,直线与圆相切,所以条

件(1)不充分;

条件(2)直线 $x = 3$,圆心到直线的距离 $d = 1$,所截得的弦长为 $2\sqrt{2^2 - 1^2} = 2\sqrt{3}$,所以条件(2)

充分,选 B.

10. 答案:B. 题干中两圆的圆心距 $d = \sqrt{(4-2)^2 + (3-1)^2} = 2\sqrt{2}$,两圆若相切,则需要 $d = 5 + r$ 或 $d = |r - 5|$,得 $r = 5 \pm 2\sqrt{2}$,故条件(2)充分,选 B.

11. 答案:C. $0 \leqslant x \leqslant 6, 0 \leqslant y \leqslant 6$ 表示边长为 6 的正方形,$|y - x| = 3$ 表示两条直线,一条为 $x - y = 3$,一条为 $y - x = 3$,所以区域 D 的面积为正方形面积减去两个直角三角形与一个扇形的面积,所以 D 的面积 $= 6 \times 6 - \dfrac{1}{4} \times \pi \times 3^2 - 2 \times \dfrac{1}{2} \times 3 \times 3 = 9\left(3 - \dfrac{\pi}{4}\right)$,选 C.

12. 答案:C. 结合右图(注意 $ABCD$ 的顶点顺序是顺次的),若使得四边形 $ABCD$ 的面积最大,则需要使 $\triangle ABC$ 与 $\triangle ACD$ 的面积和最大. 再由公共边 AC 长度为定值且 $AC = 2\sqrt{OA^2 - OE^2} = 2\sqrt{5^2 - 3^2} = 8$,则使得上述两个三角形 AC 底边上的高的和,取最大值即可,即高的和的最大值垂直于弦 AC 的直径 BD,此时可知四边形 $ABCD$ 最大面积为 $\dfrac{1}{2} AC \times BD = \dfrac{1}{2} \times 8 \times 10 = 40$,选 C.

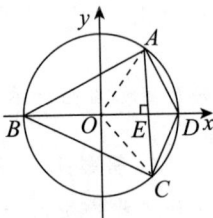

13. 答案:A. 方法一:(几何法)

由原方程转化为标准方程 $\Rightarrow \left(x - \dfrac{a}{2}\right)^2 + \left(y - \dfrac{a}{2}\right)^2 = \dfrac{a^2}{2}$,可知圆心为 $\left(\dfrac{a}{2}, \dfrac{a}{2}\right)$,半径为 $r = \dfrac{|a|}{\sqrt{2}}$.

条件(1):相切 $\Rightarrow d = r \Rightarrow \dfrac{\left|\dfrac{a}{2} + \dfrac{a}{2} - 1\right|}{\sqrt{2}} = \dfrac{|a|}{\sqrt{2}} \Leftarrow |a - 1| = |a| \Rightarrow a = \dfrac{1}{2}$,可知 a 唯一确定,则条件(1)充分;

条件(2):相切 $\Rightarrow d = r \Rightarrow \dfrac{\left|\dfrac{a}{2} - \dfrac{a}{2} - 1\right|}{\sqrt{2}} = \dfrac{|a|}{\sqrt{2}} \Leftarrow |a| = 1 \Rightarrow a = \pm 1$,此时,$a$ 不是唯一确定,则条件(2)不充分,选 A.

方法二:(代数法)

条件(1) 将 $y = 1 - x$ 代入圆方程 $x^2 + y^2 = ax + ay$,得 $2x^2 - 2x + (1 - a) = 0$,因为相切,故有且仅有两个相等的实根,故 $\Delta = 0$,有 $(-2)^2 - 4 \times 2(1 - a) = 0$,得 $a = \dfrac{1}{2}$,条件(1)充分;

条件(2) 将 $y = x - 1$ 代入圆方程 $x^2 + y^2 = ax + ay$,得 $x^2 + x^2 - 2x + 1 - ax - a(x - 1) = 0, 2x^2 - 2(1 + a)x + a + 1 = 0$,因为相切,故 $\Delta = 0$,有 $(-2)^2(1 + a)^2 - 4 \times 2 \times (a + 1) = 0$,解得 $a = \pm 1$,条件(2)不充分,选 A.

14. 答案:D. 两条件分别利用二维变量的平面区域,画图求解.

题意为两条件确定的平面区域是否在结论的平面区域内(直线 $x - y = 0$ 的上方区域).

条件(1):$y \geqslant x^2 + 1$,表示为抛物线弧内的区域,图像如下左图所示,则条件(1)充分;

条件(2):$x^2 + (y - 2)^2 \leqslant 2$,表示为圆内区域,图像如下右图所示,则条件(2)充分,选 D.

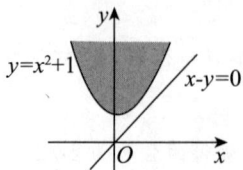

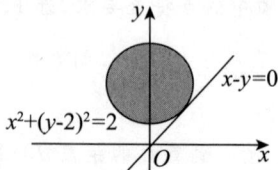

15. 答案：A. 集合问题的几何表现：条件(1)，由 $x_0^2 + y_0^2 = 9$ 得两圆圆心距为 3，且 D_2 圆心在 D_1 圆周上，画图可得相交部分圆弧的圆心角为 120°，所以弧长为 $2\pi \times 3 \times 2 - \dfrac{120°}{360°} \times \pi \times 2 \times 3 \times 2 = 8\pi$，条件(1)充分；条件(2)两圆可以相离，条件(2)不充分，选 A.

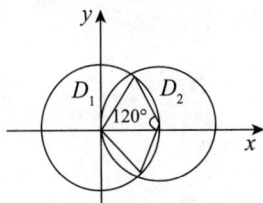

16. 答案：E. 方法一：

圆 $x^2 + (y-1)^2 = 1$，由弦长公式 $L = 2\sqrt{r^2 - d^2} > \sqrt{2}$，又因为 $r = 1$，代入得到 $d^2 < \dfrac{1}{2}$，即圆心 $(0,1)$ 到直线 $kx - y = 0$ 的距离 $d = \dfrac{|0-1|}{\sqrt{k^2+1}} < \dfrac{1}{\sqrt{2}}$，所以 $k > 1$，或 $k < -1$，选 E.

方法二：

通过画图，由图像和斜率的变化范围马上得到 $k > 1$ 或 $k < -1$，选 E.

17. 答案：D. 方法一：

设 $2x + 3y = C$，则直线 $y = -\dfrac{2}{3}x + \dfrac{C}{3}$，由图像可知，在点 $(0,3)$ 处 C 达到最大值 9，选 D.

方法二：

边界点处取最值：$2x + 3y$ 的最大值一定在 $(4,0)$，$(0,3)$，$(0,0)$ 三点中取到，显然，当 $x = 0$，$y = 3$ 时有最大值 $2x + 3y = 9$，选 D.

18. 答案：B. 根据韦达定理知 $\begin{cases} 2 + m = 10, \\ 2m = n, \end{cases}$ 即 $m = 8, n = 16$，可知两圆外离，选 B.

19. 答案：B. 直线 AB 与圆心所连直线垂直，即 $\dfrac{3 - (-1)}{1 - m} = -1 \Rightarrow m = 5$，又线段 AB 的中点 $(3,1)$ 在直线 $l: x - y + c = 0$ 上 $\Rightarrow c = -2$，因此 $a = 3$，选 B.

20. 答案：A. 对于条件(1)抛物线与 x 轴两交点间的距离 $|x_1 - x_2| = \dfrac{\sqrt{\Delta}}{|a|} = \sqrt{(2m+4)^2 - 4(m^2 - 10)} = \sqrt{16m + 56} = 2\sqrt{2} = \sqrt{8} \Rightarrow m = -3$，条件(1)充分；对于条件(2) $(m+1) \times m + m \times 2 = 0 \Rightarrow m(m+3) = 0 \Rightarrow m = 0$ 或 $m = -3$，所以条件(2)不充分，选 A.

21. 答案：C. 显然需要联合条件(1)和条件(2)，可以算出点 A 的坐标为 $(1,4)$，点 B 的坐标为 $(1,-2)$，则 $|AC| = |BC| = 5$，可得 $\triangle ABC$ 的周长为 $5 + 5 + 6 = 16$，选 C.

22. 答案：E. 当直线斜率不存在，即垂直于 x 轴时，满足条件，此时直线方程为 $x = 1$；

当直线斜率存在时，设该直线方程为 $y - \dfrac{1}{2} = k(x-1) \Rightarrow kx - y - k + \dfrac{1}{2} = 0$，圆心到直线的距离为 1，则 $d = \dfrac{\left| -k + \dfrac{1}{2} \right|}{\sqrt{k^2+1}} = 1 \Rightarrow k = -\dfrac{3}{4}$，因此直线方程为 $3x + 4y - 5 = 0$. 选 E.

23. 答案：D. 由题干分析得，圆心到直线的距离大于半径，圆心为 $(2,0)$，半径为 2，则 $\dfrac{|2+k|}{\sqrt{2}} > 2 \Rightarrow k > -2 + 2\sqrt{2}$ 或 $k < -2 - 2\sqrt{2}$，所以条件(1)，(2)均充分，选 D.

第六章

立体几何

第一节 本章初识

本章思维导图

1. 长方体

(1) 定义:底面为长方形的直四棱柱(或上、下底面为矩形的直平行六面体).其由六个面组成,相对的面面积相等.

(2) 特征:

① 长方体有 6 个面.相对的面完全相同.

② 长方体有 12 条棱,相对的 4 条棱长度相等.按长度可分为三组,每一组有 4 条棱.

③ 长方体有 8 个顶点.每个顶点连接 3 条棱,3 条棱分别叫作长方体的长,宽,高.

④ 长方体相邻的两条棱互相垂直.

2. 圆柱体

(1) 定义:一个长方形以一边为轴顺时针或逆时针旋转一周,所经过的空间叫作圆柱体.

(2) 性质:

① 圆柱的两个圆面叫底面,周围的面叫侧面,一个圆柱体是由两个底面和一个侧面组成的.

② 圆柱体的两个底面是完全相同的两个圆面.两个底面之间的距离是圆柱体的高.

③ 圆柱体的侧面是一个曲面,圆柱体的侧面展开图是一个长方形、正方形或平行四边形(斜着切).

④ 把圆柱沿底面直径分成两个同样的部分,每一个部分叫半圆柱.这时与原来的圆柱比较,表面积 $=\pi r(r+h)+2rh$,体积是原来的一半.

3. 球体

(1) 定义:一个半圆绕直径所在直线旋转一周所成的空间几何体叫作球体.

（2）性质：

① 用一个平面去截一个球,截面是圆面.

② 球心和截面圆心的连线垂直于截面.

③ 球心到截面的距离 d 与球的半径 R 及截面的半径 r 的关系: $r^2 = R^2 - d^2$.

第二节 见微知著

一、长方体、正方体

设 3 条相邻的棱长为 a, b, c.

1. 体积: $V = abc$.

2. 表面积: $S = 2(ab + bc + ac)$.

3. 体对角线: $l = \sqrt{a^2 + b^2 + c^2}$.

4. 当 $a = b = c$ 时为正方体,正方体体积为 a^3,表面积为 $6a^2$,体对角线为 $\sqrt{3}a$.

例1:一个长方体,长与宽的比是2:1,宽与高的比是3:2,若长方体的全部棱长之和是220 cm,则长方体的体积是( )cm³.

    A. 2880   B. 7200   C. 4600   D. 4500   E. 3600

答案:D   **解析**:高:宽:长 $= 2:3:6$,已知全部棱长之和为220 cm,则高＋宽＋长 $= \dfrac{220}{4} = 55$ cm,

所以高 $= \dfrac{2}{2+3+6} \times 55 = 10$ cm,宽 $= \dfrac{3}{2+3+6} \times 55 = 15$ cm,长 $= \dfrac{6}{2+3+6} \times 55 = 30$ cm,所以长

方体体积为 $V = 10 \times 15 \times 30 = 4500$ cm³,选 D.

例2:如右图,正方体 $ABCD - A'B'C'D'$ 的棱长为2,F 是棱 $C'D'$ 的中点,则 AF 的长为( ).

    A. 3   B. 5   C. $\sqrt{5}$

    D. $2\sqrt{2}$ E. $2\sqrt{3}$

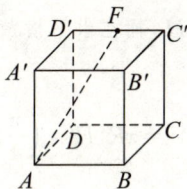

答案:A   **解析**:连接 $A'F$,得到 $A'F = \sqrt{5}$,在直角 $\triangle AA'F$ 中,

$$AF = \sqrt{(AA')^2 + (A'F)^2} = \sqrt{2^2 + (\sqrt{5})^2} = 3,选 A.$$

二、圆柱体

设高为 h, 底面半径为 r.

1. 体积: $V = Sh = \pi r^2 h$.

2. 侧面积: $S_{侧} = 2\pi rh$(侧面展开为长为圆柱底面周长 $2\pi r$, 宽为 h 的长方形).

3. 表面积: $S = 2\pi rh + 2\pi r^2$.

4. 等边圆柱体(轴截面是正方形, $h = 2r$), 体积为 $V = 2\pi r^3$, 侧面积为 $S_{侧} = 4\pi r^2$, 表面积为 $S = 6\pi r^2$.

例 1: 若圆柱体的高增加到原来的 3 倍, 底面半径增加到原来的 1.5 倍, 则其体积增加到原来体积的倍数是( ).

　　A. 4.5　　　　　B. 6.75　　　　　C. 9　　　　　D. 12.5　　　　　E. 15

答案: B　**解析**: 圆柱体体积 $V = \pi r^2 h$, 变化后的体积 $V' = \pi \times (1.5r)^2 \times 3h = 6.75\pi r^2 h = 6.75V$, 选 B.

例 2: 圆柱体的底面半径和高的比是 1∶2, 若体积增加到原来的 6 倍, 底面半径和高的比保持不变, 则底面半径( ).

　　A. 增加到原来的 $\sqrt{6}$ 倍　　　　　B. 增加到原来的 $\sqrt[3]{6}$ 倍

　　C. 增加到原来的 $\sqrt{3}$ 倍　　　　　D. 增加到原来的 $\sqrt[3]{3}$ 倍

　　E. 增加到原来的 6 倍

答案: B　**解析**: 设圆柱体的底面半径为 R, 高为 H, 已知 $R∶H = 1∶2$, 所以 $H = 2R$, 从而 $V = \pi R^2 H = 2\pi R^3$, 设变化后的体积为 V', 底面半径为 r, 高为 h, 仍有 $h = 2r$, $V' = 2\pi r^3$, 因为 $V' = 6V$, 所以 $2\pi r^3 = 6 \times 2\pi R^3$, 因此得到 $r = \sqrt[3]{6} R$, 选 B.

例 3: 一个两头密封的圆柱形水桶, 水平横放时桶内有水部分占水桶一头圆周长的 $\dfrac{1}{4}$, 则水桶直立时水的高度和桶的高度的比值是( ).

　　A. $\dfrac{1}{4}$　　　　B. $\dfrac{1}{4} - \dfrac{1}{\pi}$　　　　C. $\dfrac{1}{4} - \dfrac{1}{2\pi}$　　　　D. $\dfrac{1}{8}$　　　　E. $\dfrac{\pi}{4}$

答案: C　**解析**: 设水的体积为 V, 桶长为 L, 桶底面半径为 R, 桶直立时水高为 H, 桶在水平横放时, 有水部分的弧 AB 等于圆周长的 $\dfrac{1}{4}$, 因此 $\angle AOB$ 为直角, 所以

$V = \pi R^2 H = \left(\dfrac{\pi}{4}R^2 - \dfrac{1}{2}R^2\right)L$. 因此 $\dfrac{H}{L} = \dfrac{\dfrac{\pi}{4}R^2 - \dfrac{1}{2}R^2}{\pi R^2} = \dfrac{1}{4} - \dfrac{1}{2\pi}$, 选 C.

三、球体

设球的半径为 r.

1. 体积: $V = \dfrac{4}{3}\pi r^3$.

2. 表面积: $S = 4\pi r^2$.

❖例1:若一球体的表面积增加到原来的9倍,则它的体积(　　).

A.增加到原来的9倍　　　　　B.增加到原来的27倍

C.增加到原来的3倍　　　　　D.增加到原来的6倍

E.增加到原来的8倍

答案:B　解析:设球体原半径为 r,则它的表面积为 $S=4\pi r^2$,体积 $V=\dfrac{4}{3}\pi r^3$.

设变化后的半径为 R,则变化后的表面积为 $S_1=9S$,即 $4\pi R^2=9\times4\pi r^2=36\pi r^2$,即 $R=3r$,此时变化后的体积 $V_1=\dfrac{4}{3}\pi R^3=\dfrac{4}{3}\pi(3r)^3=27\times\dfrac{4}{3}\pi r^3=27V$,选 B.

❖例2:如右图,一个储物罐的下半部分是底面直径与高均是 20m 的圆柱形,上半部分(顶部)是半球形,已知底面与顶部的造价是 400 元/m²,侧面的造价是 300 元/m²,该储物罐的造价是(　　)万元.($\pi\approx3.14$)

A.56.52　　　B.62.8　　　C.75.36

D.87.92　　　E.100.48

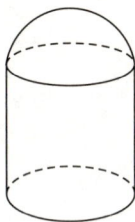

答案:C　解析:造价为 $400\times(\pi\times10^2+0.5\times4\pi\times10^2)+300\times(2\pi\times10\times20)$ $=240000\pi\approx75.36$ 万元,选 C.

❖例3:将体积为 4π cm³ 和 32π cm³ 的两个实心金属球融化后,铸成一个实心大铁球,大铁球的表面积为(　　)cm².

A.32π　　　B.36π　　　C.38π　　　D.40π　　　E.42π

答案:B　解析:大铁球的体积 $V=\dfrac{4}{3}\pi r^3=(32+4)\pi=36\pi$ cm³,则 $r=3$ cm,所以大铁球的表面积为 $4\pi\times3^2=36\pi$ cm²,选 B.

——❖ 第三节　　业精于勤 ❖——

❖1.(2017)如右图,一个铁球沉入水池中,则能确定铁球的体积.

(1)已知铁球露出水面的高度.

(2)已知水深及铁球与水面交线的周长.

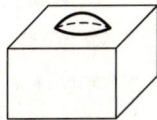

❖2.(2016)如右图,在半径为 10 cm 的球体上开一个底面半径是 6 cm 的圆柱形洞,则洞的内壁面积为(单位:cm²)(　　).

A.48π　　　B.288π　　　C.96π

D.576π　　　E.192π

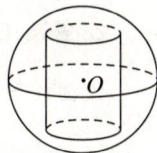

❖3.(2018)如右图,圆柱体的底面半径为2,高为3,垂直于底面的平面截圆柱体所得截面为矩形 $ABCD$,若弦 AB 所对的圆心角是 $\dfrac{\pi}{3}$,则裁掉部分(较小部分)的体积为(　　).

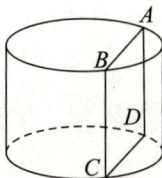

A. $\pi - 3$ B. $2\pi - 6$ C. $\pi - \dfrac{3\sqrt{3}}{2}$ D. $2\pi - 3\sqrt{3}$ E. $\pi - 3\sqrt{3}$

4. 将边长分别为最小的质数与最小的合数的矩形卷成圆柱体,则圆柱体的体积最大值为( ).

A. $\dfrac{1}{\pi}$ B. $\dfrac{2}{\pi}$ C. $\dfrac{4}{\pi}$ D. $\dfrac{6}{\pi}$ E. $\dfrac{8}{\pi}$

5. $V = 28\pi$.

(1) 长方体的三个相邻面的面积分别为 $2,2,1$,这个长方体的顶点都在同一球面上,这个球的体积为 V.

(2) 某圆柱侧面面积为 28π,底面半径为 2,这个圆柱的体积为 V.

6. 已知一个正方体的所有顶点在一个球面上,若球的体积为 $\dfrac{9\pi}{2}$,则正方体的棱长为( ).

A. 1   B. $\sqrt{2}$ C. 2   D. $\sqrt{3}$ E. 3

7. 已知球的两个平行截面的面积分别为 5π 和 8π,位于球心的同一侧,且距离为 1,则这个球的体积为( ).

A. $\dfrac{256}{3}\pi$ B. 36π C. $\dfrac{32}{3}\pi$ D. $\dfrac{200}{3}\pi$ E. 50π

8. 已知正方体 $ABCD - A_1B_1C_1D_1$ 顶点 A,B,C,D 在半球的底面内,顶点 $A_1B_1C_1D_1$ 在半球球面上,则半球的体积是 $\dfrac{\sqrt{6}\pi}{2}$.

(1) 半球半径为 $2\sqrt{2}$.

(2) 正方体棱长为 1.

✦ 答案解析

1. 答案:B. 条件(1)无法求出球体半径,所以不充分;

条件(2)如右图所示,已知水深为 h,铁球与水面交线的周长为 C,可以确定截面半径 r,球的半径为 R,则由 $(h-R)^2 + r^2 = R^2$,

可得 $R = \dfrac{h^2 + r^2}{2h}$,充分,选 B.

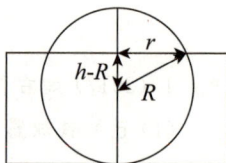

2. 答案:E. 方法一:

设圆柱形洞的高为 H,则 $10^2 = \left(\dfrac{H}{2}\right)^2 + 6^2$,因此 $H = 16$ cm,所以内壁面积为 $S = 2\pi \times 6 \times 16 = 192\pi$ cm^2,选 E.

方法二:

设圆柱高为 h,球为圆柱的外接球,则 $12^2 + h^2 = 20^2$,$h = 16$ cm,所以洞的内壁面积为 $S = 2\pi r h = 2\pi \times 6 \times 16 = 192\pi$ cm^2,选 E.

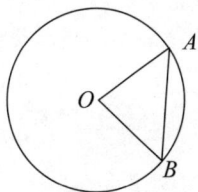

3. 答案：D. 如右图所示，截掉的部分（较小部分）的体积为

$$V=\left(\frac{1}{6}\pi\times2^2-\frac{\sqrt{3}}{4}\times2^2\right)\times3=2\pi-3\sqrt{3}，选 D.$$

4. 答案：E. 有两种卷法：当4为底边，2为高时，求得体积为$\frac{8}{\pi}$；当2为底边，4为高时，求得体积为$\frac{4}{\pi}$. 即第一种情况为最大体积，选 E.

5. 答案：B. 条件(1) 棱长为 $ab=2,bc=2,ac=1$，易解出 $a=1,b=2,c=1$，外接球的半径 $r=\frac{\sqrt{a^2+b^2+c^2}}{2}=\frac{\sqrt{6}}{2}$，从而 $V=\frac{4}{3}\pi r^3\neq28\pi$，条件(1) 不充分；

条件(2) 由侧面积为28π，底面半径为2，可知圆柱高为7，则体积$V=\pi r^2h=28\pi$，条件(2) 充分，选 B.

6. 答案：D. 球的半径设为 r，正方体的棱长设为 a，则 $\frac{9\pi}{2}=\frac{4}{3}\pi r^3$，则 $r=\frac{3}{2}$，正方体的体对角线是球的直径，则 $\sqrt{3}a=2r=3$，则 $a=\sqrt{3}$，选 D.

7. 答案：B. 设球的半径是 r，两个截面，大的圆心为 O_1，小的圆心为 O_2，因为大截面的半径是 $2\sqrt{2}$，小截面的半径是 $\sqrt{5}$，则有 $OO_1=\sqrt{r^2-8},OO_2=\sqrt{r^2-5}$，所以 $O_1O_2=OO_2-OO_1=\sqrt{r^2-5}-\sqrt{r^2-8}=1$，解得 $r=3$，则球的体积是 $\frac{4}{3}\pi r^3=36\pi$，选 B.

8. 答案：B. 已知半球的体积为 $\frac{\frac{4}{3}\pi R^3}{2}=\frac{\sqrt{6}\pi}{2}$，则结论可转化为半球半径为 $\frac{\sqrt{6}}{2}$，条件(1) 不充分；

正方体为半球的内接正方体，设正方体的棱长为 a，则 $a^2+\left(\frac{\sqrt{2}}{2}a\right)^2=R^2$，由条件(2) 可知 $a=1,R^2=\frac{6}{4}$，则 $R=\frac{\sqrt{6}}{2}$，条件(2) 充分，选 B.

第 七 章

计数原理——排列与组合

第一节　本章初识

本章思维导图

一、四大原理

1. 加法原理

加法原理是分类计数原理,常用于排列组合中,具体是指:做一件事情,完成它有 n 类方式,第一类方式有 m_1 种方法,第二类方式有 m_2 种方法,……,第 n 类方式有 m_n 种方法,那么完成这件事情共有 $m_1 + m_2 + \cdots + m_n$ 种方法.

总裁来举例:从北京到上海有火车、飞机、大巴 3 种交通工具可供选择,而火车有 m_1 列、飞机有 m_2 班、大巴有 m_3 趟,那么从北京到上海共有 $m_1 + m_2 + m_3$ 种方式可以到达.

2. 乘法原理

乘法原理是加法原理的一个推论,若某件事需要 n 个环节才能完成,第 1 个环节有 m_1 种实施方法,第 2 个环节有 m_2 种实施方法,……,第 n 个环节有 m_n 种实施方法,则完成该事件有 $N = m_1 \times m_2 \times m_3 \times \cdots \times m_n$ 种方法.

总裁来举例:从北京去卡塔尔看 2022 年的世界杯,需要乘坐飞机,中间经停新疆乌鲁木齐,假设北京到乌鲁木齐有 m_1 个航班,乌鲁木齐到卡塔尔有 m_2 个航班,那么从北京到卡塔尔看世界杯共有 $m_1 \times m_2$ 种方法.

加法与乘法原理的联系与区别

联系:若题目当中两大原理同时存在,一定先分类再分步.

区别:加法原理与乘法原理的使用条件,取决于事件是否完成,如果事件完成,用加法原理,没有完成用乘法原理.

3. 减法原理

减法原理是加法原理的推论之一.

使用条件:(1) 正面分类情况复杂,利用减法原理反向求解;

(2) 分类过程中存在重复现象.

总裁来举例: 比如真题中考过,从 1 到 100 的整数中任取一个数,则该数能被 5 或 7 整除的情况有(　　) 种.

100 以内的正整数,如果能够被 5 或 7 整除,那么该数字或许也能被 5 和 7 的最小公倍数整除,所以存在重复现象,因此需要减去重复的情况数.

4. 除法原理

除法原理的核心即为:消序.

使用条件:(1) 平均分组要消序;

(2) 局部定序要消序;

(3) 局部相同要消序.

总裁来举例: 平均分组即每组数量均等,局部定序即局部元素按照同一规则排列,局部相同即局部元素相同.

二、两大定义

1. 组合定义

从 n 个不同的元素中,任取 $m(m \leqslant n)$ 个元素为一组,叫作从 n 个不同元素中取出 m 个元素的一个组合,共有 C_n^m 种,有关求组合的个数的问题叫作组合问题.

总裁来揭秘: 组合问题的要求:① m 一定小于等于 n;② 共有表示合计数.

组合数:从 n 个不同元素中每次取出 m 个不同元素$(0 \leqslant m \leqslant n)$,不管其顺序合成一组,称为从 n 个元素中不重复地选取 m 个元素的一个组合. 所有这样的组合的总数称为组合数. 特别地,$C_n^0 = 1, C_n^n = 1$.

2. 组合数公式

(1) $C_n^m = \dfrac{P_n^m}{P_m^m} = \dfrac{n(n-1)(n-2)\cdots(n-m+1)}{m!} = \dfrac{n!}{m!(n-m)!}$.

(2) $C_n^m = C_n^{n-m}$.

(3) $C_{n+1}^m = C_n^m + C_n^{m-1} (m \leqslant n)$.

(4) $C_n^0 = 1, C_n^n = 1$.

公式(2)延伸:若 $C_n^x = C_n^y$,则 $x = y$ 或 $x + y = n$,实为取到的数量相同,或取到的数量与取不到的数量互补.

3. 排列定义

从 n 个不同元素中取出 $m(m \leqslant n)$ 个元素,按照一定顺序排成一列,叫作从 n 个元素中取出 m 个元素的一个排列.当 $m = n$ 时,排列称为全排列.

总裁来揭秘:排列问题的要求:①m 一定小于等于 n;②$m = n$ 时,相当于给 n 个不同元素来排列,共有 $A_n^n = n!$ 种情况数.

排列数:从 n 个不同元素中取出 m 个不同元素($1 \leqslant m \leqslant n$),排成一列,称为从 n 个元素中取出 m 个元素的无重复排列或直线排列,简称排列.从 n 个不同元素中取出 m 个不同元素的所有不同排列的个数称为排列种数或称排列数,记为 A_n^m 或 P_n^m(为和下文概率区分,故排列数均用 A 表示).

4. 排列数公式

$(1) A_n^m = P_n^m = n(n-1)(n-2) \cdots (n-m+1) = \dfrac{n!}{(n-m)!}.$

$(2) A_n^n = P_n^n = n(n-1)(n-2) \cdots 2 \cdot 1 = n!(n! 称为 n 的阶乘).$

$(3) A_n^0 = 1, 0! = 1.$

总裁来揭秘:注意:① 当且仅当两个排列的元素完全相同,且元素的排列顺序也相同时,称两个排列相同.例如,abc 与 abd 的元素不完全相同,它们是不同的排列;又如 abc 与 acb,虽然元素完全相同,但元素的排列顺序不同,它们也是不同的排列.

② $A_n^m = C_n^m \times A_m^m$,计算排列数时,先组(选)后排.

第二节　见微知著

一、排列数、组合数计算

例 1:(200201) 方程 $\dfrac{1}{C_5^x} - \dfrac{1}{C_6^x} = \dfrac{7}{10C_7^x}$ 的解是(　　).

A. 4　　　　　　B. 3　　　　　　C. 2　　　　　　D. 1

答案:C　方法一解析:

本题可以直接用代入法,把 $x = 2$ 代入检验,是方程的解,选 C.

方法二解析:

原方程等价于 $\dfrac{x!}{5 \times 4 \times \cdots \times (6-x)} - \dfrac{x!}{6 \times 5 \times 4 \times \cdots \times (7-x)} = \dfrac{7x!}{10 \times 7 \times 6 \times \cdots \times (8-x)}$,

化简得到 $\dfrac{1}{(7-x)(6-x)} - \dfrac{1}{6(7-x)} = \dfrac{7}{10 \times 7 \times 6}$,即 $x^2 - 23x + 42 = 0$,解得 $x = 2$ 或 $x = 21$(舍),

选 C.

总裁有话说:从简单入手.

例 2:(200810) $C_n^4 > C_n^6$.

(1)$n = 10$.

(2)$n = 9$.

答案:B 解析:条件(1) $C_{10}^4 = C_{10}^6$,条件(1)不充分;

条件(2) $C_9^4 = \dfrac{9!}{5!4!} = 126$,$C_9^6 = \dfrac{9!}{3!6!} = 84$,因此 $C_9^4 > C_9^6$,条件(2)充分,选 B.

总裁有话说:组合数的计算,解题技巧:从组合数的定义角度,可以得到 $C_9^4 > C_9^3 = C_9^6$.

例 3:(201010) $C_{31}^{4n-1} = C_{31}^{n+7}$.

(1)$n^2 - 7n + 12 = 0$.

(2)$n^2 - 10n + 24 = 0$.

答案:E 解析:$4n - 1 = n + 7$ 或 $4n - 1 + n + 7 = 31$,n 为整数,所以 $n = 5$.

条件(1)$n = 3$ 或 $n = 4$,不充分;条件(2)$n = 4$ 或 $n = 6$,不充分.联立 $n = 4$,也不充分,选 E.

二、排列组合解题秘诀 —— 解题六步

第一步,先取后排(排不排看题目要求)

例如 2012 年真题:

某商店经营 15 种商品,每次在橱窗内陈列 5 种,若每两次陈列的商品不完全相同,则最多可陈列(   )次.

总裁来分析:题目要求 15 种商品取 5 个进行陈列,要求第一次陈列的商品与第二次陈列的商品不完全相同,第二次陈列的商品与第三次陈列的商品不完全相同,……,依此类推,所以最多有 C_{15}^5 种陈列方式.或许有同学会有误解:这里不会产生重复的需要被减去吗?答案是不需要,这里不会产生重复,因为每两次只需保证五个商品中有一个不同,即两次都不完全相同.

第二步,先加后乘(先分类后分步)

总裁来分析:如果分类与分步同时在一个题目中出现,那么先进行分类,后进行分步,类与类之间用加法连接,步与步之间用乘法连接.

第三步,先特后普

总裁来分析:先满足题目中特殊情况的要求,后完成普通情况.

第四步,确定不管

总裁来分析:元素和位置都确定,就不用操心选此元素和排列此元素的问题.

第五步,有序实施

总裁来分析:按照题目给定的顺序,比如事情发展的顺序来实施排列组合.

第六步,事件完成

总裁来分析:一定要按照题目的要求来完成事件,比如题目要求从 10 颗球中取 4 颗,其中红色的球要在二号位.在二号位如果安顿完红色的球后,我们还需要完成剩余 3 颗球的选取以及排序,完成后才能完成该事件.

三、考点精析:分组分派问题

题型特征:

1. 不同元素分配给不同对象,需要对元素以及对象都有明显限定.

比如:某高校从 2 个学院分别抽调 2 名教授,将他们随机安排到 3 个教研组工作,且来自同一学院的教授不能在同一教研组.这一题干中,元素为教授,对象为教研组,分配教授给教研组,对教授有限定;同一学院的教授不能在同一教研组,对教研组也有限定,一个教研组不能同时接收同一学院的教授.双向均有限定,归类为既需分组也需分派问题.

2. 不同元素分给相同对象.

比如:4 个专业中,每专业有 3 名学生,现需成立一个 4 人学习小组,则有多少种不同的情况.这一题干中,元素为学生,对象为学习小组,学习小组只有一个,所以是不同学生分给一个学习小组.归类为只分组不分派问题.

解题方法:解题六步

例 1:三个教师分配到 6 个班级任教,若其中一人教一个班,一人教两个班,一人教三个班,共有( )种分配方法.

    A.720   B.360   C.120   D.60   E.80

答案:B **解析:**将 6 个班分成 3 组,第一组有 1 个班,第二组有 2 个班,第三组有 3 个班,因为组内班级数量不同,所以三个组是不同元素,先取班级有:$C_6^1 C_5^2 C_3^3$ 种分法,老师是对象,将这 3 个组分配给 3 位老师,(后排) 有 A_3^3 种分配方法,由乘法原理共有 $C_6^1 C_5^2 C_3^3 A_3^3 = 360$ 种,事件完成,选 B.

总裁有话说:切记解题六步,本题使用先取后排,事件完成两步.

例 2:某大学派出 5 名志愿者到西部 4 所中学支教,若每所中学至少有一名志愿者,则不同的分配方案共有( )种.

    A.240   B.144   C.120   D.60   E.24

答案:A **解析:**先分组,5 个人分 4 组,组为元素,每组至少 1 人,其中一组有 2 人,其余三组各 1 人,共有 $\dfrac{C_5^2 C_3^1 C_2^1 C_1^1}{A_3^3} = 10$ 种分法,将 4 个组分配到 4 所中学中,中学是对象,有 A_4^4 种方法,乘法原理有

$$\dfrac{C_5^2 C_3^1 C_2^1 C_1^1}{A_3^3} \times A_4^4 = 10 \times 24 = 240 \text{ 种方法,选 A.}$$

总裁有话说:切记解题六步,本题使用先取后排,事件完成两步.

例 3:(2018) 将六张不同的卡片,两张一组分别装入甲、乙、丙三个袋中,若指定的两张卡片要在同一组,则不同的装法有( )种.

A. 12 　　　　　B. 18 　　　　　C. 24 　　　　　D. 30 　　　　　E. 36

答案：B 　**解析**：先分组，组为元素，有 $\dfrac{C_4^2 C_2^2}{2!}=3$ 种，后将分好组的卡片分派到甲、乙、丙三个袋中，袋为对象，有 A_3^3 种方法，事件完成有 $\dfrac{C_4^2 C_2^2}{2!}\times A_3^3=18$ 种，选 B.

总裁有话说：切记解题六步，本题使用先取后排，事件完成两步.

例 4：(2020)某科室有 4 名男职员，2 名女职员，若将这 6 名职员分为 3 组，每组 2 人，且女职员在不同组，则不同的分组方式有（　　）种.

A. 4 　　　　　B. 6 　　　　　C. 9 　　　　　D. 12 　　　　　E. 15

答案：D 　**方法一解析**：

女职员要求在不同组，因此先将男职员分好组，再将女职员进行分派，4 名男职员分成 2,1,1 三组，先取男员工，有 $\dfrac{C_4^2 C_2^1 C_1^1}{A_2^2}$ 种方法，将女员工进行分派，填充进缺 1 人的两组中，排列有 A_2^2 种方法，事件完成，共有 $\dfrac{C_4^2 C_2^1 C_1^1}{A_2^2}\times A_2^2=12$ 种方法. 满足先取后排，事件完成，选 D.

方法二解析：

从反面入手，女职员在不同组的反面，即女职员在同组，每组只有两人. 女职员元素确定，占据一组位置确定，因此确定不管. 6 名职员分 3 组，每组 2 人，有 $\dfrac{C_6^2 C_4^2 C_2^2}{A_3^3}=15$ 种方法，2 名女职员在同组，只需给男职员进行分组，有 $\dfrac{C_4^2 C_2^2}{A_2^2}=3$ 种分法，所以事件完成共有 $15-3=12$ 种方法. 满足先取后排，确定不管，事件完成，选 D.

例 5：现从甲、乙、丙等 6 名学生中安排 4 人参加 $4\times100m$ 接力赛. 第一棒只能从甲、乙两人中安排 1 人；第四棒只能从甲、丙两人中安排 1 人，则不同的安排方案有（　　）种.

A. 12 　　　　　B. 24 　　　　　C. 36 　　　　　D. 54 　　　　　E. 66

答案：C 　**解析**：满足解题六步先取后排，先特后普，事件完成. 若第一棒排甲，则第四棒只能排丙，余下的四个人在两个位置排列，共有 A_4^2 种；若第一棒排乙，则第四棒可以在甲和丙中选一个，余下的四个人在两个位置排列，共有 $C_2^1 A_4^2$ 种. 总方案为 $A_4^2+C_2^1 A_4^2=36$，选 C.

四、考点精析：分类计数原理(加法原理) 与分步计数原理(乘法原理)

题型特征：在一个题目中既有分类也有分步，通常一件事一步不能完成.

解题方法：区分类与步＋解题六步.

例 1：糖盒里有 5 颗不同品牌的牛奶糖，6 颗不同品牌的水果糖，8 颗不同品牌的巧克力，则从牛奶糖、水果糖、巧克力中各取一颗，有（　　）种不同的取法.

A. 240 　　　　　B. 260 　　　　　C. 290 　　　　　D. 120 　　　　　E. 150

答案：A 　**解析**：取三颗不同的糖果，一步完成不了，需要三步，但不需要排列，自然不存在顺序,所以先取后排,是否排列看题目要求.题目给出取糖顺序,牛奶糖、水果糖、巧克力,需要有序实施,先从牛奶糖中取一颗,有 C_5^1 种方法,再从水果糖中取一颗,有 C_6^1 种方法,最后从巧克力中取一颗,有 C_8^1 种方法.步与步之间用乘法连接,故共有 $C_5^1 C_6^1 C_8^1 = 240$ 种取法,事件完成,选 A.

总裁有话说:解题步骤是先取(后排),事件完成.

例 2:糖盒里有 5 颗不同品牌的牛奶糖,6 颗不同品牌的水果糖,8 颗不同品牌的巧克力,若从糖盒中取出不同口味的糖果两颗,则有( )种不同的取法.

A.240 B.260 C.290 D.118 E.150

答案:D **解析**:本题涉及分类计数原理,也叫加法原理.取出不同的糖果两颗,分为三种情况,第一种:取牛奶糖和水果糖各一颗,满足不同口味的糖果两颗,有 $C_5^1 C_6^1$ 种取法;第二种:取牛奶糖和巧克力各一颗,满足不同口味的糖果两颗,有 $C_5^1 C_8^1$ 种取法;第三种:取水果糖和巧克力各一颗,也满足不同口味的糖果两颗,有 $C_6^1 C_8^1$ 种取法,每一种情况均能完成取到不同口味的糖果两颗这一事件.加和后有 $C_5^1 C_6^1 + C_5^1 C_8^1 + C_6^1 C_8^1 = 118$ 种取法,选 D.

总裁有话说:解题步骤是先取后排,先乘后加,事件完成.

五、考点精析:分房问题

题型特征:不同元素分配给不同对象,对元素或对象仅有一处限定.

解题方法:解题六步,还需符合常识或题干要求.

例 1:有 5 人报名参加 3 项不同的培训,每人都只报一项,则不同的报法有( ).

A.243 种 B.125 种 C.81 种 D.60 种 E.以上结论均不正确

答案:A **解析**:不同元素为 5 个不同的人,不同对象为 3 项不同的培训.每人都只报一项,说明一个对象可以拥有多个元素,此处对于元素存在限定,符合题目要求即可,每人都可以从 3 个培训中选一个,先取不用排,所以有 $C_3^1 C_3^1 C_3^1 C_3^1 C_3^1 = 243$ 种报名方法,事件完成,选 A.

总裁有话说:解题步骤是先取后排,事件完成,满足题目要求.

例 2:将 4 封信投入 3 个不同的邮筒,若 4 封信全部投完,且每个邮筒至少投入一封信,则共有( )种投法.

A.12 B.21 C.36 D.42 E.51

答案:C **解析**:不同元素为 4 封信,分配给不同对象"邮筒".每个邮筒至少投入一封信,说明一个对象可以拥有多个元素,此处对于元素存在限定,一封信只能存在于一个邮筒内(没有分身术),符合常识.先从 4 封信中选 2 封,作为一组,先取有 C_4^2 种方法,再分配至三个邮筒中,后排有 A_3^3 种方法,所以总共有 $C_4^2 A_3^3 = 36$ 种投法,事件完成,选 C.

总裁有话说:解题步骤是先取后排,事件完成,符合常识.

六、考点精析:数字问题

题型分类:1. 整除问题;

2. 组数问题;

3. 数位的定序问题.

题型特征: 1. 整除问题,题干信息中有明确的被具体数字整除的内容;

2. 组数问题,题干中有组成几位数,组成几位数的奇数或偶数内容;

3. 数位的定序问题,题干中含有比如:百位＞十位＞个位的内容.

解题方法: 1. 整除问题:解题六步;

(1) 如果组成的数字,能被 2 或 5 整除,仅需考虑个位与首位数,被 2 整除,个位为偶数,首位不为 0;被 5 整除,个位为 0 或 5,首位不为 0.

(2) 如果题目中存在被两个数整除的情况,则需减去交叉重叠项.

2. 组数问题:解题六步;

(1) 注意题目中是否允许数字重复.

(2) 0 不可在首位.

(3) 涉及求和、求积,属于组合问题,0 不可在首位.

3. 数位的定序问题:解题六步,固定顺序,除法消序.

例 1: 从 0～5 中取 4 个数字,能组成可被 5 整除的无重复数字的 4 位数( )个.

  A. 84   B. 96   C. 108   D. 120   E. 144

答案: C   **解析**: 被 5 整除,个位为 0 或 5.需要分两类:

个位为 0,元素及位置已经确定,确定不管.余下百、十、千三位数只需从除 0 外的 5 个数中任选 3 个,全排列即可,所以有 $C_5^3 A_3^3$ 种方法.

个位为 5,元素及位置已经确定,确定不管,千位为首位,首位不为 0,故千位只能从除 0,5 外剩余 4 个数中选一个 C_4^1,再从除千位已用数字和 5 两个数外的数字中,任选两个排在百位和十位,$C_4^2 A_2^2$,故这一类中共有 $C_4^1 C_4^2 A_2^2$ 种方法;

因此事件完成总共有 $C_5^3 A_3^3 + C_4^1 C_4^2 A_2^2 = 108$ 种方法,选 C.

总裁有话说: 解题步骤是先取后排,先乘后加,确定不管,事件完成.

例 2: 某公司电话号码有 5 位,若第一位数字必须是 5,其余各位数字是 0 到 9 中的任意一个,则由完全不同的数字组成的电话号码个数为( ).

  A. 126   B. 1260   C. 3024   D. 5040   E. 30240

答案: C   **解析**: 第一位数字是 5,故确定不管.其余 4 位数在 9 个数字中挑,不同的数字组成的电话号码个数为 $C_9^4 \times A_4^4 = 3024$,选 C.

总裁有话说: 解题步骤是先取后排,确定不管,事件完成.

例 3: (201410) 用 0,1,2,3,4,5 组成没有重复数字的四位数,其中千位数字大于百位数字,且百位数字大于十位数字的四位数的个数是( ).

  A. 36   B. 40   C. 48   D. 60   E. 72

答案: D   **方法一解析**:

四位数有定序要求,由于千位数字大于百位数字,且百位数字大于十位数字,因此千位、百位、十位上的数字可从 6 个数中选出 3 个,只有一种排列方式,即 C_6^3 种选择,个位数字再从余下的 3 个数字中选 1 个有 C_3^1 种选择,共有 $C_6^3 C_3^1 = 60$ 种选择方式,选 D.

总裁有话说:解题步骤是先取(后排),有序实施,事件完成.

方法二解析:

6个数字中选4个排列有$C_6^4 \times A_4^4$种,3个元素有定序的要求,所以共有$C_6^4 \times A_4^4 \div A_3^3 = 60$种,选D.

总裁有话说:解题步骤是先取后排,除法消序,事件完成.

七、考点精析:穷举问题

题型特征:1. 从$1 \sim 10$的十张卡片中随机抽取;

2. 从$1 \sim 10$的数字中随机抽取(数字可变化);

3. 随机投掷骰子得到点数;

4. 某几个字母中随机抽取.

解题方法:解题六步;按照固定的顺序,逐一枚举,通常顺序为字典序.

例1:若以连续投掷两枚骰子分别得到的点数a,b作为点M的坐标,则点M落入圆$x^2 + y^2 = 18$内(不含圆周)有( )种情况.

A. 7   B. 8   C. 9   D. 10   E. 11

答案:D **解析**:要使(a,b)落入圆$x^2 + y^2 = 18$内,满足$a^2 + b^2 < 18$的可能性有:先取(后排)$(a,b) = (1,1),(1,2),(1,3),(1,4),(2,1),(2,2),(2,3),(3,1),(3,2),(4,1)$共10种,选D.

总裁有话说:解题步骤是先取(后排),事件完成,字典序枚举.

例2:从$1,2,3,4,5$中随机取3个数(允许重复)组成一个三位数,取出的三位数的各位数字之和等于9的情况有( )种.

A. 5   B. 10   C. 13   D. 15   E. 19

答案:E **解析**:先取,按字典序取出第一个数为1时,三个数和为9的情况有135,144;第一个数为2时,三个数和为9的情况有225,234;第一个数为3时,三个数和为9的情况有333.后排,取完考虑顺序,135三个数全排列有$A_3^3 = 6$种情况,144三个数全排列有A_3^3种情况,但4重复2次,用除法消序,所以有$A_3^3 \div A_2^2 = 3$种情况,225与144情况数相同,234与135情况数相同,333只有一种排列方法. 因此共有$1 + 3 \times 2 + 6 \times 2 = 19$种情况,选E.

总裁有话说:解题步骤是先取后排,事件完成,字典序枚举.

例3:令正方形$ABCD$的对角线交点为O,在以A,B,C,D,O中的三点构成的三角形中,任取两个,则取出三角形的面积不等的情况有( )个.

A. 7   B. 8   C. 12   D. 15   E. 16

答案:E **解析**:按照如右图所示三角形面积为正方形一半和三角形面积为正方形$\frac{1}{4}$分成两类.

$S_{三角形} = \frac{1}{2}S_{正方形}$字典序枚举:$\triangle ABC, \triangle ABD, \triangle ACD, \triangle BCD$,有4个;

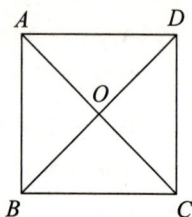

$S_{三角形} = \dfrac{1}{4} S_{正方形}$ 字典序枚举：$\triangle ABO,\triangle ADO,\triangle BCO,\triangle CDO$，有 4 个.

任取两个，要求三角形面积不等，即分别从上述两类中选取，共有 $C_4^1 C_4^1 = 16$ 种情况，选 E.

🎖 **总裁有话说**：解题步骤是先取后排，事件完成，字典序枚举.

🔑 **例** 4：从 0，1，2，3，4，5，6，7，8，9 这 10 个数字中取出 3 个，使其和为偶数且不小于 10，则不同的取法共有（ ）种.

A．42　　　　　　B．45　　　　　　C．48　　　　　　D．51　　　　　　E．54

答案：D　**解析**：从 10 个数中任取 3 个，和为偶数，按照整数的性质分类：

第一类：偶数＋偶数＋偶数＝偶数，三个均为偶数，从 0~9 中的 5 个偶数中任选 3 个，有 C_5^3 种方法；

第二类：偶数＋奇数＋奇数＝偶数，一个为偶数，从五个偶数中选 1 个有 C_5^1 种方法，再从 5 个奇数中选 2 个有 C_5^2 种方法. 和为偶数共有 $C_5^3 + C_5^1 C_5^2 = 60$ 种方法.

因和 $\geqslant 10$ 的情况数太多，所以从反面入手，枚举 3 个数之和＜10 的情况，分两类按字典序枚举：

第一类：三个数均为偶数且和＜10 有 024，026；

第二类：三个数一个为偶数，两个为奇数，且和＜10 有 013，015，017，035，213，215，413，两类共 9 种.

因此，从反面入手，用 3 个数和为偶数的总情况数减去三个数和＜10 的情况数，得到三个数和 $\geqslant 10$ 且和为偶数共有 $60 - 9 = 51$ 种情况，选 D.

🎖 **总裁有话说**：解题步骤是先取后排，事件完成，字典序枚举.

八、考点精析：相邻问题

题型分类：1. 相邻问题；

2. 不相邻问题；

3. 既有相邻也有不相邻问题.

解题方法：1. 相邻问题：解题六步

① 将相邻元素捆绑，捆绑注意元素内部有顺序；

② 将捆绑的元素视为一个元素与其余元素全排列.

2. 不相邻问题：解题六步

① 排列题目中的一般元素（没有限定的元素）；

② 在排列好的元素中，给不相邻元素插空；

③ 有要求给不相邻元素排列，没要求不排.

3. 既有相邻也有不相邻问题：解题六步

① 优先处理相邻元素；

② 给不相邻元素选空插空；

③ 全体元素全排列.

🔑 **例** 1：4 位学生，6 位老师排成一排，其中甲、乙两位同学之间隔了三位老师，有（ ）种排法.

A．$A_6^3 A_6^6$　　　　　B．$C_6^3 A_2^2 A_6^6$　　　　　C．$A_6^3 A_2^2 A_6^6$　　　　　D．$C_6^3 A_6^6$　　　　　E．以上均不正确

答案:C **解析:**题干中三位老师相邻,甲、乙两位同学不相邻,优先处理相邻元素,先取后排,6位老师选3位捆绑C_6^3,捆绑内部元素有顺序A_3^3,将三位相邻的老师视为一个元素,另甲、乙两人确定,但位置不确定,所以不参选,只排列有A_2^2,全体元素全排列有A_6^6,因此共有$C_6^3A_3^3A_2^2A_6^6 = A_6^3A_2^2A_6^6$ 种排法,选C.

🖋️**总裁有话说:**解题步骤是先取后排,事件完成.

♦🎵**例2:**3个3口之家一起观看演出,他们购买了同一排的9张连座票,则每一家的人都坐在一起的不同坐法有( )种.

A. $(3!)^2$ B. $(3!)^3$ C. $3(3!)^3$ D. $(3!)^4$ E. $9!$

答案:D **解析:**三口之家内部均相邻,相邻捆绑,元素内部有顺序,故一个三口之家有$3!$种排列方法,三个三口之家有$(3!)^3$ 种排列方法,给全体 3 个捆绑元素全排列有 $3!$ 种,故不同坐法共有 $(3!)^4$ 种,选 D.

♦🎵**例3:**4个男生和3个女生排成一行,其中,有且仅有两个女生相邻,共有( )种排队方式.

A. 2160   B. 720   C. 1440   D. 2880   E. 480

答案:D **解析:**选两名女生"捆绑"以相邻,再和另外一名女生去插空,$A_3^2A_4^4C_5^2A_2^2 = 2880$ 种,选 D.

九、考点精析:对号与不对号问题

题型特征:元素与部门/单位/岗位相互不对应.

解题方法:1. 对号入座只有一种方法.

        2. 2个元素不对号有 1 种方法.

        3. 3个元素不对号有 2 种方法.

        4. 4个元素不对号有 9 种方法.

        5. 5个元素不对号有 44 种方法.

♦🎵**例1:**(201401)某单位决定对 4 个部门的经理进行轮岗,要求每位经理必须轮换到 4 个部门中的其他部门任职,则不同的方案有( ).

A. 3 种   B. 6 种   C. 8 种   D. 9 种   E. 10 种

答案:D **解析:**4 个元素不对应问题,9 种排列方法,选 D.

🖋️**总裁有话说:**也可用解题六步先取后排,事件完成.

♦🎵**例2:**(2018)某单位为检查 3 个部门的工作,由三个部门的主任和外聘的 3 名人员组成检查组,分 2 人检查一组工作,每组有 1 名外聘成员,规定每部门的主任不能检查该部门,则不同的安排方式共有( )种.

A. 6   B. 8   C. 12   D. 18   E. 36

答案:C **解析:**规定 3 个本部门主任不能检查本部门有 2 种排法,余下 3 个外聘人员排法有 A_3^3 = 6 种,所以共有 $2 \times 6 = 12$ 种,选 C.

🖋️**总裁有话说:**先取后排,事件完成,3 个不对应有 2 种排序方法.

十、考点精析:隔板问题

题型特征: 1. 相同元素分给不同分配对象,每个对象至少分 1 个;

2. 相同元素分给不同分配对象,每个对象至少分 0 个(即允许存在没分到的).

解题方法: 1. n 个相同元素分给 m 个不同的分配对象,每个对象至少分 1 元素公式:C_{n-1}^{m-1};

2. n 个相同元素分给 m 个不同的分配对象,每个对象至少分 0 个元素公式:C_{n+m-1}^{m-1}.

例 1: (200910)若将 10 只相同的球随机放入编号为 1,2,3,4 的四个盒子中,则每个盒子不空的投放方法有(　　)种.

　　A. 72　　　　　　B. 84　　　　　　C. 96　　　　　　D. 108　　　　　E. 120

答案:B　解析:10 只相同的球(元素)排成一排,在两球之间的 9 个空隙中用 3 块"隔板"分开,"隔板"放的位置不同,就是一种不同的投放盒子(对象)的方法,所以不同的投放方法有 $C_9^3 = 84$ 种,选 B.

例 2: 10 个相同的小球放入 3 个不同的箱子,第一个箱子至少放一个小球,第二个箱子至少放两个小球,第三个箱子至少放三个小球,则共有(　　)种放法.

　　A. 20　　　　　　B. 18　　　　　　C. 15　　　　　　D. 13　　　　　E. 9

答案:C　方法一解析:

从 10 个小球中取 1 个球放入第二个箱子,从剩余的 9 个小球中取 2 个球放入第三个箱子,使得第二个箱子和第三个箱子都满足每个对象至少分一个,此时还剩下 7 个球,有 $C_7^{3-1} = 15$ 种放法,选 C.

方法二解析:

从 10 个小球(元素)中取 1 个球放入第一个箱子(对象)内,从剩余的 9 个小球中取 2 个球放入第二个箱子内,从余下的 7 个球中取 3 个球放入第三个箱子内,使得三个箱子都满足每个对象至少分 0 个元素,一共 10 个球,放入三个箱子 6 个球,还剩 4 个球,所以不同的投放方法有 $C_{4+3-1}^{3-1} = 15$ 种,选 C.

总裁有话说: 隔板问题,只需掌握公式,即公式使用条件即可.

例 3: 已知 x,y,z 为正整数,则方程 $x+y+z=10$ 的不同解法有(　　)种.

　　A. 36　　　　　　B. 84　　　　　　C. 96　　　　　　D. 108　　　　　E. 120

答案:A　解析:10 可以拆成 10 个 1 相加,将 10 个 1(元素)分配给 x,y,z(对象),每个对象至少分到一个 1,有 $C_{10-1}^{3-1} = 36$,选 A.

总裁有话说: 相同元素不只是球,还可以是数字.

十一、考点精析:配对问题

题型特征: 要求物品或人配成对或不成对.

解题方法: 1. 配对问题直接选取整对即可.

2. 不配对问题先取整对,再从每对中选取单个即可.

例 1: 10 双不同的鞋子,从中任意取出 4 只,求下列情况数:

(1)4 只鞋子没有成双的;

(2)4 只鞋子恰为 2 双;

(3)4 只鞋子恰有 1 双.

解析:(1) 不成双问题:先从 10 双鞋子中取出 4 双 C_{10}^4,再从 4 双鞋子中取单只有 $C_2^1 C_2^1 C_2^1 C_2^1$,故 4 只鞋子没有成双的共有 $C_{10}^4 C_2^1 C_2^1 C_2^1 C_2^1$ 种情况.

(2) 成双问题:选取整双即可 C_{10}^2.

(3) 成双不成双问题结合:先选成双 C_{10}^1,再从剩余 9 双鞋子中取 2 双,再在这两双中取单只有 $C_9^2 C_2^1 C_2^1$,故 4 只鞋子恰有 1 双共有 $C_{10}^1 C_9^2 C_2^1 C_2^1$ 种情况.

十二、考点精析:全能元素问题

题型特征:一个或多个元素同时兼具两种不同的属性.

解题方法:解题六步,按照全能元素是否能够选中进行分类.

例 1:在 8 名志愿者中,只能做英语翻译的有 4 人,只能做法语翻译的有 3 人,既能做英语翻译又能做法语翻译的有 1 人.现从这些志愿者中选取 3 人做翻译工作,确保英语和法语都有翻译的不同选法共有( )种.

A. 12   B. 18   C. 21   D. 30   E. 51

答案:E 方法一解析:

全能元素为既能做英语翻译又能做法语翻译的人.

全能的入选:全能的人只有一个,元素确定,入选,位置确定,故确定不管,此时仅需从剩余 7 个人中选两个即可,$C_7^2 = 21$ 种选择方法.

全能的不入选:仅需在只会英语翻译的 4 人与只会法语翻译的 3 人中选择,满足题干条件,选取 3 人即可,有一名英语翻译两名法语翻译 $C_4^1 C_3^2 = 12$ 种选择方法;有一名法语翻译两名英语翻译 $C_4^2 C_3^1 = 18$ 种选择方法.事件完成共有 $21 + 12 + 18 = 51$ 种选择方法,选 E.

方法二解析:

因为全能元素仅有一个,故可以使用正难则反,逆向思维.

共 8 人,选 3 人做翻译共 C_8^3 种取法,减去确保英语和法语都有翻译的反面,即 3 人都为英语翻译 C_4^3,3 人都为法语翻译 C_3^3 种选法,故确保英语和法语都有翻译的选择方法有 $C_8^3 - C_4^3 - C_3^3 = 51$ 种,选 E.

总裁有话说:解题步骤是先取后排,先乘后加,确定不管,事件完成.

例 2:某车间有 8 名会车工或会钳工的工人,其中 6 人会车工,5 人会钳工,现从这些工人中选出 2 人分别干车工和钳工,则不同的分配方案有( )种.

A. 6   B. 15   C. 2   D. 21   E. 27

答案:E 解析:既会车工又会钳工的工人有 $6 + 5 - 8 = 3$ 人,只会车工的工人有 $6 - 3 = 3$ 人,只会钳工的工人有 $5 - 3 = 2$ 人,分三种情况共有 $C_3^1 C_2^1 + C_3^1 (C_3^1 + C_2^1) + A_3^2 = 27$ 种分配方案,选 E.

总裁有话说:解题步骤是先取后排,先加后乘,确定不管,事件完成.

十三、考点精析:特殊元素问题

题型特征:对某个元素有特殊要求.

解题方法：1. 解题六步, 从特殊元素考虑, 按照特殊元素是否能够选中进行分类.

2. 从特殊位置考虑, 落实先特后普.

例1：从5个不同的文艺节目中选4个编成一个节目单, 如果某女演员的舞蹈节目不能排在第三个节目上, 则共有( )种不同的排法.

A. 48   B. 60   C. 72   D. 96   E. 120

答案：D 方法一解析：

从特殊元素入手, 特殊元素为女演员的舞蹈节目, 按照女演员能否选中进行分类.

选中：该舞蹈节目不能在第三个节目, 故只能从其余三个节目位选一个 C_3^1, 除该舞蹈节目外还余下4个节目, 从剩余4个节目中选3个组成完整节目单 C_4^3, 给这3个节目全排列有 A_3^3, 因此总共有 $C_3^1 C_4^3 A_3^3 = 72$ 种排法；

选不中：除女演员舞蹈节目外还有4个节目, 将4个节目选中放入节目单的4个位置中, 全排列有 $C_4^4 A_4^4 = 24$ 种排法, 总共有 $72 + 24 = 96$ 种排法, 选D.

方法二解析：

从特殊位置入手, 节目单第三个位置是特殊位置, 先特后普, 从特殊入手, 除女演员的节目外剩余4个节目都可以放, 故4取1, 有 C_4^1, 再从余下包含女演员的4个节目中选3个全排列, 即 $C_4^3 A_3^3$, 因此总共有 $C_4^1 C_4^3 A_3^3 = 96$ 种排法, 选D.

总裁有话说：解题步骤是先取后排, 先乘后加, 先特后普, 确定不管, 事件完成.

例2：(200801) 有两排座位, 前排6个座位, 后排7个座位. 若安排2人就座, 规定前排中间2个座位不能坐, 且此2人始终不能相邻而坐, 则不同的坐法种数为( ).

A. 92   B. 93   C. 94   D. 95   E. 96

答案：C 方法一解析：

从特殊元素入手, 分3类情况讨论：

① 前排后排各坐一人的坐法有 $C_4^1 C_7^1 A_2^2 = 56$ 种；

② 两人都坐在后排的坐法有 $A_6^2 = 30$ 种；

③ 两人都坐在前排的坐法有 $C_2^1 C_2^1 A_2^2 = 8$ 种.

总共不同的坐法有 $56 + 30 + 8 = 94$ 种, 选C.

方法二解析：

从特殊位置入手, 2个人座位挨着. 11个座位安排2人就座, 总的坐法种数为 $C_{11}^2 A_2^2 = 110$ 种, 穷举得2人相邻的坐法共有 $8 \times 2 = 16$ 种, 因此有 $110 - 16 = 94$ 种不相邻的坐法, 选C.

总裁有话说：解题步骤是先取后排, 先乘后加, 先特后普, 事件完成.

十四、考点精析：局部元素问题

题型特征：1. 局部元素定序问题：n 个元素进行排序, 其中存在 m 个元素按照固定的顺序排列.

2. 局部元素相同问题：n 个元素进行排序, 其中存在 m 个元素相同.

解题方法：n 个元素的全排列除以 m 个元素的全排列, 即 $\dfrac{A_n^n}{A_m^m}$.

◆ᵖ**例1**:4个男生,3个女生,高矮均不相同,将他们排成一行,从左到右,女生从矮到高排列,男生从高到矮排列,则共有( )种排法.

　　A.35　　　　　B.42　　　　　C.72　　　　　D.84　　　　　E.86

答案:A　**解析**:男生和女生总人数7人,故7个元素全排列,其中男生有固定顺序,女生也有固定顺序,有 $\dfrac{A_7^7}{A_3^3 \times A_4^4} = 35$ 种,选 A.

🦉**总裁有话说**:掌握公式最简单.

◆ᵖ**例2**:可以组成60个不同的六位数.

　　(1)用一个数字1,两个数字2,三个数字3.

　　(2)用两个数字1,两个数字2,两个数字3.

答案:A　**解析**:条件(1)总共6个数字,其中数字2有两个,数字3有三个,共有 $\dfrac{A_6^6}{A_2^2 \times A_3^3} = 60$ 种情况,条件(1)充分;

　　条件(2)总共6个数字,数字1有两个,数字2有两个,数字3有两个,共有 $\dfrac{A_6^6}{A_2^2 \times A_2^2 \times A_2^2} = 90$ 种情况,条件(2)不充分,选 A.

十五、考点精析:涂色问题

题型特征:给不同区域涂色,或给不同区域种植作物.

解题方法:解题六步.

◆ᵖ**例1**:如右图,用5种不同的颜色涂在4个区域中,每一个区域涂一种颜色,且相邻区域的颜色必须不同,有不同的涂法( )种.

　　A.120　　　　　B.140　　　　　C.160　　　　　D.180　　　　　E.以上结论均不正确

答案:D　**解析**:A 区域有5种颜色可选,B 区域可在剩余4种颜色中选择一种,D 区域可在剩余3种颜色中选择一种,C 区域除 B,D 两区域之外的剩余3种颜色都可选择.故给4个区域涂色,共有 $C_5^1 \times C_4^1 \times C_3^1 \times C_3^1 = 180$ 种涂法,选 D.

🦉**总裁有话说**:解题步骤是先取(后排),有序实施,事件完成.

◆ᵖ**例2**:(2022)如右图,用4种颜色对图中五块区域进行涂色,每块区域涂一种颜色,且相邻的两块区域颜色不同,不同的涂色方法有( )种.

　　A.12　　　　　B.24　　　　　C.32

　　D.48　　　　　E.96

答案:E　**解析**:把区域标记为右图所示区域,区域⑤与别的区域接触最多,优先从⑤考虑,按照⑤→①→②→③→④的顺序分步计数,共有 $4 \times 3 \times 2 \times 2 \times 2 = 96$ 种涂色方法,选 E.

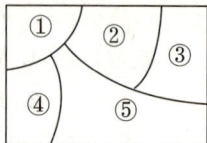

十六、考点精析：循环赛问题

题型特征：进行小组单循环赛或双循环赛.

解题方法：n 名选手进行单循环赛，一共需要比赛 C_n^2 场，每个选手需要比赛 $n-1$ 场；

n 名选手进行双循环赛，一共需要比赛 $C_n^2 \times 2$ 场，每个选手需要比赛 $2(n-1)$ 场.

例1：(201010)12 支篮球队进行单循环比赛，完成全部比赛共需 11 天.

(1) 每天每队只比赛 1 场.

(2) 每天每队比赛 2 场.

答案：A　解析：可以确定单循环比赛一共需要比 $C_{12}^2=66$ 场，条件(1) 每天比赛 6 场，需要 66÷6＝11 天，条件(1) 充分；条件(2) 每天比赛 12 场，条件(2) 不充分，选 A.

例2：(201210)某次乒乓球单打比赛中，先将 8 名选手等分为 2 组进行小组单循环赛. 若一位选手只打了 1 场比赛后因故退赛，则小组赛的实际比赛场数是(　　).

A. 24　　　　　B. 19　　　　　C. 12　　　　　D. 11　　　　　E. 10

答案：E　方法一解析：(反面求解)

8 名选手等分为 2 组进行小组单循环赛，则每小组共有 $C_4^2=6$ 场，因为有一位选手只打了 1 场比赛就因故退赛，所以减少两场，总共有 $2\times6-2=10$ 场，选 E.

方法二解析：(正面求解)

第一组 4 人单循环共有 $C_4^2=6$ 场，第二组剩下 3 人比赛，需要进行 $C_3^2=3$ 场，总共进行了 $6+3+1=10$ 场，选 E.

第三节　　业精于勤

1. (201512)某委员会由三个不同专业的人员组成，三个专业的人数分别是 2,3,4，从中选派 2 位不同专业的委员外出调研，则不同的选派方式有(　　).

A. 36 种　　　　B. 26 种　　　　C. 12 种　　　　D. 8 种　　　　E. 6 种

2. (201512)某学生要在 4 门不同的课程中选修 2 门课程，这 4 门课程中的 2 门各开设一个班，另外 2 门各开设两个班，该学生不同的选课方式共有(　　).

A. 6 种　　　　B. 8 种　　　　C. 10 种　　　　D. 13 种　　　　E. 15 种

3. (201301)三个科室的人数分别为 6,3 和 2，因工作需要，每晚需要排 3 人值班，则在两个月中可使每晚的值班人员不完全相同.

(1) 值班人员不能来自同一科室.

(2) 值班人员来自三个不同科室.

4.(201201)在两队进行的羽毛球对抗赛中,每队派出3男2女共5名运动员进行5局单打比赛.如果女子比赛安排在第二和第四局进行,则每队队员的不同出场顺序有(　　).

  A.12 种   B.10 种   C.8 种   D.6 种   E.4 种

5.(201712)羽毛球队有4名男运动员和3名女运动员,从中选出两队参加混双比赛,则不同的选派方式有(　　)种.

  A.9   B.18   C.24   D.36   E.72

6.甲、乙两组同学中,甲组有3名男同学、3名女同学,乙组有4名男同学、2名女同学,从甲、乙两组中各选出2名同学,这4人中恰有1名女同学的选法有(　　)种.

  A.26   B.54   C.70   D.78   E.105

7.公路 AB 上各站之间共有90种不同的车票.

  (1)公路 AB 上有10个车站,每两站之间都有往返车票.

  (2)公路 AB 上有9个车站,每两站之间都有往返车票.

8.将6人分为3组,每组2人,则不同的分组方式有(　　)种.

  A.12   B.15   C.30   D.45   E.90

9.从 $0,1,2,3,5,7,11$ 七个数字中每次取两个相乘,不同的积有(　　)种.

  A.15   B.16   C.19   D.23   E.21

10.如右图,确定两人从 A 地出发经过 B,C 沿逆时针方向走一圈回到 A 地的方案.若从 A 地出发时,每人均可选大路或山道,经过 B,C 时,至多有一人可以更改道路,则不同的方案有(　　)种.

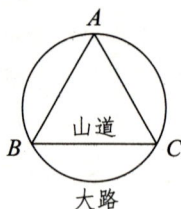

  A.16   B.24   C.36

  D.48   E.64

11.从6名辩论队员和5名合唱团员中任取5人,要求至少辩论队员和合唱团员各2人,则不同的取法有(　　)种.

  A.200   B.150   C.250   D.100   E.350

12.将4本书分给甲、乙丙三个人,不同的分法有36种.

  (1)每人至少1本.

  (2)甲只能分到1本.

13.有甲、乙、丙、丁、戊5名同学站成一排参加文艺汇演,若甲不站在两端,丙和丁相邻,则不同排列方式共有(　　).

  A.12 种   B.24 种   C.36 种   D.48 种   E.60 种

14.互联网大会将于今日召开,会议期间工作人员将其中的5个代表团人员(含 A,B 两代表团)安排至 a,b,c 三家宾馆入住,规定同一个代表团人员住同一家宾馆,且每家宾馆至少有一个代表团入住,若 A,B 两代表团必须安排在 a 宾馆入住,则不同的安排种数为(　　).

  A.6   B.12   C.16   D.18   E.20

◆ 15. 如右图给五个区域涂色,现有四种颜色可供选择,要求每一个区域只涂一种颜色,相邻区域所涂颜色不同,则不同的涂色方法有( ).

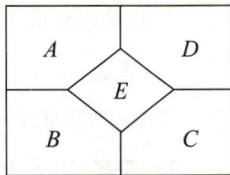

A.24 种　　　　B.48 种　　　　C.72 种

D.96 种　　　　E.120 种

答案解析

1. **答案:**B.方法一:

正面考虑:不同的选派方式有 $C_2^1 C_3^1 + C_2^1 C_4^1 + C_3^1 C_4^1 = 26$ 种,选 B.

方法二:

反面考虑:不同的选派方式有 $C_9^2 - (C_2^2 + C_3^2 + C_4^2) = 26$ 种,选 B.

2. **答案:**D.方法一:

设 A,B 两门课程各有 2 个班级,C,D 两门课程各有 1 个班级,则选 A,B 课程有 4 种选法,A,C 课程有 2 种选法,A,D 课程有 2 种选法,B,C 课程有 2 种选法,B,D 课程有 2 种选法,C,D 课程有 1 种选法,共计 13 种,选 D.

方法二:

$C_6^2 - (C_2^2 + C_2^2) = 15 - 2 = 13$ 种,选 D.

3. **答案:**A.条件(1)正面求解复杂,反面来解.$C_{11}^3 - C_6^3 - C_3^3 = 144 > 62$,条件(1)充分;

条件(2)$C_6^1 C_3^1 C_2^1 < 62$,条件(2)不充分,选 A.

4. **答案:**A.每队队员的不同出场顺序共有 $A_2^2 A_3^3 = 12$ 种,选 A.

5. **答案:**D.不同的选派方式共有 $\dfrac{C_4^1 C_3^1 C_3^1 C_2^1}{2!} = 36$ 种,选 D.

6. **答案:**D.分成两类:①该女生来自甲组,则有 $C_3^1 C_3^1 C_4^2 = 54$ 种;②该女生来自乙组,则有 $C_3^2 C_4^1 C_2^1 = 24$ 种,所以共有 $54 + 24 = 78$ 种,选 D.

7. **答案:**A.条件(1)从 10 个车站选 2 个车站出来,往返的车票是不同的,需要排序,所以有 $C_{10}^2 2! = 90$,条件(1)充分;

条件(2)从 9 个车站选 2 个车站出来,往返的车票是不同的,需要排序,所以有 $C_9^2 2! = 72$,条件(2)不充分,选 A.

8. **答案:**B.利用分组分派的方法,将 6 人平均分为 3 组,每组 2 人,再消序,则有 $\dfrac{C_6^2 C_4^2 C_2^2}{3!} = 15$,选 B.

9. **答案:**B.从七个数字中任选两个有 $C_7^2 = 21$ 种,乘积为 0 重复出现了 5 次,则有 $21 - 5 = 16$ 种,选 B.

10. **答案:**C.当经过 A 点时,可选择的一共有 4 种情况,当经过 B 点时,因为至多只有一个人可以变更路线,可以是甲大路+乙山路、甲大路+乙大路、甲山路+乙山路,可选择的一共有 3 种情况,同理在经过 C 点时,也是 3 种情况,则有 $4 \times 3 \times 3 = 36$ 种,选 C.

11. **答案:**E.利用先取后排,先加后乘的方法.分成两类:

①2 名辩论队员,3 名合唱团员 $C_6^2 C_5^3 = 150$;

②3 名辩论队员,2 名合唱团员 $C_6^3 C_5^2 = 200$.

不同取法共有 150+200＝350 种,选 E.

12.答案:A.条件(1)对应分法有 $C_4^2 A_3^3＝36$ 种,充分;

条件(2)对应分法有 $C_4^1 \times 2^3＝32$ 种,不充分,选 A.

13.答案:B.因为丙丁要在一起,先把丙丁捆绑,看作一个元素,连同乙、戊看成三个元素排列,有 A_3^3 种排列方式;为使甲不在两端,必须且只需甲在此三个元素的中间两个位置任选一个位置插入,有 C_2^1 种插空方式;注意到丙丁两人的顺序可交换,有 A_2^2 种排列方式,故安排这 5 名同学共有 $A_3^3 \times C_2^1 \times A_2^2＝24$ 种不同的排列方式,选 B.

14.答案:B.如果仅有 A,B 两代表团入住 a 宾馆,则余下 3 个代表团必有 2 个入住同一家宾馆,此时不同的安排种数为 $C_3^2 A_2^2＝6$;如果 A,B 两代表团及余下 3 个代表团中的 1 个入住 a 宾馆,则剩下 2 个代表团分别入住 b,c 宾馆,此时不同的安排种数为 $C_3^1 A_2^2＝6$.综上,不同的安排种数为 12,选 B.

15.答案:C.分两种情况:①A,C 不同色,先涂 A 有 4 种,C 有 3 种,E 有 2 种,B,D 有 1 种,有 $4 \times 3 \times 2＝24$ 种;②A,C 同色,先涂 A,C 有 4 种,再涂 E 有 3 种,B,D 各有 2 种,有 $4 \times 3 \times 2 \times 2＝48$ 种.故不同的涂色方法有 48+24＝72 种.

第 八 章

计数原理——概率

本章思维导图

一、随机试验与事件

1. 随机试验条件

（1）试验可在相同的条件下重复进行；

（2）每次试验的结果可能不止一个，但事先明确试验所有可能出现的结果；

（3）试验前不确定出现哪一种结果.

总裁来举例：口袋里装有 3 颗糖，分别是水果糖、牛奶糖和薄荷糖，任意取出一颗糖，取出的糖只能是水果糖、牛奶糖、薄荷糖中的一种，它们出现的概率是等可能的，任意取出一颗，取的次数可以是多次，事先明确取糖这一试验的所有可能结果，但发生之前，并不能确定是哪一种糖会被取出.

2. 样本空间和样本点

随机试验所有可能结果的集合称为**样本空间**，样本空间的单个元素称为**样本点**或**基本事件**.

总裁来举例：接上例，样本空间即为口袋中装的 3 颗不同种类的糖，取出牛奶糖，取出水果糖，取出薄荷糖，每一次出现的结果即为样本点.

3. 事件

（1）**随机事件**是在随机试验中，可能出现也可能不出现，而在大量重复试验中具有某种规律的事件，通常用大写英文字母 A，B，C 等表示.

（2）**必然事件**是在一定的条件下重复进行试验时，有的事件在每次试验中必然会发生.

（3）**不可能事件**是在一定的条件下不可能发生的事件.

4. 事件的关系

(1) 如右图,如果事件 A 的发生必然导致事件 B 的发生,则称事件 B 包含事件 A,或称事件 A 包含于事件 B,记为 $B \supset A$ 或 $A \subset B$.

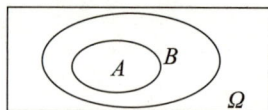

(2) 如右图,如果事件 B 包含事件 A,且事件 A 包含事件 B,即 $B \supset A$ 且 $A \supset B$,即两个事件 A 与 B 中任一事件发生必然导致另一事件的发生,则称事件 A 与 B 相等,记为 $A = B$.

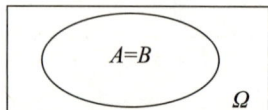

(3) 如右图,两个事件 A 与 B 至少有一事件发生,这一事件叫作事件 A 与 B 的并事件或和事件,记为 $A \cup B$.

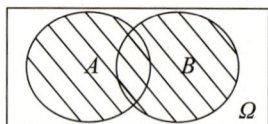

n 个事件 $A_1, A_2, \cdots, A_n$ 中至少有一事件发生,这一事件叫作事件 $A_1, A_2, \cdots, A_n$ 的并,记为 $\bigcup\limits_{i=1}^{n} A_i$.

(4) 如右图,两个事件 A 与 B 都发生,这一事件叫作事件 A 与事件 B 的交,记为 $A \cap B$ 或 AB.

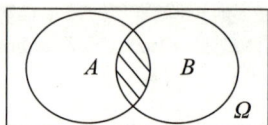

n 个事件 $A_1, A_2, \cdots, A_n$ 都发生,这一事件叫作 $A_1, A_2, \cdots, A_n$ 的交,记为 $\bigcap\limits_{i=1}^{n} A_i$.

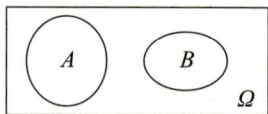

(5) 如右图,如果两个事件 A 与 B 不可能同时发生,记为 $AB = \varnothing$,称两事件 A 与 B 是互不相容的(或互斥的).

(6) 如右图,如果两事件 A 发生,而 B 不发生,记为 $A - B$,称 A 与 B 的差事件.

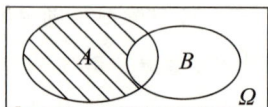

(7) 如下图,如果两事件 A 与 B 是互不相容的,并且它们中必有一事件发生,即两事件 A 与 B 有且仅有一个事件发生,即 $AB = \varnothing$ 且 $A + B = \Omega$. 则称事件 A 与事件 B 是对立的(互逆的),称事件 $B(A)$ 是事件 $A(B)$ 的对立事件,记为 $B = \overline{A}$ 或 $A = \overline{B}$.

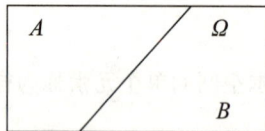

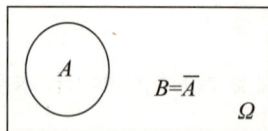

(8) 事件的运算

① 交换律:$A \cup B = B \cup A$;$AB = BA$;

② 结合律:$(A \cup B) \cup C = A \cup (B \cup C)$;$(A \cap B) \cap C = A \cap (B \cap C)$;

③ 分配律:$A(B \cup C) = AB \cup AC$;$A \cup (BC) = (A \cup B)(A \cup C)$;

$A(B \cap C) = AB \cap AC$;$A \cap (BC) = (A \cap B)(A \cap C)$;

④ 德摩根律:$\overline{A \cup B} = \overline{A} \cap \overline{B}$;$\overline{A \cap B} = \overline{A} \cup \overline{B}$;

⑤ 减法运算:$A - B = A - AB = A\overline{B}$.

二、概率

1. **统计定义**：对任意事件 A，皆有 $0 \leqslant P(A) \leqslant 1$，$P(\Omega)=1$，$P(\Phi)=0$. 其中 Ω，Φ 分别表示必然事件(在一定条件下必然发生的事件) 和不可能事件(在一定条件下必然不发生的事件).

2. **概率性质**：概率具有以下 7 个不同的性质：

性质 1：$p(\varnothing)=0$；

性质 2：有限可加性，当 n 个事件 $A_1,\cdots,A_n$ 两两互不相容时，有 $P(A_1 \bigcup \cdots \bigcup A_n)=P(A_1)+\cdots+P(A_n)$；

性质 3：对于任意一个事件 A，$P(A)=1-P(\overline{A})$；

性质 4：当事件 A，B 满足 A 包含于 B 时：$P(B-A)=P(B)-P(A)$，$P(A) \leqslant P(B)$；

性质 5：对于任意一个事件 A，$P(A) \leqslant 1$；

性质 6：对任意两个事件 A 和 B，$P(B-A)=P(B)-P(A \bigcap B)$；

性质 7：(加法公式) 对任意两个事件 A 和 B，$P(A \bigcup B)=P(A)+P(B)-P(A \bigcap B)$，$P(A \bigcup B) \leqslant P(A)+P(B)$，只有 A，B 两个事件互斥时，才有 $P(A \bigcup B)=P(A)+P(B)$，推广到三个事件有 $P(A \bigcup B \bigcup C)=P(A)+P(B)+P(C)-P(AB)-P(BC)-P(AC)+P(ABC)$.

三、古典概型

1. 定义

(1) 试验中所有可能出现的基本事件只有有限个；

(2) 试验中每个基本事件出现的可能性相等.

具有以上两个特点的概率模型是大量存在的，这种概率模型称为古典概型，也叫作等可能概型.

2. 特点

(1) 有限性；

(2) 等可能性.

基本事件的特点：

(1) 任何两个基本事件是互斥的；

(2) 任何事件(除不可能事件) 都可以表示成基本事件的和.

3. 公式

$$P(A)=\frac{m}{n}=\frac{A\ 所包含的基本事件的个数}{基本事件的总数}.$$

如果一次实验中可能出现的结果有 n 个，而且所有结果出现的可能性都相等，那么每一个基本事件的概率都是 $\dfrac{1}{n}$；如果某个事件 A 包含的结果有 m 个，那么事件 A 的概率为 $P(A)=\dfrac{m}{n}$.

思考 1. 先后要抛掷两枚均匀的硬币,计算:

(1) 如果两枚硬币都出现正面的概率;

(2) 一枚出现正面,一枚出现反面的概率.

求解:(1) 设"如果两枚硬币都出现正面"为事件 A,先后抛掷两枚硬币,结果为正正、正反、反正、反反四种情况,则 $P(A) = \dfrac{1}{4}$.

(2) 设"一枚出现正面,一枚出现反面"为事件 B, $P(B) = \dfrac{2}{4} = \dfrac{1}{2}$.

思考 2. 100 件产品中有 10 件次品,从中取出 5 件进行检验,求取得的 5 件产品中至多有 1 件次品的概率.

求解:设"所取得的 5 件产品中至多有 1 件次品"为事件 A.

分类:① 5 件中只有一件次品 $\dfrac{C_{10}^1 \cdot C_{90}^4}{C_{100}^5}$;

② 5 件中都是正品 $\dfrac{C_{90}^5}{C_{100}^5}$.

$$P(A) = \frac{C_{10}^1 \cdot C_{90}^4}{C_{100}^5} + \frac{C_{90}^5}{C_{100}^5}.$$

四、独立性

1. 定义:设 A, B 为随机事件,若事件 A, B 同时发生的概率等于各自发生的概率的乘积, $P(AB) = P(A) \cdot P(B)$,则 A, B 相互独立. 一般地,设 $A_1, A_2, \cdots, A_n$ 是 $n(n \geqslant 2)$ 个事件,如果对于其中任意 2 个,任意 3 个,$\cdots$,任意 n 个事件的积事件的概率都等于各事件概率之积,则称 A_1, A_2, $\cdots, A_n$ 相互独立. $P(A_1 \cdot A_2 \cdot A_3 \cdot \cdots \cdot A_n) = P(A_1) \cdot P(A_2) \cdot P(A_3) \cdot \cdots \cdot P(A_n)$. 若 A_1, A_2, $\cdots, A_n$ 相互独立,则 $A_1, A_2, \cdots, A_n$ 两两独立,反之不一定成立.

2. 若 A, B, C 三个事件同时满足: $P(AB) = P(A) \cdot P(B)$, $P(AC) = P(A) \cdot P(C)$, $P(BC)$ $= P(B) \cdot P(C) (A, B, C$ 两两独立) 且 $P(ABC) = P(A) \cdot P(B) \cdot P(C) (A, B, C$ 三三独立),则事件 A, B, C 相互独立.

五、伯努利概型

1. 定义

伯努利试验是在同样的条件下重复地、相互独立地进行的一种随机试验,其特点是该随机试验只有两种可能结果:发生或者不发生. 我们假设该项试验独立重复地进行了 n 次,那么就称这一系列重复独立的随机试验为 n 重伯努利试验,或称为伯努利概型.

2. 定理

设在一次试验中,事件 A 发生的概率为 $P(0 < P < 1)$,则在 n 重伯努利试验中,事件 A 恰好发

生 k 次的概率为 $P_n(k)=C_n^k P^k(1-P)^{n-k}(k=0,1,2,\cdots,n)$.

3. 推论

① 直到第 k 次试验才首次发生的概率为 $P(1-P)^{k-1}(k=1,2,\cdots)$；

② 做 n 次伯努利试验，直到第 n 次试验才发生了 k 次，概率为 $C_{n-1}^{k-1}P^k(1-P)^{n-k}(k=0,1,2,\cdots,n)$（之前 $n-1$ 次试验中才发生了 $k-1$ 次，第 n 次试验是发生的，前后独立）；

③ n 次试验中至少发生 1 次的概率为 $1-(1-p)^n$，从反面考虑即一次都没有发生；n 次试验中至多发生 1 次的概率为 $(1-p)^n+C_n^1 P^1(1-P)^{n-1}$；从正面考虑即发生 0 次或 1 次.

第二节　见微知著

一、概率解题秘诀——解题六步

第一步，先取后排；

第二步，先乘后加；

第三步，先特后普；

第四步，确定不管；

第五步，有序实施；

第六步，事件完成.

二、考点精析：古典概型——穷举问题

解题要点：问题处为特殊情况通常放分子，问题处为总体情况通常放分母.

例1：一种编码由 6 位数字组成，其中每位数字可以是 $0,1,2,\cdots,9$ 中的任意一个，求编码的前两位数字都不超过 5 的概率为（　　）.

A. 0.36　　　　B. 0.37　　　　C. 0.38　　　　D. 0.46　　　　E. 0.39

答案：A　解析：设 $M=\{$编码的前两位数字都不超过 5$\}$，基本事件总数 $N=10^6$ 在分母，M 特殊事件包含的基本事件数等于 6^2（先给前两位特殊位置取数）$\times 10^4$（后给普通的取）在分子，所以 $P(M)=\dfrac{6^2\times 10^4}{10^6}=0.36$，选 A.

总裁有话说：解题步骤是先取后排，先特后普，事件完成.1 到 n 有 n 个数，0 到 n 有 $n+1$ 个数.

例2：在分别标记了数字 1，2，3，4，5，6 的 6 张卡片中随机选取 3 张，其上数字之和等于 10 的概率为（　　）.

A. 0.05　　　　B. 0.1　　　　C. 0.15　　　　D. 0.2　　　　E. 0.25

答案:C 解析:样本点总数为 C_6^3(先取),穷举得到三个数字之和为 10 的情况有 $1+3+6$,$1+4+5$,$2+3+5$ 三种,所求概率为 $\dfrac{3}{C_6^3}=\dfrac{3}{20}=0.15$,选 C.

📖 **总裁有话说**:解题步骤是先取后排,事件完成.

✎ **例3:**(2018) 从标号为 1 到 10 的十张卡片中随机抽取 2 张,它们的标号之和能够被 5 整除的概率为(　　).

A. $\dfrac{1}{5}$　　　　B. $\dfrac{1}{9}$　　　　C. $\dfrac{2}{9}$　　　　D. $\dfrac{2}{15}$　　　　E. $\dfrac{7}{45}$

答案:A 解析:从 10 张卡片中抽取 2 张,共 $C_{10}^2=45$ 种(先取),标号之和能被 5 整除,则标号之和为 5,10,15(先分类),标号之和为 5 有 $1+4$,$2+3$ 两种,标号之和为 10 有 $1+9$,$2+8$,$3+7$,$4+6$ 四种,标号之和为 15 有 $5+10$,$6+9$,$7+8$ 三种,所以标号之和能被 5 整除的概率为 $\dfrac{2+4+3}{45}=\dfrac{1}{5}$,选 A.

📖 **总裁有话说**:解题步骤是先取后排,事件完成.

✎ **例4:**某剧院正在上演一部新歌剧,前座票价为 50 元,中座票价为 35 元,后座票价为 20 元,如果购买到任何一种票是等可能的,现任意购买两张票,总票价不超过 70 元的概率是(　　).

A. $\dfrac{1}{3}$　　　　B. $\dfrac{1}{2}$　　　　C. $\dfrac{3}{5}$　　　　D. $\dfrac{2}{3}$　　　　E. $\dfrac{1}{5}$

答案:D 解析:前座、中座、后座三种票价任意买两张共 $C_3^1 \times C_3^1=9$ 种买法,但票价不超过 70 元的买法只能是前后、中中、中后、后前、后中、后后 6 种搭配,所求概率为 $\dfrac{6}{9}=\dfrac{2}{3}$,选 D.

📖 **总裁有话说**:解题步骤是先取后排,事件完成.

✎ **例5:**将一颗骰子随机抛掷 2 次,则两次点数之差的绝对值不小于 2 的概率为(　　).

A. $\dfrac{4}{9}$　　　　B. $\dfrac{5}{9}$　　　　C. $\dfrac{5}{18}$　　　　D. $\dfrac{13}{18}$　　　　E. $\dfrac{1}{2}$

答案:B 解析:通过穷举法先把点数之差的绝对值小于 2 的情况列举出来:$(1,1)$,$(1,2)$,$(2,1)$,$(2,2)$,$(2,3)$,$(3,2)$,$(3,3)$,$(3,4)$,$(4,3)$,$(4,4)$,$(4,5)$,$(5,4)$,$(5,5)$,$(5,6)$,$(6,5)$,$(6,6)$,共 16 个样本点,所以点数之差的绝对值小于 2 的概率为 $P=\dfrac{16}{36}=\dfrac{4}{9}$,则点数之差的绝对值不小于 2 的概率为 $\dfrac{5}{9}$,选 B.

三、考点精析:古典概型 —— 取球问题

解题要点:出题背景可以是从袋中、盒中取球、取糖、取信等.

✎ **例1:**甲盒内有红球 4 只、黑球 2 只和白球 2 只,乙盒内有红球 5 只、黑球 3 只,丙盒内有黑球 2 只、白球 2 只.从这三个盒子的任意一个中任取出一只球,是红球的概率是(　　).

A. 0.5625　　　B. 0.5　　　C. 0.45　　　D. 0.375　　　E. 0.225

答案：D 解析：从甲、乙、丙三个盒子中任取一个的概率都是 $\frac{1}{3}$，再取到红球的概率为 $\frac{1}{3} \times \frac{4}{8} +$ $\frac{1}{3} \times \frac{5}{8} + \frac{1}{3} \times \frac{0}{4} = 0.375$，选 D．

例2： 袋中有 6 只红球、4 只黑球，今从袋中随机取出 4 只球，设取到一只红球得 2 分，取到一只黑球得 1 分，则得分不大于 6 分的概率是(　　)．

A. $\frac{23}{42}$　　　B. $\frac{4}{7}$　　　C. $\frac{25}{42}$　　　D. $\frac{3}{21}$　　　E. $\frac{53}{60}$

答案：A 解析：从 10 只球中取 4 只，样本点总数为 C_{10}^4．取 4 只球得分不大于 6 分的情况有：

① 取出 4 只黑球，取法共有 $C_6^0 C_4^4$ 种；

② 取出 1 只红球，3 只黑球，取法共有 $C_6^1 C_4^3$ 种；

③ 取出 2 只红球，2 只黑球，取法共有 $C_6^2 C_4^2$ 种．

则得分不大于 6 分的概率 $P = \dfrac{C_6^0 C_4^4 + C_6^1 C_4^3 + C_6^2 C_4^2}{C_{10}^4} = \dfrac{23}{42}$，选 A．

总裁有话说： 解题步骤是先取后排，事件完成．

例3： 盒子中有 4 只球，其中红球、黑球、白球各一只，另有一只红、黑、白三色球，现从中任取 2 只球，其中恰有一球上有红色的概率为(　　)．

A. $\frac{1}{6}$　　　B. $\frac{1}{3}$　　　C. $\frac{1}{2}$　　　D. $\frac{2}{3}$　　　E. $\frac{5}{6}$

答案：D 解析：恰有一球上有红色的概率为 $\dfrac{C_2^2 + C_2^1}{C_4^2} = \dfrac{2}{3}$，选 D．

总裁有话说： 红黑白三色球类似全能元素，按照全能元素选上与全能元素选不上来分类．解题步骤是先取后排，事件完成．

例4： 一只口袋中有 5 只同样大小的球，编号分别为 1,2,3,4,5. 今从中随机抽取 3 只球，则取到的球中最大号码是 4 的概率是(　　)．

A. 0.3　　　B. 0.4　　　C. 0.5　　　D. 0.6　　　E. 0.7

答案：A 解析：取到的球中最大号码是 4，说明 3 只球中必须要取 4 号球，另外 2 只球是从 1,2,3 号球中任取 2 只，共有 C_3^2 种取法，因此所求概率为 $P = \dfrac{C_3^2}{C_5^3} = \dfrac{3}{10} = 0.3$，选 A．

例5： 一个不透明的布袋中装有 2 个白球、m 个黄球和若干个黑球，它们只有颜色不同，则 $m = 3$．

(1) 从布袋中随机摸出一个球，摸到白球的概率是 0.2．

(2) 从布袋中随机摸出一个球，摸到黄球的概率是 0.3．

答案：C 解析：条件(1) 摸到白球的概率是 0.2，2 个白球，所以总共 10 个球，并不清楚黑球的数量，不能确定 m 的值；

条件(2) 摸到黄球的概率是 0.3，黄球数量不知，黑球数量不知，所以不能确定 m 的值．联合，可确定 $m = 3$，选 C．

四、考点精析：古典概型 —— 分房问题

分房问题题型特征与排列组合相同.

◆ **例1**：某宾馆有6间客房，现要安排4位旅游者，每人可以进住任意一个房间，且进住各房间是等可能的.事件 A：指定的4个房间各有1人；事件 B：恰有4个房间各有1人；事件 C：指定的某房间中有2人；事件 D：一号房间有1人，二号房间有2人；事件 E：至少有2人在同一个房间.则下列叙述错误的为（　　）.

　　A. $P(A) = \dfrac{1}{54}$　　B. $P(B) = \dfrac{5}{18}$　　C. $P(C) = \dfrac{29}{216}$　　D. $P(D) = \dfrac{1}{27}$　　E. $P(E) = \dfrac{13}{18}$

答案：C 解析：每个事件的分母都相同，6间房，4个人，一个人只能在一间房中出现，故分母为 6^4.

A 事件：分子，指定的4个房间中各有1人，确定不管，故房间不需要去选择，只需将4个人在4间房内全排列，有 A_4^4，因此 $P(A) = \dfrac{\mathrm{A}_4^4}{6^4} = \dfrac{1}{54}$；

📖 **总裁有话说**：解题步骤是先取后排，确定不管，事件完成.

B 事件：分子，恰有4个房间各有1人，故先从6间房中选4间，有 C_6^4，将4人在选出的4间房内全排列，有 A_4^4，因此 $P(B) = \dfrac{\mathrm{C}_6^4 \mathrm{A}_4^4}{6^4} = \dfrac{5}{18}$；

📖 **总裁有话说**：解题步骤是先取后排，事件完成.

C 事件：分子，指定的某房间中有2人，确定不管，故有一间房定好了，但人不确定，从4人中选取2人安顿在指定房间，有 C_4^2，余下2人，任意住进剩余5间房，每人有5种选择，故 $\mathrm{C}_5^1 \mathrm{C}_5^1$，因此 $P(C) = \dfrac{\mathrm{C}_4^2 \mathrm{C}_5^1 \mathrm{C}_5^1}{6^4} = \dfrac{25}{216}$；

📖 **总裁有话说**：解题步骤是先取后排，事件完成.

D 事件：分子，1号房间有1人，2号房间有2人，房间已确定，但人不确定，从4人中选1人安置在1号房，有 C_4^1，从余下3人中选2人安置在2号房，有 C_3^2，剩下1人进剩余4间房任意一间即可，有 C_4^1，因此 $P(D) = \dfrac{\mathrm{C}_4^1 \mathrm{C}_3^2 \mathrm{C}_4^1}{6^4} = \dfrac{1}{27}$；

📖 **总裁有话说**：先取后排，确定不管，事件完成.

E 事件：分子，至少有2人在同一个房间，从反面入手，至少2人在同一个房间的反面是恰有4间房每间各1人，$1 - \dfrac{\mathrm{C}_6^4 \mathrm{A}_4^4}{6^4} = \dfrac{13}{18}$.

📖 **总裁有话说**：排列组合的至多至少问题从正面分类求解，概率的至多至少问题从反面求解.

◆ **例2**：将3人以相同的概率分配到4间房间的每一间中，恰有3间房中各有1人的概率为（　　）.

　　A. 0.75　　　B. 0.375　　　C. 0.1875　　　D. 0.125　　　E. 0.105

答案：B 解析：设事件 B 表示"恰有3间房中各有1人".1人随机分到4间房中有4种等可能的

分法,3 人随机分到 4 间房中有 4^3 种等可能的分法,恰有 3 间房中各有 1 人,先从 4 间房中选 3 间有 C_4^3 种选法,再安排 3 个人有 A_3^3 种分法,所以组成 B 的不同分法有 $C_4^3 A_3^3$ 种,因此 $P(B)=\dfrac{C_4^3 A_3^3}{4^3}=$ 0.375,选 B.

总裁有话说:先取后排,事件完成.

例3:有 3 个人,每个人都以相同的概率被分配到 A,B,C,D 4 个房间中的任一间中,则 $P=\dfrac{5}{8}$.

(1) 恰有 1 个人被分配到 A 房间中的概率为 P.

(2) 至少有 2 人在同一个房间的概率为 P.

答案:B 解析:总分法 4^3 种,为分母.

条件(1)恰有 1 个人分配到 A 房间,符合的情况有 $C_3^1 \times 3^2$,此时概率为 $\dfrac{C_3^1 \times 3^2}{4^3}=\dfrac{27}{64}$,不充分;条件(2)至少有 2 人在同一房间,概率为 $1-\dfrac{A_4^3}{4^3}=\dfrac{5}{8}$,充分.选 B.

例4:将 2 个红球与 1 个白球随机地放入甲、乙、丙三个盒子中,则乙盒中至少有一个红球的概率为( ).

A. $\dfrac{1}{9}$ B. $\dfrac{8}{27}$ C. $\dfrac{4}{9}$ D. $\dfrac{5}{9}$ E. $\dfrac{17}{27}$

答案:D 方法一解析:

事件 $A=\{$乙盒中至少有 1 个红球$\}$,$\bar{A}=\{$乙盒中没有红球$\}$.白球 3 个盒子随便放,有 C_3^1 种放法,2 个红球可以放到甲、丙两个盒子中,有 $C_2^1 C_2^1$ 种放法.所以乙盒中没有红球的样本数为 $N_{\bar{A}}=C_3^1 C_2^1 C_2^1$.样本点总数:每个球可以放入三个盒子中,所以 $N_\Omega=3^3$,$P(A)=1-P(\bar{A})=1-\dfrac{C_3^1 C_2^1 C_2^1}{3^3}=1-\dfrac{4}{9}=\dfrac{5}{9}$,选 D.

方法二解析:

样本点总数:每个球可以放入三个盒子中,所以 $N_\Omega=3^3$,事件 $A=\{$乙盒中至少有 1 个红球$\}$,分类有两种情况:

① 乙盒中有 1 个红球,先从 2 个红球中选出 1 个,余下的 1 个红球只能放到甲、丙两个盒子中,1 个白球可以放到甲、乙、丙三个盒子中,共有 $C_2^1 \times 2 \times 3=12$ 种放法;

② 乙盒中有 2 个红球,1 个白球可以放到甲、乙、丙三个盒子中,共有 3 种放法,所以 $P(A)=\dfrac{12+3}{3^3}=\dfrac{5}{9}$,选 D.

总裁有话说:"至少"问题从简单的入手(方法一从反面入手分析,方法二从正面入手分析).注意:此题中 2 个红球是不同的.

五、考点精析:古典概型 —— 开锁问题

题型分类:

1. 求第几次可以抽到奖券、摸到该球、打开密码.

2. 求最后抽到的概率、摸到的概率、打开密码的概率.

例1:某装置的启动密码是由 0 到 9 中的 3 个不同数字组成的,连续 3 次输入错误密码,就会导致该装置永久关闭,一个仅记得密码是由 3 个不同数字组成的人能够启动此装置的概率为(   ).

A. $\dfrac{1}{120}$ B. $\dfrac{1}{168}$ C. $\dfrac{1}{240}$ D. $\dfrac{1}{720}$ E. $\dfrac{3}{1000}$

答案:C 方法一解析:

由 0—9 中的 3 个不同数字组成的密码共有 $A_{10}^3 = 720$ 种,设 $A_i(i=1,2,3)$ 表示"第 i 次输入正确",则所求概率为 $P = P(A_1) + P(\overline{A_1}A_2) + P(\overline{A_1}\,\overline{A_2}A_3) = \dfrac{1}{720} + \dfrac{719}{720} \times \dfrac{1}{719} + \dfrac{719}{720} \times \dfrac{718}{719} \times \dfrac{1}{718}$

$= \dfrac{3}{720} = \dfrac{1}{240}$,选 C.

方法二解析:

因为可以尝试 3 次,根据等可能事件,每次成功的概率为 $\dfrac{1}{A_{10}^3}$,所求概率为 $3 \times \dfrac{1}{A_{10}^3} = \dfrac{1}{240}$,选 C.

总裁有话说:不论第几次都当作是第一次,求概率即:第一次成功概率 × 次数,即可得到答案.

例2:若 10 把钥匙中只有 2 把钥匙能打开某锁,则从中任取 2 把能将该锁打开的概率为(   ).

A. $\dfrac{13}{41}$ B. $\dfrac{17}{45}$ C. $\dfrac{17}{43}$ D. $\dfrac{13}{43}$ E. $\dfrac{13}{45}$

答案:B 解析:考虑对立事件,打不开的情况相当于从另外打不开的 8 把钥匙取 2 把,如果按照打开情况来解就是有可能 2 把钥匙均可打开,或者只有 1 把可打开,$P = \dfrac{C_2^2 + C_8^1 C_2^1}{C_{10}^2} = \dfrac{17}{45}$,选 B.

六、考点精析:古典概型 —— 骰子问题

题型特征:骰子问题通常会与穷举问题和解析几何结合考查.

例1:若以连续掷两次骰子分别得到的点数 a 与 b 作为点 M 的坐标,则点 M 落入圆 $x^2 + y^2 = 18$ 内(不含圆周)的概率是(   ).

A. $\dfrac{7}{36}$ B. $\dfrac{2}{9}$ C. $\dfrac{1}{4}$ D. $\dfrac{5}{18}$ E. $\dfrac{11}{36}$

答案:D 解析:要使 (a,b) 落入圆 $x^2 + y^2 = 18$ 内(不含圆周),要求 $a^2 + b^2 < 18$,掷两次骰子总可能性为 $6 \times 6 = 36$ 种,满足 $a^2 + b^2 < 18$ 的可能性有:$(a,b) = (1,1),(1,2),(1,3),(1,4),(2,$

1),(2,2),(2,3),(3,1),(3,2),(4,1),共 10 种,因此所求概率为 $P=\dfrac{10}{36}=\dfrac{5}{18}$,选 D.

◆♪ **例 2**:点 (s,t) 落入圆 $(x-a)^2+(y-a)^2=a^2$ 内(不含圆周)的概率是 $\dfrac{1}{4}$.

(1)s,t 是连续掷一枚骰子两次所得到的点数,$a=3$.

(2)s,t 是连续掷一枚骰子两次所得到的点数,$a=2$.

答案:B　解析:条件(1) 点 (s,t) 落入圆 $(x-3)^2+(y-3)^2=3^2$ 内所有可能点有:(1,1),(1,2),(1,3),(1,4),(1,5),(2,1),(2,2),(2,3),(2,4),(2,5),(3,1),(3,2),(3,3),(3,4),(3,5),(4,1),(4,2),(4,3),(4,4),(4,5),(5,1),(5,2),(5,3),(5,4),(5,5),共 25 种,掷两次骰子的可能性共有 $6\times6=36$ 种,概率 $P=\dfrac{25}{36}\neq\dfrac{1}{4}$,条件(1) 不充分;

条件(2) 点 (s,t) 落入圆 $(x-2)^2+(y-2)^2=2^2$ 内所有可能点有:(1,1),(1,2),(1,3),(2,1),(2,2),(2,3),(3,1),(3,2),(3,3),共 9 种,概率 $P=\dfrac{9}{36}=\dfrac{1}{4}$,条件(2) 充分,选 B.

🦉**总裁有话说**:古典概型与解析几何综合考查,一般用穷举法,按照字典排序进行,可以有效避免重复遗漏.

七、考点精析:古典概型 —— 几何问题

题型分类:

1. 立体几何相关

解题方法: 将一个正方体六个面涂成红色,切成 n^3 个小正方体,则

(1)3 面红色的小正方体,共 8 个,位于原正方体角上;

(2)2 面红色的小正方体,共 $12(n-2)$ 个,位于原正方体棱上;

(3)1 面红色的小正方体,共 $6(n-2)^2$ 个,位于原正方体面上(不在棱上的部分);

(4) 没有红色的小正方体,共 $(n-2)^3$ 个,位于原正方体内部.

2. 解析几何相关

解题方法: 利用画图,数形结合求解.

3. 平面几何相关

解题方法: 极限思考.

◆♪ **例 1**:将一个白木质的正方体的六个表面都涂上红漆,再将它锯成 64 个小正方体.从中任取 3 个,其中至少有 1 个三面是红漆的小正方体的概率是(　　　).

　A. 0.665　　　　B. 0.578　　　　C. 0.563　　　　D. 0.482　　　　E. 0.335

答案:E 解析:三面都是红漆的小正方体对应原先大正方体的8个顶点,共有8个.任取3个至少有1个三面是红漆的反面是任取3个中1个都没有三面是红漆,所以 $P(A)=1-P(\overline{A})=1-\dfrac{C_{56}^3}{C_{64}^3}$

$=1-\dfrac{165}{248}\approx 0.335$,选 E.

♠♫ **例2:** 若在区间$(0,1)$内任取两个数,则事件"两数之和小于$\dfrac{6}{5}$"的概率为(　　).

A. $\dfrac{8}{25}$　　　　B. $\dfrac{17}{25}$　　　　C. $\dfrac{1}{2}$　　　　D. $\dfrac{1}{3}$　　　　E. $\dfrac{1}{4}$

答案:B 解析:利用解析几何画图求解,在区间$(0,1)$内任取两个数记为 x,y,则可以画出 $x=0,y=0,x=1,y=1$ 的直线所围范围是单位正方形,如右图所示.正方形面积为 $S_{正}=1$,事件"两数之和小于$\dfrac{6}{5}$"可表示为 $x+y<\dfrac{6}{5}$,区域为图中阴影部分,故由数形结合可得 $P(A)=1-\dfrac{1}{2}\left(\dfrac{4}{5}\right)^2$

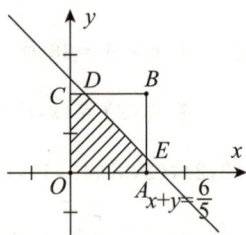

$=\dfrac{17}{25}$,选 B.

♠♫ **例3:** 在矩形 $ABCD$ 的边 CD 上随机取一点 P,使得 AB 是 $\triangle APB$ 的最大边的概率大于$\dfrac{1}{2}$.

(1) $\dfrac{AD}{AB}<\dfrac{\sqrt{7}}{4}$.

(2) $\dfrac{AD}{AB}>\dfrac{1}{2}$.

答案:A 解析:令"在矩形 $ABCD$ 的边 CD 上随机取一点 P,使得 AB 是 $\triangle APB$ 的最大边"为事件 M,试验的全部结果构成的长度即为线段 CD,构成事件 M 的长度为线段 CD 的一半,根据对称性,当 $PD=\dfrac{1}{4}CD$ 时,$AB=PB$,如右图所示,设 $CD=4$,则 $AF=DP=1$,$BF=3$,有 $AD=PF=\sqrt{PB^2-BF^2}$

$=\sqrt{16-9}=\sqrt{7}$,即 $\dfrac{AD}{AB}=\dfrac{\sqrt{7}}{4}$,当 $\dfrac{AD}{AB}<\dfrac{\sqrt{7}}{4}$ 时,AB 是 $\triangle APB$ 最大边的概率大于$\dfrac{1}{2}$,条件(1)充分,条件(2)不充分,选A.

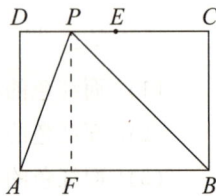

🖋 **总裁有话说:** 条件(2)由极限思维可知不可能成立.

八、考点精析:古典概型 —— 随机取样至多至少问题

解题方法: 概率至多至少问题从反面求解.

♠♫ **例1:** 10件产品中有3件次品,从中随机抽出2件,至少抽到一件次品的概率是(　　).

A. $\dfrac{1}{3}$　　　　B. $\dfrac{2}{5}$　　　　C. $\dfrac{7}{15}$　　　　D. $\dfrac{8}{15}$　　　　E. $\dfrac{3}{5}$

答案：D 解析：10件中随机抽出2件，全是正品的概率为 $\dfrac{C_7^2}{C_{10}^2}=\dfrac{7}{15}$，所以抽出2件至少抽到一件次品的概率是 $1-\dfrac{7}{15}=\dfrac{8}{15}$，选 D.

🔑**例2**：已知10件产品中有4件一等品，从中任取2件，则至少有1件一等品的概率为（　　）．

A. $\dfrac{1}{3}$　　　　　B. $\dfrac{2}{3}$　　　　　C. $\dfrac{2}{15}$　　　　　D. $\dfrac{8}{15}$　　　　　E. $\dfrac{13}{15}$

答案：B 方法一解析：

至少有1件是一等品有两种情况：2件都是一等品或1件是一等品1件非一等品，则所求概率为

$\dfrac{C_4^2+C_4^1C_6^1}{C_{10}^2}=\dfrac{30}{45}=\dfrac{2}{3}$，选 B.

方法二解析：

至少1件一等品的反面为都不是一等品，则所求概率为 $1-\dfrac{C_6^2}{C_{10}^2}=\dfrac{2}{3}$，选 B.

九、考点精析：独立性

独立事件同时发生的概率公式：$P(AB)=P(A)P(B)$.

思考：发财和富贵两个人明天都要上班，如果发财和富贵明天骑自行车上班的概率分别是0.6和0.5，求：

(1) 两人都骑自行车上班的概率；

(2) 恰有一人骑自行车上班的概率；

(3) 至少有一人骑自行车上班的概率．

答案：设发财骑自行车上班为 A 事件，富贵骑自行车上班为 B 事件，已知 $P(A)=0.6$，$P(B)=0.5$.

(1) 两人都骑自行车上班的概率为 $P(AB)=P(A)P(B)=0.6\times0.5=0.3$.

(2) 恰有一人骑自行车上班的概率，需分类：

① 发财骑自行车，富贵不骑自行车：$P(A\overline{B})=P(A)\times P(\overline{B})=0.6\times(1-0.5)=0.3$；

② 发财不骑自行车，富贵骑自行车：$P(\overline{A}B)=P(\overline{A})\times P(B)=(1-0.6)\times0.5=0.2$.

因此恰有一人骑自行车上班的概率 $P=0.3+0.2=0.5$.

(3) 至少有一人骑自行车上班的概率（看到至少逆向思考），反面即为两人都不骑自行车上班，故 $P=1-P(\overline{AB})=1-(1-0.6)(1-0.5)=0.8$.

🔑**例1**：甲、乙两选手进行乒乓球单打比赛，甲选手发球成功后，乙选手回球失误的概率为0.3，若乙选手回球成功，甲选手回球失误的概率为0.4，甲回球成功，乙选手再次回球失误的概率为0.5，试计算几个回合中，乙选手输掉1分的概率为（　　）．

A. 0.36　　　　B. 0.43　　　　C. 0.49　　　　D. 0.51　　　　E. 0.57

答案：D 解析：乙选手输掉1分的情况为乙第一回合失误或乙第二回合失误两种，故概率 $P=0.3+(1-0.3)\times(1-0.4)\times0.5=0.51$，选 D.

📖**总裁有话说**：根据乙选手的失误情况进行分类讨论，乙第一回合失误的概率为0.3，第二回合失误的概率为 $0.7\times0.6\times0.5$（甲都成功了）．

例2： 某人将5个环一一投向一个木桩，直到有一个套中为止，若每次套中的概率为0.1，则至少剩下一个环未投的概率为（　　）.

  A.0.3439   B.0.271   C.0.40951   D.0.93439   E.0.506

答案：A　方法一解析：

设 A_i 为"第 i 个环套中木桩"（$i=1,2,3,4$），那么 $P(A_1)=0.1$，$P(A_2)=(1-0.1)\times 0.1=0.9\times 0.1$，$P(A_3)=(1-0.1)^2\times 0.1=0.9^2\times 0.1$，$P(A_4)=(1-0.1)^3\times 0.1=0.9^3\times 0.1$，所以至少剩下一个环未投的概率是：$P(A_1)+P(A_2)+P(A_3)+P(A_4)=0.1+0.9\times 0.1+0.9^2\times 0.1+0.9^3\times 0.1=0.1\times(1+0.9+0.9^2+0.9^3)=0.1\times\dfrac{1-0.9^4}{1-0.9}=0.3439$，选 A.

方法二解析：

"至少剩下一个环未投"的反面是"5个环都要投"，即前4个环都失败了，所以概率为 $1-(1-0.1)^4=1-0.9^4=0.3439$，选 A.

例3： 若从原点出发的质点 M 向 x 轴的正向移动1个和2个坐标单位的概率分别是 $\dfrac{2}{3}$ 和 $\dfrac{1}{3}$，则该质点移动3个坐标单位到达点 $x=3$ 的概率是（　　）.

  A.$\dfrac{19}{27}$ B.$\dfrac{20}{27}$ C.$\dfrac{7}{9}$ D.$\dfrac{22}{27}$ E.$\dfrac{23}{27}$

答案：B　解析：该质点从原点出发向 x 轴的正向移动3个坐标单位到达点 $x=3$，分3类情况讨论：

① 每次移动1个单位共3次到达点 $x=3$，其概率为 $\left(\dfrac{2}{3}\right)^3=\dfrac{8}{27}$；

② 先移动1个单位，后移动2个单位到达点 $x=3$，其概率为 $\dfrac{2}{3}\times\dfrac{1}{3}=\dfrac{2}{9}$；

③ 先移动2个单位，后移动1个单位到达点 $x=3$，其概率为 $\dfrac{1}{3}\times\dfrac{2}{3}=\dfrac{2}{9}$.

根据加法原理，概率为 $\dfrac{8}{27}+\dfrac{2}{9}+\dfrac{2}{9}=\dfrac{20}{27}$，选 B.

例4： 在10道备选试题中，甲能答对8题，乙能答对6题．若某次考试从这10道备选题中随机抽出3道作为考题，至少答对2题才算合格，则甲、乙两人考试都合格的概率是（　　）.

  A.$\dfrac{28}{45}$ B.$\dfrac{2}{3}$ C.$\dfrac{14}{15}$ D.$\dfrac{26}{45}$ E.$\dfrac{8}{15}$

答案：A　解析：甲合格的概率为 $P_1=\dfrac{C_8^3+C_8^2C_2^1}{C_{10}^3}=\dfrac{14}{15}$，乙合格的概率为 $P_2=\dfrac{C_6^3+C_6^2C_4^1}{C_{10}^3}=\dfrac{2}{3}$，

由独立性可知，甲、乙两人都合格的概率为 $P_1P_2=\dfrac{14}{15}\times\dfrac{2}{3}=\dfrac{28}{45}$，选 A.

例5： 某次网球比赛的四强对阵为甲对乙，丙对丁，两场比赛的获胜者将争夺冠军．选手之间相互获胜的概率如下：

	甲	乙	丙	丁
甲获胜概率		0.3	0.3	0.8
乙获胜概率	0.7		0.6	0.3
丙获胜概率	0.7	0.4		0.5
丁获胜概率	0.2	0.7	0.5	

则甲获得冠军的概率为( ).

A.0.165   B.0.245   C.0.275   D.0.315   E.0.330

答案:A 解析:最后甲获得冠军有2种情况:

第一种情况:甲胜乙,丙胜丁,再甲胜丙,甲获胜的概率 $P_1 = 0.3 \times 0.5 \times 0.3 = 0.045$;

第二种情况:甲胜乙,丁胜丙,再甲胜丁,甲获胜的概率 $P_2 = 0.3 \times 0.5 \times 0.8 = 0.12$.

所以甲获得冠军的概率为 $P = 0.045 + 0.12 = 0.165$,选 A.

例6: 某试卷由15道选择题组成,每道题有4个选项,只有一项是符合试题要求的,甲有6道题能确定正确选项,有5道题能排除2个错误选项,有4道题能排除1个错误选项,若从每题排除后剩余的选项中选一个作为答案,则甲得满分的概率为( ).

A.$\dfrac{1}{2^4} \times \dfrac{1}{3^5}$ B.$\dfrac{1}{2^5} \times \dfrac{1}{3^4}$ C.$\dfrac{1}{2^5} + \dfrac{1}{3^4}$ D.$\dfrac{1}{2^4} \times \left(\dfrac{3}{4}\right)^5$ E.$\dfrac{1}{2^4} + \left(\dfrac{3}{4}\right)^5$

答案:B 解析:有5道题能排除2个错误选项,则5道题都选择正确答案的概率为 $\dfrac{1}{2^5}$;

有4道题能排除1个错误选项,则4道题都选择正确答案的概率为 $\dfrac{1}{3^4}$.

由独立性可得甲得满分的概率为 $\dfrac{1}{2^5} \times \dfrac{1}{3^4}$,选 B.

例7: 档案馆在一个库房中安装了 n 个烟火感应报警器,每个报警器遇到烟火成功报警的概率为 P.该库房遇烟火发出报警的概率达到 0.999.

(1)$n = 3$,$P = 0.9$.

(2)$n = 2$,$P = 0.97$.

答案:D 解析:条件(1)至少一个报警的概率为 $1 - (1 - 0.9)^3 = 0.999$,条件(1)充分;

条件(2)至少一个报警的概率为 $1 - (1 - 0.97)^2 = 0.9991$,条件(2)充分,选 D.

总裁有话说:概率至多至少问题,反面进行求解.

例8: 有甲、乙两袋奖券,获奖率分别为 p 和 q,某人从两袋中各随机抽取1张奖券,则此人获奖的概率不小于 $\dfrac{3}{4}$.

(1)已知 $p + q = 1$.

(2)已知 $pq = \dfrac{1}{4}$.

答案:D 解析:此人获奖情况种类复杂,故从反面考虑获奖概率为 $1 - (1 - p)(1 - q)$,化简可得:$p + q - pq$.

条件(1) $p+q=1$，所以获奖概率为 $1-pq$，由均值不等式 $pq \leqslant \left(\dfrac{p+q}{2}\right)^2$，可知 $pq \leqslant \dfrac{1}{4}$，$1-pq \geqslant 1-\dfrac{1}{4}=\dfrac{3}{4}$，条件(1) 充分；

条件(2) $pq=\dfrac{1}{4}$，$p+q-pq=p+q-\dfrac{1}{4}$，根据均值不等式 $p+q \geqslant 2\sqrt{pq}$，得到 $p+q \geqslant 1$，所以 $p+q-\dfrac{1}{4} \geqslant 1-\dfrac{1}{4}=\dfrac{3}{4}$，条件(2) 充分，选 D.

◆♂ 例9：某次比赛共设 5 局，水平相当的甲、乙两名乒乓球选手进行对抗赛，谁先三连胜对方谁就算胜出，则两人能决出胜负的概率为(   ).

A. $\dfrac{7}{32}$ B. $\dfrac{7}{16}$ C. $\dfrac{1}{8}$ D. $\dfrac{1}{4}$ E. $\dfrac{1}{2}$

答案：E 解析：先对甲分析，胜出的概率为 $\left(\dfrac{1}{2}\right)^3 + \left(\dfrac{1}{2}\right)^4 + 2 \times \left(\dfrac{1}{2}\right)^5 = \dfrac{1}{4}$，同理，乙胜出的概率也为 $\dfrac{1}{4}$. 那么两人能决出胜负的概率为 $P = \dfrac{1}{4} + \dfrac{1}{4} = \dfrac{1}{2}$，选 E.

十、考点精析：伯努利概型

伯努利概型公式：$P_n(k) = C_n^k P^k (1-P)^{n-k} (k=0,1,2,\cdots,n)$.

◆♂ 例1：某乒乓球男子单打决赛在甲、乙两选手间进行，比赛采用 7 局 4 胜制：已知每局比赛甲选手战胜乙选手的概率均为 0.7，则甲选手以 4∶1 战胜乙选手的概率为(   ).

A. 0.84×0.7^3 B. 0.7×0.7^3 C. 0.3×0.7^3 D. 0.9×0.7^3 E. 以上都不对

答案：A 方法一解析：

设 A_i 表示"第 i 次甲胜"$(i=1,2,3,4,5)$，则 $P(A_i)=0.7$，$P(\overline{A_i})=0.3$，所求概率为

$P = P(\overline{A_1}A_2A_3A_4A_5 \bigcup A_1\overline{A_2}A_3A_4A_5 \bigcup A_1A_2\overline{A_3}A_4A_5 \bigcup A_1A_2A_3\overline{A_4}A_5) = 4 \times 0.7^4 \times 0.3 = 0.84 \times 0.7^3$，选 A.

方法二解析：

甲选手以 4∶1 获胜，共比赛了 5 局，甲选手仅输了 1 局，且赢了第 5 局，则甲选手前 4 局赢了 3 局的概率为 $C_4^3 \times 0.7^3 \times 0.3 = 4 \times 0.7^3 \times 0.3$，赢了第 5 局的概率为 0.7，根据乘法原理，所求概率为 $4 \times 0.7^3 \times 0.3 \times 0.7 = 0.84 \times 0.7^3$，选 A.

◆♂ 例2：在某次考试中，3 道题中答对 2 道即为及格. 假设某人答对各题的概率相同，则此人及格的概率是 $\dfrac{20}{27}$.

(1) 答对各题的概率均为 $\dfrac{2}{3}$.

(2) 3 道题全部答错的概率为 $\dfrac{1}{27}$.

答案：D 解析：及格等价于答对 2 道或答对 3 道，$P = C_3^2 p^2(1-p) + p^3 = 3p^2(1-p) + p^3$.

条件(1)$p=\dfrac{2}{3}$代入结果为$\dfrac{20}{27}$,条件(1)充分;

条件(2)3道题全部答错的概率为$(1-p)^3=\dfrac{1}{27}$,$p=\dfrac{2}{3}$,再由条件(1)的分析过程可知条件(2)充分,选 D.

━■ 第三节　　业精于勤

1.(201310)下图是某市3月1日至14日的空气质量指数趋势图,空气质量指数小于100表示空气质量优良,空气质量指数大于200表示空气重度污染.某人随机选择3月1日至3月13日中的某一天到达该市,并停留2天.此人停留期间空气质量都是优良的概率为(　　).

A.$\dfrac{2}{7}$　　　　B.$\dfrac{4}{13}$　　　　C.$\dfrac{5}{13}$　　　　D.$\dfrac{6}{13}$　　　　E.$\dfrac{1}{2}$

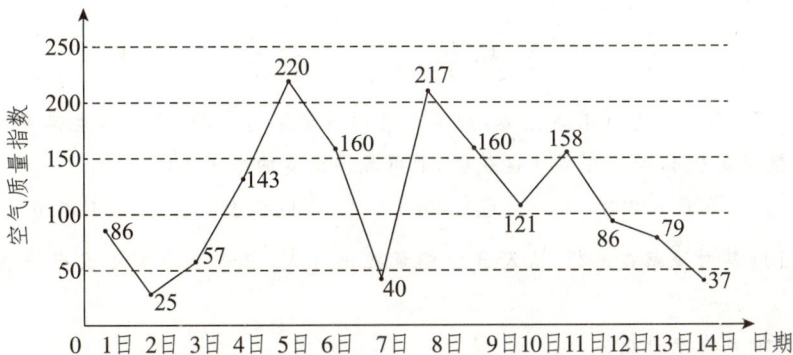

2.(200110)从集合$\{0,1,3,5,7\}$中先任取一个数记为a,放回集合后再任取一个数记为b,若$ax+by=0$表示一条直线,则该直线的斜率等于-1的概率为(　　).

A.$\dfrac{4}{25}$　　　　B.$\dfrac{1}{6}$　　　　C.$\dfrac{1}{4}$　　　　D.$\dfrac{1}{15}$　　　　E.$\dfrac{1}{23}$

3. 将一枚骰子连续抛掷三次,它落地时向上的点数依次成等差数列的概率为(　　).

A.$\dfrac{1}{9}$　　　　B.$\dfrac{1}{12}$　　　　C.$\dfrac{1}{15}$　　　　D.$\dfrac{1}{18}$　　　　E.$\dfrac{1}{14}$

4.(200910)若以连续两次掷骰子得到的点数a和b作为点P的坐标,则点$P(a,b)$落在直线$x+y=6$和两坐标轴围成的三角形内的概率为(　　).

A.$\dfrac{1}{6}$　　　　B.$\dfrac{7}{36}$　　　　C.$\dfrac{2}{9}$　　　　D.$\dfrac{1}{4}$　　　　E.$\dfrac{5}{18}$

5.(201612)甲从$1,2,3$中抽取一个数,记为a,乙从$1,2,3,4$中抽取一个数,记为b,规定当$a>b$或者$a+1<b$时甲获胜,则甲获胜的概率为(　　).

A.$\dfrac{1}{6}$　　　　B.$\dfrac{1}{4}$　　　　C.$\dfrac{1}{3}$　　　　D.$\dfrac{5}{12}$　　　　E.$\dfrac{1}{2}$

6.(201401)已知袋中装有红、黑、白三种颜色的球若干个,则红球最多.

(1) 随机取出一球是白球的概率为 $\dfrac{2}{5}$.

(2) 随机取出两球,至少有一个黑球的概率小于 $\dfrac{1}{5}$.

7.(2015)信封中装有 10 张奖券,只有 1 张有奖,从信封中同时抽取 2 张,中奖概率为 P;从信封中每次抽取 1 张奖券后放回,如此重复抽取 n 次,中奖概率为 Q,$P < Q$.

(1) $n = 2$.

(2) $n = 3$.

8.(200901)在 36 人中,血型情况如下:A 型 12 人,B 型 10 人,AB 型 8 人,O 型 6 人.若从中随机抽取 2 人,则 2 人血型相同的概率是(   ).

A. $\dfrac{77}{315}$ B. $\dfrac{44}{315}$ C. $\dfrac{33}{315}$ D. $\dfrac{9}{122}$ E. 以上结论均不正确

9.(201010)某公司有 9 名工程师,张三是其中之一.从中任意抽调 4 人组成攻关小组,包括张三的概率是(   ).

A. $\dfrac{2}{9}$ B. $\dfrac{2}{5}$ C. $\dfrac{1}{3}$ D. $\dfrac{4}{9}$ E. $\dfrac{5}{9}$

10.(2018)甲、乙两人进行围棋比赛,约定先胜两盘者赢得比赛,已知每盘棋甲获胜的概率是 0.6,乙获胜的概率是 0.4,若乙在第一盘获胜,则甲赢得比赛的概率为(   ).

A. 0.144   B. 0.288   C. 0.36   D. 0.4   E. 0.6

11.(201110)某种流感在流行.从人群中任意找出 3 人,其中至少有 1 人患该种流感的概率为 0.271.

(1) 该流感的发病率为 0.3.

(2) 该流感的发病率为 0.1.

12.(2017)某人参加资格证考试,有 A 类和 B 类选择,A 类的合格标准是抽 3 道题至少会做 2 道,B 类的合格标准是抽 2 道题都会做,则此人参加 A 类考试合格的机会大.

(1) 此人 A 类题中有 60% 会做.

(2) 此人 B 类题中有 80% 会做.

13.(200810)张三以卧姿射击 10 次,命中靶子 7 次的概率是 $\dfrac{15}{128}$.

(1) 张三以卧姿打靶的命中率是 0.2.

(2) 张三以卧姿打靶的命中率是 0.5.

14.6 男 4 女站成一排,这样不同的排法共有 $A_6^6 A_7^4$ 种.

(1) 任何两位女生都不相邻.

(2) 男生甲、乙、丙 3 人顺序固定.

15.九名乒乓球选手分成三组,每组 3 人,进行单循环比赛,则甲、乙、丙三名种子选手分别在不同组的概率为(   ).

A. $\dfrac{3}{56}$ B. $\dfrac{9}{28}$ C. $\dfrac{19}{28}$ D. $\dfrac{3}{14}$ E. 以上均不正确

♣💡16.甲、乙去园游会,两人约定各自独立地从 $1\sim6$ 号景点中任选 4 个进行游览,每个景点参观 1 小时,则最后 1 小时他们同在一个景点的概率是( ).

    A. $\dfrac{1}{36}$ B. $\dfrac{1}{9}$ C. $\dfrac{5}{36}$ D. $\dfrac{1}{6}$ E. $\dfrac{1}{8}$

♣💡17.盒中有装有编号为 $1,2,3,4,5,6,7$ 的七个球,从中任意取出两个,则这两个球的编号之积为偶数的概率为( ).

    A. $\dfrac{2}{7}$ B. $\dfrac{3}{7}$ C. $\dfrac{4}{7}$ D. $\dfrac{5}{7}$ E. $\dfrac{6}{7}$

♣💡18.从甲、乙等 10 人中任选 3 人去参加某项活动,则所选 3 人中有甲但没有乙的概率为( ).

    A. $\dfrac{23}{30}$ B. $\dfrac{19}{30}$ C. $\dfrac{17}{30}$ D. $\dfrac{11}{30}$ E. $\dfrac{7}{30}$

✔ 答案解析

1. 答案:B. 3 月 1 日至 3 月 13 日中的某一天到达该市,并停留 2 天,已知样本总量为 13,连续 2 天空气质量都是优良,即空气质量指数小于 100,有(1 日,2 日),(2 日,3 日),(12 日,13 日),(13 日,14 日)共 4 种情况,所以 $P=\dfrac{m}{n}=\dfrac{4}{13}$,选 B.

2. 答案:B. 设 $A=\{$直线的斜率等于 $-1\}$,因为 a,b 不能同时为 0,所以基本事件总数为 $5^2-1=24$,A 事件所包含基本事件要求 $a=b\neq0$,数量为 4,因此该直线斜率为 -1 的概率为 $P(A)=\dfrac{4}{24}=\dfrac{1}{6}$,选 B.

3. 答案:B. 一骰子连续抛掷三次得到的数列共有 6^3 个,其中成等差数列有 3 类:

① 公差为 0 的有 6 个;

② 公差为 1 或 -1 的有 8 个;

③ 公差为 2 或 -2 的有 4 个.

共有 18 个,成等差数列的概率为 $\dfrac{18}{6^3}=\dfrac{1}{12}$.

4. 答案:E. $P(a,b)$ 的总点数为 $6\times6=36$ 个,满足 $a+b<6$ 的点有:$(1,1),(1,2),(1,3),(1,4),(2,1),(2,2),(2,3),(3,1),(3,2),(4,1)$,共 10 个,从而点 $P(a,b)$ 落在直线 $x+y=6$ 和两坐标轴围成的三角形内的概率为 $\dfrac{10}{36}=\dfrac{5}{18}$,选 E.

5. 答案:E. $n(\Omega)=4\times3=12$,满足 $a>b$ 的 (a,b) 有 $(2,1),(3,1),(3,2)$ 三种,满足 $a+1<b$ 的 (a,b) 有 $(1,3),(1,4),(2,4)$ 三种,所以概率为 $P=\dfrac{3+3}{12}=\dfrac{1}{2}$,选 E.

6. 答案:C. 设红球有 m 个,黑球有 n 个,白球有 r 个.

条件(1) $\dfrac{r}{m+n+r}=\dfrac{2}{5}$,条件(1)不充分;

条件(2) $\dfrac{C_{m+r}^2}{C_{m+n+r}^2}>\dfrac{4}{5}$,即 $\dfrac{(m+r)(m+r-1)}{(m+n+r)(m+n+r-1)}>\dfrac{4}{5}$,条件(2)不充分.

考虑条件(1)与条件(2)联合,由 $\dfrac{m+r-1}{m+n+r-1}<1$,$\dfrac{m+r}{m+n+r}>\dfrac{4}{5}$,

再由 $\dfrac{r}{m+n+r}=\dfrac{2}{5}$,得到 $\dfrac{m}{m+n+r}>\dfrac{2}{5}$,$\dfrac{n}{m+n+r}<\dfrac{1}{5}$,红球最多,选 C.

总裁有话说:"随机取出的两球中至少有一个黑球的概率小于 $\dfrac{1}{5}$"进一步可以推出"随机取出的一个球是黑球的概率小于 $\dfrac{1}{5}$"的话,此题可以秒杀.

7. **答案**:B. $P=1-\dfrac{C_9^2}{C_{10}^2}=1-\dfrac{72}{90}=\dfrac{1}{5}$.

条件(1)$Q=1-\left(\dfrac{9}{10}\right)^2=\dfrac{19}{100}<P$,条件(1)不充分;

条件(2)$Q=1-\left(\dfrac{9}{10}\right)^3=\dfrac{271}{1000}>P$,条件(2)充分,选 B.

8. **答案**:A. 所求事件的概率 $P=\dfrac{C_{12}^2+C_{10}^2+C_8^2+C_6^2}{C_{36}^2}=\dfrac{77}{315}$,选 A.

9. **答案**:D. 9 名工程师从中任意抽调 4 人,共有 C_9^4 种,若包括张三,则从余下的 8 个人中再选 3 人,有 C_8^3 种,所以概率为 $\dfrac{C_8^3}{C_9^4}=\dfrac{4}{9}$,选 D.

10. **答案**:C. 若乙在第一盘获胜,甲必须在第二、三盘连续获胜,所以概率为 $0.6\times0.6=0.36$,选 C.

11. **答案**:B. 设流感发病率为 p,则至少有 1 人患该种流感的概率为 $P(A)=1-P(\bar{A})=0.271$,即 $1-(1-p)^3=0.271$,所以 $(1-p)^3=0.729$,$1-p=0.9$,$p=0.1$,条件(1)不充分,条件(2)充分,选 B.

12. **答案**:C. 明显需要联合,参加 A 类考试合格的概率为 $C_3^2\left(\dfrac{3}{5}\right)^2\left(\dfrac{2}{5}\right)+\left(\dfrac{3}{5}\right)^3=\dfrac{54+27}{125}=\dfrac{81}{125}$,参加 B 类考试合格的概率为 $\left(\dfrac{4}{5}\right)^2=\dfrac{80}{125}$,所以此人参加 A 类考试合格的机会大,选 C.

13. **答案**:B. 条件(1)所求概率 $P=C_{10}^7\left(\dfrac{1}{5}\right)^7\left(\dfrac{4}{5}\right)^3=\dfrac{C_{10}^7\times4^3}{5^{10}}$,分母算不出 128,条件(1)不充分;

条件(2)所求概率 $P=C_{10}^7\left(\dfrac{1}{2}\right)^7\left(\dfrac{1}{2}\right)^3=C_{10}^7\times\dfrac{1}{2^{10}}=\dfrac{15}{128}$,条件(2)充分,选 B.

14. **答案**:A. 条件(1)先把男生全排列 A_6^6,然后将女生排到男生的 7 个空位中 A_7^4,条件(1)充分;

条件(2)甲、乙、丙顺序固定,先选出他们的位置 C_{10}^3,然后剩下的 7 个人在剩余的 7 个位置中 A_7^7,条件(2)不充分,选 A.

15. **答案**:B. 九名选手分成三组每组三人共有 $C_9^3C_6^3C_3^3=1680$ 种情况. 甲、乙、丙均不在同一组,除了甲、乙、丙三人以外，另6个人分成三组 $C_6^2 C_4^2 C_2^2 = 90$，甲、乙、丙三人分到三组共有6种，概率为 $\dfrac{540}{1680} = \dfrac{9}{28}$，选B.

16.**答案**:D.甲、乙两人各自独立任选4个景点共有 $C_6^4 \times A_4^4 \times C_6^4 \times A_4^4$ 种可能，最后一小时他们同在一个景点的可能有 $C_5^3 \times A_3^3 \times C_5^3 \times A_3^3 \times 6$ 种，所以 $P = \dfrac{C_5^3 \times A_3^3 \times C_5^3 \times A_3^3 \times 6}{C_6^4 \times A_4^4 \times C_6^4 \times A_4^4} = \dfrac{1}{6}$，选D.

17.**答案**:D.从7个球中任意取出两个有 $C_7^2 = 21$ 种，所取两球编号之积为偶数包括均为偶数、一奇一偶两种情况，共有 $C_3^2 + C_4^1 C_3^1 = 15$ 种取法，所以两球编号之积为偶数的概率为 $\dfrac{15}{21} = \dfrac{5}{7}$，选D.

18.**答案**:E.10人中任选3人参加，有 $C_{10}^3 = 120$ 种方法，有甲但没有乙的取法即从除甲、乙之外的8人中任取2人即可，则所选3位中有甲但没有乙的情况有 $C_8^2 = 28$ 种，所以 $P = \dfrac{28}{120} = \dfrac{7}{30}$，选D.

第九章

计数原理——数据描述

■ **第一节　本章初识**

本章思维导图

一、平均数

1. 算术平均值

一组数为 $x_1, x_2, x_3, \cdots, x_n$ 的算术平均值为 $\dfrac{x_1 + x_2 + x_3 + \cdots + x_n}{n}$.

2. 几何平均值

一组数为 $x_1, x_2, x_3, \cdots, x_n$ 的几何平均值为 $\sqrt[n]{x_1 \times x_2 \times x_3 \times \cdots \times x_n}$.

二、方差与标准差

1. 方差

是衡量源数据和期望值相差的度量值.

$$\sigma^2 = \frac{1}{n} \left[(x_1 - \overline{x})^2 + (x_2 - \overline{x})^2 + \cdots + (x_n - \overline{x})^2 \right].$$

2. 标准差

是方差的算术平方根. 标准差能反映一个数据集的离散程度. 平均数相同的两组数据, 标准差未必相同.

$$\sigma = \sqrt{\frac{1}{n} \left[(x_1 - \overline{x})^2 + (x_2 - \overline{x})^2 + \cdots + (x_n - \overline{x})^2 \right]}.$$

第二节　见微知著

一、考点精析:平均数的应用

例1:三个实数 x_1,x_2,x_3 的算术平均值为 4.

(1) x_1+6,x_2-2,x_3+5 的算术平均值为 4.

(2) x_2 为 x_1 和 x_3 的等差中项,且 $x_2=4$.

答案:B　解析:条件(1) $\dfrac{x_1+6+x_2-2+x_3+5}{3}=4$,可推出 $\dfrac{x_1+x_2+x_3}{3}=1$,条件(1)不充分;

条件(2) $\dfrac{x_1+x_3}{2}=x_2=4$, $x_1+x_3=8$,所以 $\dfrac{x_1+x_2+x_3}{3}=\dfrac{x_1+4+x_3}{3}=\dfrac{8+4}{3}=4$,条件(2)

充分,选 B.

例2: a,b,c 的算术平均值为 $\dfrac{14}{3}$,则几何平均值为 4.

(1) a,b,c 是满足 $a>b>c>1$ 的三个整数, $b=4$.

(2) a,b,c 是满足 $a>b>c>1$ 的三个整数, $b=2$.

答案:E　解析:条件(1) a,b,c 是满足 $a>b>c>1$ 的三个整数, $b=4$,且 a,b,c 的算术平均

值为 $\dfrac{14}{3}$, $a=7,c=3$ 或 $a=8,c=2$,所以 a,b,c 的几何平均值为 $\sqrt[3]{84}$ 或 4,条件(1)不充分;

条件(2) 因为 $2>c>1$,且 c 为整数, c 无取值,明显不充分,选 E.

例3:车间共有 40 人,某次技术操作考核的平均成绩为 80 分,其中男工平均成绩为 83 分,女工平均成绩为 78 分,该车间有女工(　　)人.

A. 16　　　　　B. 18　　　　　C. 20　　　　　D. 24　　　　　E. 28

答案:D　解析:利用十字交叉法:

男工　83　　　2

　　　　　80　　所以女工有 $40\times\dfrac{3}{5}=24$ 人,选 D.

女工　78　　　3

总裁有话说: 利用十字交叉法得到的比例为数量比.

例4:甲、乙、丙三个地区的公务员参加一次测评,其人数和考分情况如下表:

地区 \ 分数	6	7	8	9
甲	10	10	10	10
乙	15	15	10	20
丙	10	10	15	15

三个地区按平均分由高到低的排名顺序为(　　).

A. 乙、丙、甲 　　　　　　B. 乙、甲、丙 　　　　　　C. 甲、丙、乙

D. 丙、甲、乙 　　　　　　E. 丙、乙、甲

答案:E 解析:甲地区平均分为 $\dfrac{6\times10+7\times10+8\times10+9\times10}{10+10+10+10}=7.5$;

乙地区平均分为 $\dfrac{6\times15+7\times15+8\times10+9\times20}{15+15+10+20}\approx7.58$;

丙地区平均分为 $\dfrac{6\times10+7\times10+8\times15+9\times15}{10+10+15+15}=7.7$.

所以三个地区按平均分由高到低的排名顺序为丙、乙、甲,选 E.

例 5: a,b,c,d,e 五个数满足 $a\leqslant b\leqslant c\leqslant d\leqslant e$,其平均数 $m=100,c=120$,则 $e-a$ 的最小值是(　　).

A. 45 　　　　B. 50 　　　　C. 55 　　　　D. 60 　　　　E. 65

答案:B 解析:要使 $e-a$ 取最小值,即 e 要尽量小,a 要尽量大,因为 $c=120,c\leqslant d\leqslant e$,所以 e 最小可取到 120,此时 $c=d=e$,因为平均数 $m=100$,即 $a+b+c+d+e=500$,因此 $a+b=500-(c+d+e)=140$,又因为 $a\leqslant b$,所以 a 的最大值为 70,从而 $e-a$ 的最小值为 $120-70=50$,选 B.

二、考点精析:方差与标准差的应用

1. 一组数据中的每个数字都乘以一个非零的数字 a,方差变为原来的 a^2 倍,标准差变为原来的 a 倍.一组数据中的每个数字都加上一个非零的数字 b,方差和标准差均不变.

2. 连续 5 个自然数的方差是 2.

例 1: 已知 $M=\{a,b,c,d,e\}$ 是一个整数集合,则能确定集合 M.

(1) a,b,c,d,e 的平均值为 10.

(2) a,b,c,d,e 的方差为 2.

答案:C 解析:显然条件(1)和条件(2)单独均不充分.考虑联合,利用平均数、方差的统计意义,结合整数集合,定性判断出集合 M 中的元素一定是 $8,9,10,11,12$,选 C.

总裁有话说: 如果本题仅从平均数与方差的定义角度列方程求解可能陷入误区.

例 2: 设有两组数据 S_1:$3,4,5,6,7$ 和 S_2:$4,5,6,7,a$,则能确定 a 的值.

(1) S_1 与 S_2 的均值相等.

(2) S_1 与 S_2 的方差相等.

答案:A 解析:条件(1) S_1,S_2 均值相等,$a=3$,条件(1)充分;

条件(2)任意五个连续整数的方差相等,得到 $a=3$ 或 $a=8$,条件(2)不充分,选 A.

第三节　业精于勤

1. (2017) 甲、乙、丙三人每轮各投篮 10 次,投了 3 轮,投中数如下表:

	第一轮	第二轮	第三轮
甲	2	5	8
乙	5	2	5
丙	8	4	9

记 $\sigma_1, \sigma_2, \sigma_3$ 分别为甲、乙、丙投中数的方差,则(　　).

A. $\sigma_3 > \sigma_2 > \sigma_1$ 　　　　B. $\sigma_1 > \sigma_3 > \sigma_2$ 　　　　C. $\sigma_2 > \sigma_1 > \sigma_3$

D. $\sigma_2 > \sigma_3 > \sigma_1$ 　　　　E. $\sigma_1 > \sigma_2 > \sigma_3$

2. (2016) 已知某公司男员工的平均年龄和女员工的平均年龄,则能确定该公司员工的平均年龄.

(1) 已知该公司员工的人数.

(2) 已知该公司男女员工的人数之比.

3. (2018) 为了解某公司员工的年龄结构,按男、女人数的比例进行了随机抽样,结果如下:

男员工年龄(岁)	23	26	28	30	32	34	36	38	41
女员工年龄(岁)	23	25	27	27	29	31			

根据表中数据估计,该公司男员工的平均年龄与全体员工的平均年龄分别是(　　)(单位:岁).

A. 32,30 　　　B. 32,29.5 　　　C. 32,27 　　　D. 30,27 　　　E. 29.5,27

答案解析

1. **答案:**B. $\overline{X}_{甲} = 5, \sigma_1 = \dfrac{1}{3} \times [(-3)^2 + 0 + 3^2] = 6$;

$\overline{X}_{乙} = 4, \sigma_2 = \dfrac{1}{3} \times [1^2 + (-2)^2 + 1^2] = 2$;

$\overline{X}_{丙} = 7, \sigma_3 = \dfrac{1}{3} \times [1^2 + (-3)^2 + 2^2] = \dfrac{14}{3}$.

所以有 $\sigma_1 > \sigma_3 > \sigma_2$,选 B.

2. **答案:**B.已知男员工与女员工的平均年龄分别为 a, b,要求推出全体员工的平均年龄,必须要知道男女员工的人数之比,或者男女员工分别的具体人数,条件(1)告知总体人数,不充分;条件(2)充分,选 B.

3. **答案:**A.由数据对称性可得,男员工平均年龄 $=32$,女员工平均年龄 $=27$,则全体员工平均年龄是 $\dfrac{32 \times 9 + 27 \times 6}{9 + 6} = 30$ 岁,选 A.

第十章

应用题

本章思维导图

▪ 第一节　本章初识

应用题解题方法:

基本解题方法:做翻译.将题干文字信息,用数学语言表达.

定性判断方法:n 个未知数必须 n 个方程才能求解.

数形结合方法:路程问题、集合问题常用画图来进行分析.

注意:方程个数越多求解就越复杂,所以尽量减少未知个数,综合能力试题中一般有一元一次方程、二元一次方程组、一元二次方程,尽量避免出现高次方程.

常用技巧:1. 质数不可约;2. 特殊值法.

▪ 第二节　见微知著

一、考点精析:列方程解应用题

最基础的一类应用题,但考查数量不少,属于送分题范畴.等量关系根据题目信息翻译可得.

◆例1: 某班有 50 名学生,其中女生 26 名,已知在某次选拔测试中,有 27 名学生未通过,则有 9 名男生通过.

(1) 在通过的学生中,女生比男生多 5 人.

(2) 在男生中未通过的人数比通过的人数多 6 人.

答案: D　解析:设通过的男生人数为 x,结论为 $x=9$.

条件(1)$x+x+5=50-27,x=9$,条件(1) 充分;

条件(2) $x+(x+6)=50-26$, $x=9$,成立,条件(2)充分,选 D.

例2:产品出厂前,需要在外包装上打印某些标志.甲、乙两人一起每小时可完成 600 件,则可以确定甲每小时完成的件数.

(1) 乙的打件速度是甲的打件速度的 $\frac{1}{3}$.

(2) 乙工作 5 小时可以完成 1000 件.

答案:D 解析:条件(1)设甲每小时完成 x 件,则 $x+\frac{1}{3}x=600$,解得 $x=450$,条件(1)充分;

条件(2)乙每小时可以完成 200 件,则甲每小时可完成 $600-200=400$ 件,条件(2)充分,选 D.

例3:在一次捐赠活动中,某市将捐赠的物品打包成件,其中帐篷和食品共 320 件,帐篷比食品多 80 件,则帐篷的件数是( ).

    A.80   B.200   C.230   D.240   E.260

答案:B 解析:设帐篷 x 件,食品 y 件,由已知 $x+y=320$, $x-y=80$,解得 $x=200$,选 B.

例4:某公司共有甲、乙两个部门,如果从甲部门调 10 人到乙部门,那么乙部门人数是甲部门人数的 2 倍,如果把乙部门员工的 $\frac{1}{5}$ 调到甲部门,那么两个部门的人数相等,该公司的总人数为( ).

    A.150   B.180   C.200   D.240   E.250

答案:D 解析:设甲部门人数为 x,乙部门人数为 y,由已知

$$\begin{cases} 2(x-10)=y+10, \\ x+\frac{1}{5}y=\frac{4}{5}y, \end{cases}$$ 解得 $x=90$, $y=150$,则 $x+y=240$,选 D.

例5:(2016)有一批同规格的正方形瓷砖,用它们铺满某个正方形区域时剩余 180 块,将此正方形区域的边长增加一块瓷砖的长度时,还需要增加 21 块瓷砖才能铺满,该批瓷砖共有( ).

    A.9981 块   B.10000 块   C.10180 块   D.10201 块   E.10222 块

答案:C 解析:设正方形区域边长为一块瓷砖边长的 x 倍,则 $x^2+180=(x+1)^2-21$,得 $x=100$,所以该批瓷砖共有 10180 块,选 C.

总裁有话说:注意此题取值范围必为整数,因为瓷砖为完整的一块,所以正方形区域面积一定是完全平方数,从选项分析只有 10000 符合,但不要忘记加上剩余的 180,所以共 10180,秒杀选 C.

二、考点精析:比例应用题

题型分类:

1. 比例还原问题.

2. 变化率问题.

3. 联比问题.

解题方法:

1. 比例还原问题需在题目中找准部分量以及部分量对应的比例,利用部分量／部分量占比可得总量,再进一步求出其他部分量.

2. 变化率问题需要在题目中找到变后量、变前量,根据 $\dfrac{|变后量-变前量|}{变前量}\times100\%=变化率$,求得题干所需.

3. 联比问题需要将分数、小数联比转化为整数比,设联比比例系数为 k 转化为等式问题.

4. 解题小技巧:

(1) 质数不可约;

(2) 整除性原则;

(3) 固定基准量,把不变量利用最小公倍数统一;

(4) 百分比问题可整 10,整 100,整 1000 放大.

常用比例关系:

1. 变前量为 a,变化率为 $p\%$,则变后量为 $a(1+p\%)$.

2. 变前量为 a,变化率为 $p\%$,则连续变化了 n 期后,变后量为 $b=a(1+p\%)^n$.

3. 恢复变前量:$a(1+p\%)(1-x)=a,x=\dfrac{p\%}{1+p\%}(<p\%)$(先增后减);$a(1-p\%)(1+x)=a,x=\dfrac{p\%}{1-p\%}(>p\%)$(先减后增).

4. 甲是乙的 $p\%\Leftrightarrow$ 甲 $=$ 乙 $\times p\%$.

5. 甲比乙大 $p\%\Leftrightarrow$ 甲 $=$ 乙 $\times(1+p\%)$.

6. 甲比乙大 $p\%\neq$ 乙比甲小 $p\%$.

7. 若甲:乙 $=a:b$,乙:丙 $=c:d$,则甲:乙:丙 $=ac:bc:bd$.

✍例1: 某公司投资一个项目,已知上半年完成了预算的 $\dfrac{1}{3}$,下半年完成了剩余部分的 $\dfrac{2}{3}$,此时还有 8 千万元投资未完成,则该项目的预算为(   ).

A. 3 亿元　　　B. 3.6 亿元　　　C. 3.9 亿元　　　D. 4.5 亿元　　　E. 5.1 亿元

答案:B　**解析:**设某公司的投资预算为 x 亿元,$x-\left(\dfrac{1}{3}x+\dfrac{2}{3}x\times\dfrac{2}{3}\right)=0.8,x=\dfrac{9}{2}\times0.8=3.6$ 亿元,选 B.

✍例2: 奖金发给甲、乙、丙、丁 4 人,其中 $\dfrac{1}{5}$ 发给甲,$\dfrac{1}{3}$ 发给乙,发给丙的奖金正好是甲、乙奖金之差的 3 倍,已知发给丁的奖金为 200 元,则这笔奖金数为(   ).

A. 1500 元　　　B. 2000 元　　　C. 2500 元　　　D. 3000 元　　　E. 3500 元

答案:D　方法一解析:

设这笔奖金数为 x 元,则 $\frac{1}{5}x+\frac{1}{3}x+3\times\left(\frac{1}{3}x-\frac{1}{5}x\right)+200=x$,$x=3000$,选 D.

方法二解析:

发给丙的是 $3\times\left(\frac{1}{3}-\frac{1}{5}\right)=\frac{2}{5}$,则发给丁的是 $1-\frac{1}{5}-\frac{1}{3}-\frac{2}{5}=\frac{1}{15}$,奖金总数为 $200\div\frac{1}{15}=3000$ 元,选 D.

例3:某公司今年第一季度和第二季度的产值分别比去年同期增长了 11% 和 9%,且这两个季度产值的同比绝对增加量相等.该公司今年上半年的产值同比增长了( ).

A.9.5%　　　B.9.9%　　　C.10%　　　D.10.5%　　　E.10.9%

答案:B 解析:设去年第一、二季度的产值分别为 a,b,由题意可得 $a\times11\%=b\times9\%$,即 $11a=9b$,$b=\frac{11}{9}a$,则今年上半年产值同比增长为 $\frac{11\%a+9\%b}{a+b}\times100\%=\frac{2a\times11\%}{a+\frac{11}{9}a}=9.9\%$,选 B.

总裁有话说:比例问题中出现了质数11,记得质数不可约.

例4:2007 年,某市的全年研究与试验发展(R&D)经费支出 300 亿元,比 2006 年增长 20%,该市的 GDP 为 10000 亿元,比 2006 年增长 10%.2006 年,该市的 R&D 经费支出占当年 GDP 的( ).

A.1.75%　　　B.2%　　　C.2.5%　　　D.2.75%　　　E.3%

答案:D 解析:2006 年,该市 R&D 经费支出为 a 亿元,则 $1.2a=300$,$a=250$.

2006 年,该市 GDP 为 b 亿元,则 $1.1b=10000$,$b=10000\div1.1$.

2006 年,该市 R&D 经费支出占该市 GDP 的百分比为 $\frac{a}{b}=250\times\frac{11}{100000}=2.75\%$,选 D.

总裁有话说:11是质数,不可约,只有 D 满足,2.75 是 11 的倍数.

例5:A 企业的职工人数今年比前年增加了 30%.

(1)A 企业的职工人数去年比前年减少了 20%.

(2)A 企业的职工人数今年比去年增加了 50%.

答案:E 解析:单独都不充分,考虑联合.

条件(1)设前年的人数为 a,去年的人数为 $0.8a$.

条件(2)今年的人数为 $(1+50\%)0.8a=1.2a$,所以 A 企业的职工人数今年比前年增加了 $\frac{1.2a-a}{a}=20\%$,联合也不充分,选 E.

总裁有话说:常设后者为基准量进行计算,不能简单地通过 $50\%-20\%=30\%$ 得到.结论是今年与前年的关系.条件(1)只有去年和前年的关系,条件(2)只有今年与去年的关系.必然考虑 C,E 两个答案,比字后面的为基准量,设为 100,去年的即为 80,今年的即为 120,120 和 100 明显不是 30%,联合也不充分,选 E.

例6:一公司向银行借款34万元,欲按 $\frac{1}{2}:\frac{1}{3}:\frac{1}{9}$ 的比例分配给下属甲、乙、丙三个车间进行技术改造,则甲车间应得到( )万元.

A. 17   B. 8   C. 12   D. 18   E. 20

答案：D　解析：$\frac{1}{2}:\frac{1}{3}:\frac{1}{9}=9:6:2$，共有 34 万元，所以甲车间应得 $\frac{9}{9+6+2}\times34=18$ 万元，选 D.

🦉**总裁有话说**：找到甲占总数的真正份额，甲、乙、丙之比为 $\frac{1}{2}:\frac{1}{3}:\frac{1}{9}$，为分数比，甲并不占总份数的 $\frac{1}{2}$，因为 $\frac{1}{2}+\frac{1}{3}+\frac{1}{9}\neq1$，甲实际上占总数的 $\frac{9}{9+6+2}$.

🔖 **例7**：某公司得到一笔贷款共 68 万元，用于下属三个工厂的设备改造，甲、乙、丙三个工厂按比例分，分别得到 36 万、24 万、8 万.

(1) 甲、乙、丙按 $\frac{1}{2}:\frac{1}{3}:\frac{1}{9}$ 分配贷款.

(2) 甲、乙、丙三个工厂按 9:6:2 的比例分配贷款.

答案：D　解析：(1) 甲、乙、丙三个工厂的贷款比例为 $\frac{1}{2}:\frac{1}{3}:\frac{1}{9}=9:6:2$，则甲、乙、丙三个工厂所得的贷款分别为 $68\times\frac{9}{17}=36$ 万元，$68\times\frac{6}{17}=24$ 万元，$68\times\frac{2}{17}=8$ 万元，条件(1)与条件(2)等价，条件(1)充分，条件(2)也充分，选 D.

🔖 **例8**：某家庭在一年的总支出中，子女教育支出与生活资料支出的比为 3:8，文化娱乐支出与子女教育支出的比为 1:2. 已知文化娱乐支出占家庭总支出的 10.5%，则生活资料支出占家庭总支出的（　　）.

A. 40%   B. 42%   C. 48%   D. 56%   E. 64%

答案：D　解析：教育：生活 $=3:8$，文娱：教育 $=1:2$，教育：生活：文娱 $=6:16:3$，文娱为 10.5%，所以生活为 $16\times\frac{10.5\%}{3}=56\%$，选 D.

🔖 **例9**：电影开演时观众中女士与男士人数之比为 5:4，开演后无观众入场，放映一个小时后，女士的 20%，男士的 15% 离场，则此时在场的女士与男士人数之比为（　　）.

A. 4:5   B. 1:1   C. 5:4   D. 20:17   E. 85:64

答案：D　解析：设电影开始时，女士为 A 人，男士为 B 人，女士与男士人数之比为 5:4，可设 $A=5k$，$B=4k$，一个小时后在场女士与男士人数比为 $\frac{5k(1-20\%)}{4k(1-15\%)}=\frac{4}{3.4}=\frac{20}{17}$，选 D.

🦉**总裁有话说**：分母中含有质因数 17，直接秒杀，选 D.

🔖 **例10**：甲、乙两仓库存储的粮食重量之比为 4:3，现从甲仓库中调出 10 万吨粮食，则甲、乙两仓库存量吨数之比为 7:6，甲仓库原有粮食的万吨数为（　　）.

A. 70   B. 78   C. 80   D. 85   E. 以上均不正确

答案：C　方法一解析：(固定基准量，其中乙不变，用最小公倍数统一)

甲：乙 $=4:3=8:6$；甲′：乙 $=7:6$.

则甲减少了一份对应着 10 万吨，所以甲仓库原有粮食 80 万吨，选 C.

方法二解析:(整除性原则)

甲仓库原有粮食的万吨数应该为 4 的倍数,选 C.

例 11:某国参加北京奥运会的男女运动员比例原为 19:12,由于先增加若干女运动员,使男女运动员比例变为 20:13,后又增加了若干男运动员,于是男女运动员比例最终变为 30:19,如果后增加的男运动员比先增加的女运动员多 3 人,则最后运动员的总人数为( ).

A.686 B.637 C.700 D.661 E.600

答案:B 方法一解析:

设原来男运动员为 a 人,女运动员为 b 人,先增加女运动员 x 人,后增加男运动员 y 人,则有 $\dfrac{a}{b}$ $=\dfrac{19}{12},\dfrac{a}{b+x}=\dfrac{20}{13},\dfrac{a+y}{b+x}=\dfrac{30}{19},y=x+3$,解得 $x=7,y=10,a=380,b=240$,所以最后运动员人数为 $10+7+380+240=637$,选 B.

方法二解析:

设原来男运动员人数为 $19k$,女运动员人数为 $12k$,先增加 x 名女运动员,后增加 $x+3$ 名男运动员,则 $\dfrac{19k}{12k+x}=\dfrac{20}{13},\dfrac{19k+x+3}{12k+x}=\dfrac{30}{19}$,解得 $k=20,x=7$.

所以最后运动员人数为 $(19k+x+3)+(12k+x)=637$,选 B.

方法三解析:(固定基准量)

男:女 $=19:12=380:240$,

男:女′$=20:13=380:247$,

男′:女′$=30:19=390:247$,

男的增加了 10 份,女的增加了 7 份,差三份对应 3 个人,所以 1 份对应 1 个人,所以总人数为 $390+247=637$,选 B.

总裁有话说:根据整除性原则,男女运动员比例最终为 30:19,结果应该能被 49 整除,答案只可能是 A 或 B.

三、考点精析:路程应用题

基本公式:路程=速度×时间$(s=vt)$.

题型分类:

1. 利用基本公式求解.

2. 直线上的相遇、追及问题.

3. 环线上的相遇、追及问题.

4. 反复相遇问题.

5. 船速、水速问题.

常用等量关系:

1. 路程一定,速度与时间成反比(题干中只有一个元素时常用).

2. 时间一定,速度之比 = 路程之比(题干中包含多个元素时常用).

t 一定, $\dfrac{s_甲}{v_甲} = \dfrac{s_乙}{v_乙}$, 有 $\dfrac{v_甲}{v_乙} = \dfrac{s_甲}{s_乙}$.

3. 速度一定,时间之比 = 路程之比(题干中包含多个元素时常用).

v 一定, $\dfrac{s_甲}{t_甲} = \dfrac{s_乙}{t_乙}$, 有 $\dfrac{t_甲}{t_乙} = \dfrac{s_甲}{s_乙}$.

4. 甲、乙两元素直线相遇: $tv_甲 + tv_乙 = s$(相遇问题找速度和,注意题目中甲、乙元素行驶时间可能会不同).

5. 甲、乙两元素直线追及: $t = \dfrac{s}{|v_甲 - v_乙|}$.

6. 甲、乙两元素环线追及:甲、乙从 A 地同时出发,同向而行,在 B 地甲追上乙,如右图所示:

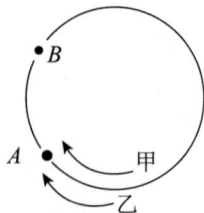

甲第一次追上乙,则有 $s_甲 - s_乙 = s$;

甲每次追上乙,甲比乙多跑一圈,若追上 n 次,则有 $s_甲 - s_乙 = n \times s$,

由时间相等可得 $\dfrac{v_甲}{v_乙} = \dfrac{s_甲}{s_乙} = \dfrac{s_乙 + n \times s}{s_乙}$.

7. 甲、乙两元素环线相遇:甲、乙从 A 地同时出发,逆向(相背而行),在 B 地甲、乙相遇,如右图所示:

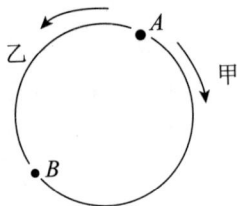

等量关系: $s_甲 + s_乙 = s$;

每相遇一次甲与乙路程之和为一圈,若相遇 n 次,则有 $s_甲 + s_乙 = n \times s$,

由时间相等,可得 $\dfrac{v_甲}{v_乙} = \dfrac{s_甲}{s_乙} = \dfrac{n \times s - s_乙}{s_乙}$.

8. 顺水路程 =(船速 + 水速)× 顺水时间.

逆水路程 =(船速 - 水速)× 逆水时间.

顺水速度 = 船速 + 水速.

逆水速度 = 船速 - 水速.

静水速度 = $\dfrac{顺水速度 + 逆水速度}{2}$.

9. 解题技巧:极限思维,质数不可约.

例 1:一批救灾物资分别随 16 列货车从甲站紧急调到 600 公里以外的乙站,每列车的平均速度都为 125 公里 / 小时.若两列相邻的货车在运行中的间隔不得小于 25 公里,则这批物资全部到达乙站最少需要的小时数为( ).

A.7.4   B.7.6   C.7.8   D.8   E.8.2

答案:C 方法一解析:

最后一列货车到达,第一列货车相当于走了 $(600 + 15 \times 25)$ km,利用基本公式: $s = vt$,得到所需的时间为 $(600 + 15 \times 25) \div 125 = 7.8$ h,选 C.

方法二解析:

第一列货车从甲站到乙站时间为 $\dfrac{600}{125} = 4.8$ h.第二列货车在第一列货车到达乙站后至少还需

$\dfrac{25}{125}=\dfrac{1}{5}$h 才能到达乙站. 以此类推,第三列货车在第一列货车到达乙站后至少需要 $\dfrac{1}{5}+\dfrac{1}{5}=\dfrac{2}{5}$ h 才能到乙站,$\cdots$,第十六列货车在第一列货车到乙站后需 $\dfrac{15}{5}=3$ h 才能到乙站,从而这批物资全部到达乙站至少需要 $4.8+3=7.8$ h,选 C.

总裁有话说: 此题为等间隔物体运动,注意 16 列货车之间有 15 个间隔.

例 2: 一辆大巴车从甲城以速度 v 匀速行驶可按预定时间到达乙城. 但在距乙城还有 150 公里处因故停留了半小时,因此需要平均每小时增加 10 公里才能按预定时间到达乙城,则大巴车原来的速度 $v=($ $)$ 公里 / 小时.

　　A. 45　　　　　B. 50　　　　　C. 55　　　　　D. 60　　　　　E. 以上均不正确

　　答案: B　**解析:** 设大巴车原来的速度为 v,则 $\dfrac{150}{v}-\dfrac{150}{v+10}=\dfrac{1}{2}$,整理可得 $v^2+10v-3000=0$,所以 $v=50$ 公里 / 小时,选 B.

总裁有话说: 通过时间来列方程,即设未知数为速度,利用时间的等量关系来列式.

例 3: 甲、乙两汽车从相距 695 公里的两地出发,相向而行,乙汽车比甲汽车迟 2 个小时出发,甲汽车每小时行驶 55 千米,若乙汽车出发后 5 小时与甲汽车相遇,则乙汽车每小时行驶 (   ) 公里.

　　A. 55　　　　　B. 58　　　　　C. 60　　　　　D. 62　　　　　E. 64

　　答案: D　**解析:** 设乙车每小时行驶 x 千米,根据 $t_甲 v_甲+t_乙 v_乙=s$ 列方程,有 $55\times7+x\times5=695$,解得 $x=62$,选 D.

总裁有话说: 注意甲、乙两汽车行驶时间不同.

例 4: 甲、乙、丙三人进行百米赛跑(假设他们的速度不变),甲到达终点时,乙距离终点还差 10 米,丙距离终点还差 16 米,那么乙到达终点时,丙距离终点还有(   ) 米.

　　A. $\dfrac{22}{3}$　　　　B. $\dfrac{20}{3}$　　　　C. 5　　　　D. $\dfrac{10}{3}$　　　　E. 以上均不正确

　　答案: B　**解析:** 由条件可知,甲、乙、丙三人速度之比为 $100:90:84$,设丙距离终点还有 x 米,根据时间一定,速度比=路程比,则有 t 一定,$\dfrac{v_丙}{v_乙}=\dfrac{s_丙}{s_乙}$,$\dfrac{84}{90}=\dfrac{16-x}{10}$,$x=\dfrac{20}{3}$,选 B.

例 5: 甲、乙、丙三人同时从起点出发进行 1000 米自行车比赛(假设他们各自的速度保持不变),甲到终点时,乙距终点还有 40 米,丙终点还有 64 米,那么乙到达终点时,丙距终点(   ) 米.

　　A. 21　　　　　B. 25　　　　　C. 30　　　　　D. 35　　　　　E. 39

　　答案: B　**解析:** 由条件可知,甲、乙、丙三人速度之比为 $1000:960:936$,设丙距离终点还有 x 米,根据时间一定,速度比=路程比,则有 t 一定,$\dfrac{v_乙}{v_丙}=\dfrac{s_乙}{s_丙}$,$\dfrac{960}{936}=\dfrac{40}{64-x}$,$x=25$,选 B.

例 6: 一列火车完全通过一个长为 1600 米的隧道用了 25 秒,通过一根电线杆用了 5 秒,则该列火车的长度为(   ).

　　A. 200 米　　　B. 300 米　　　C. 400 米　　　D. 450 米　　　E. 500 米

　　答案: C　方法一解析:

设火车长度为 x 米,火车完全通过一个长为 1600 米的隧道相当于火车走了车长和隧道长之和的路程,通过一根电线杆相当于火车走了车长的路程,根据速度相等得 $\dfrac{1600+x}{25}=\dfrac{x}{5}$,得到 $x=400$,选 C.

方法二解析:

列车通过一根电线杆用了 5 秒,说明列车用 5 秒走了该列车车长的距离,而列车完全通过隧道用了 25 秒,即列车走完 1600 米的隧道用了 $25-5=20$ 秒,这样列车 5 秒可走 $1600\div4=400$ 米,即列车的长度为 400 米,选 C.

总裁有话说:火车通过物体(桥梁和隧道),所走的路程=车长+通过物体长.

例 7: 某人下午三点钟出门赴约,若他每分钟走 60 米,会迟到 5 分钟;若他每分钟走 75 米,会提前 4 分钟到达,所定的约会时间是下午( ).

A. 3:50 　　　　 B. 3:40 　　　　 C. 3:35 　　　　 D. 3:30 　　　　 E. 4:00

答案:B 方法一解析:

假设原定路上时间需要 x 分钟,则 $60(x+5)=75(x-4)$,解得 $x=40$,所以约会时间为 3:40,选 B.

方法二解析:

路程相同,速度不同,设路程为 s,根据时间差列式: $\dfrac{s}{60}-\dfrac{s}{75}=5+4$,解得 $s=2700$ 米, $t=\dfrac{s}{v}=\dfrac{2700}{60}=45$ 分钟,但此时按照 60 米每分钟的速度,迟到 5 分钟,所以约会时间为 3:40,选 B.

例 8: 老王上午 8:00 骑自行车离家去办公楼开会. 若每分钟骑行 150 米,则他会迟到 5 分钟;若每分钟骑行 210 米,则他会提前 5 分钟,则会议开始的时间是( ).

A. 8:20 　　　　 B. 8:30 　　　　 C. 8:45 　　　　 D. 9:00 　　　　 E. 9:10

答案:B 方法一解析:

设准时到需要时间为 t 分钟,则根据路程不变得到 $150(t+5)=210(t-5)$, $t=30$,会议开始时间为 8:30,选 B.

方法二解析:

路程相同,速度不同,设路程为 s,根据时间差列式: $\dfrac{s}{150}-\dfrac{s}{210}=5+5$,解得 $s=5250$ 米, $t=\dfrac{s}{v}=\dfrac{5250}{150}=35$ 分钟,但此时按照 150 米每分钟的速度,迟到 5 分钟,所以开会时间为 8:30,选 B.

例 9: 一支部队排成长度为 800 米的队列行军,速度为 80 米/分钟. 在队首的通讯员以 3 倍于行军的速度跑步到队尾,花 1 分钟传达首长命令后,立即以同样的速度跑回到队首. 在这往返全过程中通讯员所花费的时间为( )分钟.

A. 6.5 　　　　 B. 7.5 　　　　 C. 8 　　　　 D. 8.5 　　　　 E. 10

答案:D 解析:通讯员从队首跑到队尾所花时间为 $\dfrac{800}{80+3\times80}=2.5$ 分钟(相遇问题),通讯员从队尾跑到队首所花时间为 $\dfrac{800}{3\times80-80}=5$ 分钟(追及问题),共花的时间为 $2.5+1+5=8.5$ 分钟,选 D.

总裁有话说：区分不同情况下的相对速度，从队首到队尾为相向而行，从队尾到队首为同向而行.

例 10：甲、乙两人上午 8:00 分别自 A，B 出发相向而行，9:00 第一次相遇，之后速度均提高了 1.5 公里 / 小时，甲到 B，乙到 A 后都立刻照原路返回，若两人在 10:30 第二次相遇，则 A，B 两地相距（   ）.

  A.5.6 公里 B.7 公里 C.8 公里 D.9 公里 E.9.5 公里

  答案：D **解析**：设 A，B 两地相距 s 公里，甲的速度为 v_1，乙的速度为 v_2，可得

$$\begin{cases} \dfrac{s}{v_1+v_2}=1, \\ \dfrac{2s}{v_1+v_2+3}=1.5, \end{cases}$$

解得 $s=9$，选 D.

例 11：设汽车分两次将 A 地的客人送往 B 地，当汽车送第一批客人出发时，第二批客人同时步行向 B 地走去，第二批是在第 8 min 才登上返回迎接的汽车，再经 3 min 在 B 地与第一批客人会合，那么车速与步行速度之比为（   ）.

  A.8:3 B.4:1 C.5:1 D.9:2 E.7:1

  答案：B **解析**：设车速为 x，步行速度为 y，两地距离为 s.

  当汽车接第二批客人时，汽车和第二批客人各自走了 8 分钟，且一共走了 2 个 s，有 $\begin{cases} 8(x+y)=2s, \\ 3x+8y=s, \end{cases}$

$x=4y$，所以车速与步行速度之比为 4:1，选 B.

例 12：甲、乙两人同时从 A 点出发，沿 400 米跑道同向匀速行走，25 分钟后乙比甲少走了一圈，若乙行走一圈需要 8 分钟，则甲的速度是（   ）米 / 分钟.

  A.62 B.65 C.66 D.67 E.69

  答案：C **解析**：设甲的速度为 $v_甲$ 米 / 分钟，乙的速度为 $v_乙$ 米 / 分钟，可得 $\begin{cases} (v_甲-v_乙)25=400, \\ v_乙=400\div 8=50, \end{cases}$

解得 $v_甲=66$，选 C.

总裁有话说：考虑环线上，甲要想追上乙，必须比乙多走一圈.

例 13：甲、乙两人在环形跑道上跑步，他们同时从起点出发，当方向相反时每隔 48 秒相遇一次，当方向相同时每隔 10 分钟相遇一次.若甲每分钟比乙快 40 米，则甲、乙两人的跑步速度分别是（   ）米 / 分钟.

  A.470,430 B.380,340 C.370,330 D.280,240 E.270,230

  答案：E **解析**：设跑道长 s 米，甲、乙的速度分别为 $v_甲$ 米 / 分钟，$v_乙$ 米 / 分钟，由题意得

$$\begin{cases} \dfrac{s}{v_甲+v_乙}=\dfrac{48}{60}=0.8, \\ \dfrac{s}{v_甲-v_乙}=10, \\ v_甲-v_乙=40, \end{cases} \quad 可得 \begin{cases} s=400, \\ v_甲=270, \\ v_乙=230, \end{cases} 选 E.$$

例 14：已知船在静水中的速度为 28 千米 / 小时，河水的流速为 2 千米 / 小时，则此船在相距 78

千米的两地间往返一次所需时间是(　　)小时.

　　A.5.9　　　　B.5.6　　　　C.5.4　　　　D.4.4　　　　E.4

　　答案:B　解析:顺水时相对速度为(28+2)千米/小时,逆水时相对速度为(28-2)千米/小时,所以两地间往返一次所需时间是 $\dfrac{78}{28+2}+\dfrac{78}{28-2}=5.6$ 小时,选 B.

例15: 一艘轮船往返航行于甲、乙两码头之间,若船在静水中的速度不变,则当这条河的水流速度增加 50% 时,往返一次所需的时间比原来将(　　).

　　A. 增加　　　　B. 减少半小时　　C. 不变　　　　D. 减少1小时　　E. 无法判断

　　答案:A　方法一解析:

　　设甲、乙两码头相距 s,船在静水中的速度为 v_1,水流速度为 v_2,则原往返一次所需时间 $t_1=\dfrac{s}{v_1+v_2}+\dfrac{s}{v_1-v_2}=\dfrac{2v_1 s}{v_1^2-v_2^2}$,现往返一次所需时间 $t_2=\dfrac{s}{v_1+1.5v_2}+\dfrac{s}{v_1-1.5v_2}=\dfrac{2v_1 s}{v_1^2-(1.5v_2)^2}$,因此 $t_1<t_2$,选 A.

　　方法二解析:

　　极限思维:设水速增加到与船速相等,则轮船逆行时的速度为 0,故增加水速,会增加往返时间.

　　总裁有话说:分子相同,分母大的分数比较小.

例16: 快慢两列车长度分别为160米和120米,相向行驶在平行的轨道上,若坐在慢车上的人看见整列快车驶过的时间是 4 秒,那么坐在快车上的人看见整列慢车行驶过的时间是(　　)秒.

　　A.3　　　　　B.4　　　　　C.5　　　　　D.6　　　　　E. 以上均不正确

　　答案:A　解析:设快车的速度为每秒 v_1 米,慢车的速度为每秒 v_2 米,有 $\dfrac{160}{v_1+v_2}=4$,即 v_1+v_2 $=40$ 米/秒,所以 $\dfrac{120}{v_1+v_2}=\dfrac{120}{40}=3$ 秒,选 A.

例17: 在一条与铁路平行的公路上有一行人与一骑车人同向行进,行人速度为3.6千米/小时,骑车人速度为10.8千米/小时.如果一列火车从他们的后面同向匀速驶来,它通过行人的时间是 22 秒,通过骑车人的时间是 26 秒,则这列火车的车身长为(　　)米.

　　A.186　　　　B.268　　　　C.168　　　　D.286　　　　E.188

　　答案:D　解析:3.6千米/小时=1米/秒,10.8千米/小时=3米/秒.

　　设火车车身长为 s 米,速度为 v 米/秒,则 $\begin{cases}\dfrac{s}{22}=v-1,\\ \dfrac{s}{26}=v-3,\end{cases}$ 解得 $\begin{cases}s=286,\\ v=14,\end{cases}$ 选 D.

四、考点精析:工程应用题

　　基本公式:工作总量=工作时间×工作效率($s=vt$).

题型分类：

1. 工作总量已知

解题方法：直接利用 $s=vt$ 基本公式列式.

2. 工作总量未知

解题方法：设工作总量为"1"，或设工作总量为工作时间的最小公倍数.

3. 工程与路程结合问题

4. 与工作效率相关问题

(1) 工作效率固定：利用 $s=vt$ 求解.

(2) 工作效率变化：与比例问题相结合，或利用效率变化公式.

(3) 合作问题.

注意：用工作总量÷时间得到各自的工作效率，再进行求解.

  轮流工作问题一定按序轮流.

5. 与工作时间相关问题

注意：工作时间不可直接相加减.

解题基本方法：

1. 列方程.

2. 转换工程量.

例1：制鞋厂本月计划生产旅游鞋 5000 双，结果 12 天就完成了计划的 45%，照这样的进度，这个月（30 天）旅游鞋的产量将为（ ）双.

A.5625   B.5650   C.5700   D.5750   E.5800

答案：A 解析：12 天完成原计划的 45% 是 5000×45%＝2250 双，现在每天的产量为 2250÷12＝187.5 双，则 30 天完成的产量为 187.5×30＝5625 双，选 A.

总裁有话说：根据每天的生产效率来求解总工作量.

例2：某单位春季计划植树100棵，前2天安排乙组植树，其余任务由甲、乙两组用3天完成，已知甲组每天比乙组多植树4棵，则甲组每天植树（ ）棵.

A.11   B.12   C.13   D.15   E.17

答案：D 解析：设甲组每天植树 x 棵，乙组每天植树 $x-4$ 棵，$2(x-4)+3(2x-4)=100$，解得 $x=15$，选 D.

例3：一座桥，甲、乙、丙三人合作需要13天修完，如果丙休息2天，乙就要多修4天，或者由甲、乙合作修建1天，则这座桥由甲单独修建需要（ ）天.

A.22   B.24   C.26   D.28   E.20

答案：C 解析：因为丙休息2天，乙要多修4天，故丙2天＝乙4天，即丙1天＝乙2天.而丙休息2天，还可由甲、乙合作修建一天，故乙4天＝甲1天＋乙1天，因此甲1天＝乙3天，甲、乙、丙要合作13天，即甲13天，乙13天，丙13天，将乙、丙转换成甲，有乙13天＝甲 $\frac{13}{3}$ 天，丙13天＝

乙 26 天 = 甲 $\frac{26}{3}$ 天,因此甲单独完成修桥共需 $13 + \frac{13}{3} + \frac{26}{3} = 26$ 天,选 C.

总裁有话说:利用工程量转换,将乙和丙的工作量转换为甲的工作量.

例 4:一艘轮船发生漏水事故,当漏进 600 桶水时,两部抽水机开始排水,甲机每分钟能排水 20 桶,乙机每分钟能排水 16 桶,经 50 分钟刚好将水全部排完,则每分钟漏进的水有(   )桶.

A. 12 　　　　B. 18 　　　　C. 24 　　　　D. 30 　　　　E. 40

答案:C　解析:设每分钟漏进的水有 x 桶,则 $600 + 50x = 50 \times (20 + 16)$,解得 $x = 24$,选 C.

例 5:完成某项任务,甲单独做需要 4 天,乙单独做需要 6 天,丙单独做需要 8 天,现甲、乙、丙三人依次一日一轮换地工作,则完成这项任务共需要的天数为(   ).

A. $6\frac{2}{3}$ 　　　　B. $5\frac{1}{3}$ 　　　　C. 6 　　　　D. $4\frac{2}{3}$ 　　　　E. 4

答案:B　方法一解析:

由已知,甲、乙、丙每天完成工作量分别为 $\frac{1}{4}$,$\frac{1}{6}$,$\frac{1}{8}$(一天的工作效率),因此 $\frac{1}{4} + \frac{1}{6} + \frac{1}{8} + \frac{1}{4} + \frac{1}{6} = \frac{23}{24}$,剩余 $\frac{1}{24}$ 的工作量需 $\frac{1}{24} \div \frac{1}{8} = \frac{1}{3}$ 天,因此共需 5 天 $+ \frac{1}{3}$ 天 $= 5\frac{1}{3}$ 天,选 B.

方法二解析:(巧设工程量)

设工程量为 24,则甲、乙、丙每天的工作效率分别为 6,4,3. 前 5 天完成了 $6 + 4 + 3 + 6 + 4 = 23$,还差一份工作量未完成,则由丙来完成,需要 $\frac{1}{3}$ 天,总计需要 $5\frac{1}{3}$ 天,选 B.

总裁有话说:此题是工程量的简单计算,用最小公倍数巧设工程量.

例 6:(2019) 某车间计划 10 天完成一项任务,工作了 3 天后因故停工 2 天. 若要按原计划完成任务,则工作效率需要提高(   ).

A. 20% 　　　　B. 30% 　　　　C. 40% 　　　　D. 50% 　　　　E. 60%

答案:C　方法一解析:

工程问题通常设工作总量为 1,则工作效率为 $\frac{1}{10}$,工作 3 天完成 $\frac{1}{10} \times 3 = \frac{3}{10}$,剩余工作量 $\frac{7}{10}$,需要在 5 天内完成,则所需工作效率为 $\frac{7}{50}$,题目要求工作效率提高比率,运用比例中变化率 $= \frac{\text{变化量}}{\text{变前量}} \times 100\%$,得到 $\left(\frac{7}{50} - \frac{1}{10}\right) \div \frac{1}{10} \times 100\% = 40\%$,选 C.

方法二解析:

巧设工作总量为 10,工作 3 天,工作总量剩余 7,原计划完成工作量 7 的效率为 1,现在要求 5 天完成,因此新工作效率为 $\frac{7}{5}$,根据变化率 $= \frac{\text{变化量}}{\text{变前量}} \times 100\%$,得到 $\left(\frac{7}{5} - 1\right) \div 1 \times 100\% = 40\%$,选 C.

方法三解析:

利用变效公式:$v_1 v_2 = \frac{s}{\Delta t} \times \Delta v$,设每天工作效率为 1,工作总量为 10,因为已经完成 3 天,因此还剩 7 天的工作总量,耽误 2 天,因此 $\Delta t = 2$. 提高后工作效率为 $(1 + x)$,有 $1 \times (1 + x) = \frac{7}{2} \times x$,

解得 $x = 40\%$,选 C.

🖋️**总裁有话说**:变效公式描述的含义是用两个速度(效率)v_1 和 v_2 跑(完成) 相同的距离(工作),因为速度(效率) 不同,所以导致时间不同,可列式:$\frac{s}{v_1} - \frac{s}{v_2} = \Delta t$,通分得到 $\frac{sv_2 - sv_1}{v_1 v_2} = \Delta t$,$s(v_2 - v_1) = \Delta t \times v_1 v_2$,$\frac{s}{\Delta t} \times \Delta v = v_1 v_2$.

五、考点精析:浓度应用题

基本公式:

1. 溶液 = 溶质 + 溶剂;

2. 浓度 = $\frac{溶质}{溶液} \times 100\% = \frac{溶质}{溶质 + 溶剂} \times 100\%$.

题型分类:

1. 质量守恒问题.

2. 不断稀释问题.

3. 溶液配比问题(两个方法).

4. 蒸发、稀释、加浓问题.

解题方法:

1. 质量守恒问题,几个杯子互相倾倒问题:杯子倒前倒后浓度不变,抓住不变量.

2. 不断稀释问题,利用"打折" 求解.

重要公式:浓度为 $p\%$ 的 L 升溶液,倒出 M 升溶液再补足等量的水,则浓度变为 $p\% \times \frac{L - M}{L}$.

不断稀释公式:设从 V 升溶液中,每次倒出 a_i 再用等量的水补足,则最终浓度 = 初始浓度 × $\frac{(V - a_1)(V - a_2) \cdots (V - a_k)}{V^k}$.

3. 溶液配比问题,方法一:质量守恒;方法二:十字交叉(常用).

4. 蒸发、稀释、加浓问题:关键找不变量,然后用最小公倍数统一.

"蒸发" 问题:特点是减少溶剂,解题关键找不变量:溶质.

"稀释" 问题:特点是增加溶剂,解题关键找不变量:溶质.

"加浓" 问题:特点是增加溶质,解题关键找不变量:溶剂.

🔖**例1**:在某实验中,三个试管各盛水若干克.现将浓度为 12% 的盐水 10 克倒入 A 管中,混合后取 10 克倒入 B 管中,混合后再取 10 克倒入 C 管中,结果 A,B,C 三个试管中盐水的浓度分别为 $6\%,2\%,0.5\%$,那么三个试管中原来盛水最多的试管及其盛水量各是(   ).

   A. A 试管,10 克   B. B 试管,20 克   C. C 试管,30 克   D. B 试管,40 克   E. C 试管,50 克

答案:C **解析**:设 A 试管中原有水 xg,B 试管中原有水 yg,C 试管中原有水 zg,则可列式:

$\dfrac{0.12 \times 10}{x+10} = 0.06, \dfrac{0.06 \times 10}{y+10} = 0.02, \dfrac{0.02 \times 10}{z+10} = 0.005$，可得 $x=10, y=20, z=30$，选 C．

总裁有话说：杯子倒前倒后浓度不变．

例2：某容器中装满了浓度为 90% 的酒精，倒出 1 升后用水将容器充满，搅拌均匀后倒出 1 升，再用水将容器注满，已知此时的酒精浓度为 40%，则该容器的容积是（　　）．

　　A．2.5 升　　　　B．3 升　　　　C．3.5 升　　　　D．4 升　　　　E．4.5 升

答案：B　解析：设容器的容积为 V 升，则 $0.9 \times \left(\dfrac{V-1}{V}\right)^2 = 0.4$，解得 $V=3$ 或 $V=0.6$（舍），选 B．

总裁有话说：利用最终浓度与初始浓度的等量关系列式．

例3：一满桶纯酒精倒出 10 升后，加满水搅匀，再倒出 4 升，再加满水，此时，桶内的纯酒精与水的体积之比是 2 : 3，则该桶的容积是（　　）升．

　　A．15　　　　B．18　　　　C．20　　　　D．22　　　　E．25

答案：C　解析：设桶的容积为 V 升，则 $\dfrac{(V-10)(V-4)}{V^2} = \dfrac{2}{2+3}$，解得 $V=20$ 或 $V=\dfrac{10}{3}$（舍），选 C．

例4：若用浓度为 30% 和 20% 的甲、乙两种食盐溶液配成浓度为 24% 的食盐溶液 500 克，则甲、乙两种溶液各取（　　）．

　　A．180 克，320 克　B．185 克，315 克　C．190 克，310 克　D．195 克，305 克　E．200 克，300 克

答案：E　方法一解析：

设甲、乙两种溶液应各取 x 克和 y 克，可列方程：

$\begin{cases} 0.3x + 0.2y = 0.24 \times 500, \\ x + y = 500, \end{cases}$ 化简为 $\begin{cases} 3x + 2y = 1200, \\ 2x + 2y = 1000, \end{cases}$ 解得 $\begin{cases} x = 200, \\ y = 300, \end{cases}$ 选 E．

方法二解析：

$\begin{matrix} 30\% & & 4\% \\ & 24\% & \\ 20\% & & 6\% \end{matrix} = \dfrac{4}{6} = \dfrac{2}{3}$，所以甲溶液 : 乙溶液 = 2 : 3，因此甲溶液有 200 克，乙溶液有 300 克，选 E．

总裁有话说：一个总体分成两个部分对应 3 个同性质的数据用十字交叉法．

例5：某种新鲜水果的含水量为 98%，一天后的含水量降为 97.5%．某商店以每斤 1 元的价格购进了 1000 斤新鲜水果，预计当天能售出 60%，两天内售完．要使利润维持在 20%，则每斤水果的平均售价应定为（　　）元．

　　A．1.20　　　　B．1.25　　　　C．1.30　　　　D．1.35　　　　E．1.40

答案：C　解析：设平均售价为 x 元 / 斤，求出总重量降低的百分数：原来水果的总重量为 1000，含水量为 980，果肉重量为 20，最后果肉占 $2.5\% = \dfrac{20}{800}$，说明最后水果重量为 800，总重量即为原来的 80%，所以得到 $600x + 400 \times 80\% \times x = 1200$，所以 $x \approx 1.3$，选 C．

总裁有话说：蒸发问题核心找不变量．

六、考点精析：集合应用题

题型分类：

1. 两个集合问题

如下图所示，可知公式：$A \cup B = A + B - A \cap B$（相加之后减重合）.

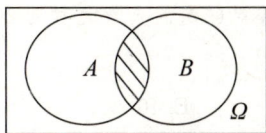

2. 三个集合问题

如下图所示，可知公式：

(1) $A \cup B \cup C = A + B + C - A \cap B - A \cap C - B \cap C + A \cap B \cap C$；

(2) $A \cup B \cup C = \Omega - \overline{A} \cap \overline{B} \cap \overline{C}$；

(3) $n(A) + n(B) + n(C) = Ⅰ(\text{只有一个}) + Ⅱ(\text{只有两个}) \times 2 + Ⅲ(\text{三个都有}) \times 3$.

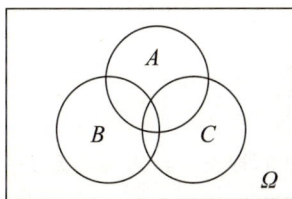

题型特征：

1. 已知三个部分具体的量，利用相加之后减重合求解；

2. 未知三个部分具体的量，将三个部分划分为互不干涉的7个部分，将7个部分加在一起，即为总人数.

例1：某单位有90人，其中有65人参加外语培训，72人参加计算机培训，已知参加外语培训而没参加计算机培训的有8人，则参加计算机培训而没参加外语培训的人数为（　　）.

A. 5　　　　　B. 8　　　　　C. 10　　　　　D. 12　　　　　E. 15

答案：E　解析：已知参加外语培训没参加计算机培训的有8人，说明只参加外语培训的有8人，因此同时参加外语、计算机培训的有 $65 - 8 = 57$ 人，只参加计算机培训的有 $72 - 57 = 15$ 人，选E.

例2：某年级60名学生中，有30人参加合唱团，45人参加运动队，其中参加合唱团而未参加运动队的有8人，则参加运动队而未参加合唱团的有（　　）.

A. 15人　　　　B. 22人　　　　C. 23人　　　　D. 30人　　　　E. 37人

答案：C　方法一解析：

既参加了合唱团又参加了运动队的有 $30 - 8 = 22$ 人，因此只参加了运动队没参加合唱团的有 $45 - 22 = 23$ 人.

方法二解析：

画图可知，两个集合问题，利用图示求解 $45 - 22 = 23$ 人.

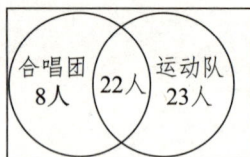

例3：某班同学参加智力竞赛，共有 A,B,C 三题，每题或得 0 分或得满分，竞赛结果无人得 0 分，三题全部答对的有 1 人，答对两题的有 15 人．答对 A 题的人数和答对 B 题的人数之和为 29 人，答对 A 题的人数和答对 C 题的人数之和为 25 人，答对 B 题的人数和答对 C 题的人数之和为 20 人，那么该班的人数为（　　）．

  A. 20   B. 25   C. 30   D. 35   E. 40

答案：A 方法一解析：

  由公式得，$n(A\bigcup B\bigcup C)=n(A)+n(B)+n(C)-n(A\bigcap B)-n(A\bigcap C)-n(B\bigcap C)+n(A\bigcap B\bigcap C)$．

  已知 $n(A)+n(B)=29,n(A)+n(C)=25,n(B)+n(C)=20$．

  $n(A)+n(B)+n(C)=(29+25+20)\div2=37$，

  $n(A\bigcap B)+n(A\bigcap C)+n(B\bigcap C)=15+1\times3=18$，

  所以 $n(A\bigcup B\bigcup C)=37-18+1=20$，选 A．

  方法二解析：

  设答对一题的有 x 人，由公式得 $\dfrac{29+25+20}{2}=x+15\times2+1\times3$，即 $x=4$，总人数为 $1+15+4=20$ 人，选 A．

例4：老师问班上 50 名同学周末复习的情况，结果有 20 人复习过数学，30 人复习过语文，6 人复习过英语，且同时复习了数学和语文的有 10 人，语文和英语的有 2 人，英语和数学的有 3 人，若同时复习过这三门课程的人数为 0，则没复习过这三门课程的学生人数为（　　）．

  A. 7   B. 8   C. 9   D. 10   E. 11

答案：C 解析：已知三个部分具体量，利用相加之后减重合．设没复习过三门课程的学生有 x 人，则有 $20+30+6-[(10-0)+(3-0)+(2-0)]-2\times0+x=50$，

  解得 $x=9$，选 C．

七、考点精析：最值应用题

  应用题求解最值解题方法：

  1. 二次函数求最值

  一般式：$y=ax^2+bx+c(a\neq0)$，对称轴为 $-\dfrac{b}{2a}$，最值为 $\dfrac{4ac-b^2}{4a}$．

  两点式：$y=a(x-x_1)(x-x_2)$，对称轴为 $\dfrac{x_1+x_2}{2}$，在对称轴处取得最值．

  2. 均值不等式求最值：积为常数和有最小值；和为常数积有最大值．

例1：已知某工厂生产 x 件产品的成本为 $C=25000+200x+\dfrac{1}{40}x^2$ 元，若产品以每件 500 元售出，则利润最大的产量是（　　）件．

A. 2000　　　　B. 3000　　　　C. 4000　　　　D. 5000　　　　E. 6000

答案：E　解析：利润 $=$ 收入 $-$ 成本 $=500x-C=-\dfrac{1}{40}x^2+300x-25000$，利润为开口向下的抛物线，在对称轴处取得最大值，因此当 $x=-\dfrac{b}{2a}=6000$ 时，利润最大，选 E．

例2：已知某工厂生产 x 件产品的成本为 $C=25000+200x+\dfrac{1}{40}x^2$ 元，要使平均成本最小，应生产的产品件数为（　　）件．

A. 100　　　　B. 200　　　　C. 1000　　　　D. 2000　　　　E. 3000

答案：C　解析：平均成本 $\overline{C}=\dfrac{C}{x}=\dfrac{25000}{x}+\dfrac{1}{40}x+200\geqslant 2\sqrt{\dfrac{25000}{x}\times\dfrac{1}{40}x}+200=250$，当 $\dfrac{25000}{x}=\dfrac{1}{40}x$，即 $x=1000$ 时，平均成本最小，选 C．

总裁有话说：利用均值不等式，$a+b\geqslant 2\sqrt{ab}$．

例3：甲商店销售某种商品，该商品的进价每件 90 元，若每件定为 100 元，则一天内能售出 500 件，在此基础上，定价每增 1 元，一天少售出 10 件，要使得甲商店获得最大利润，则该商品的定价应为（　　）．

A. 115 元　　　　B. 120 元　　　　C. 125 元　　　　D. 130 元　　　　E. 135 元

答案：B　方法一解析：（二次函数）

设定价为 $100+a$ 元，由已知条件，利润为

$Y=(100+a)(500-10a)-90(500-10a)=-10a^2+400a+5000=-10(a-20)^2+9000$，

即当 $a=20$ 时，利润最大，选 B．

方法二解析：（均值不等式）

$y=(100+a)(500-10a)-90(500-10a)=(500-10a)(100+a-90)=10(50-a)(10+a)\leqslant 10\left[\dfrac{(50-a)+(10+a)}{2}\right]^2=9000$，当且仅当 $50-a=10+a$，即 $a=20$ 时利润达到最大值 9000，所以定价应该为 $100+20=120$ 元，选 B．

例4：(2016) 某商场将每台进价为 2000 元的冰箱以 2400 元销售时，每天销售 8 台，调研表明这种冰箱的售价每降低 50 元，每天就能多销售 4 台．若要使每天销售利润最大，则该冰箱的定价应为（　　）．

A. 2200 元　　　　B. 2250 元　　　　C. 2300 元　　　　D. 2350 元　　　　E. 2400 元

答案：B　解析：设降低了 x 个 50 元，则利润为 $y=(2400-50x)(8+4x)-2000(8+4x)=(400-50x)(8+4x)=200(8-x)(2+x)$，当且仅当 $8-x=2+x$，$x=3$ 时达到最大值，定价为 $2400-50\times 3=2250$ 元，选 B．

八、考点精析：至多至少应用题

解题方法：

1. 极值法.

2. 构造方程或不等式法.

3. 最大公约数或最小公倍数法.

例1：甲班共有30名学生，在一次满分为100分的考试中，全班平均成绩为90分，则成绩低于60分的学生至多有（　　）个.

A. 8　　　　　　B. 7　　　　　　C. 6　　　　　　D. 5　　　　　　E. 4

答案：B 方法一解析：

设成绩低于60分的至多有 x 人，若都按60分计算，其他人都按照100分算，从而 $60x+100(30-x)\geqslant 90\times 30$，解得 $x\leqslant 7.5$，取整数 $x=7$，选 B.

方法二解析：

低于60分的学生每个人最少扣41分，则 $41x\leqslant 3000-2700$，解得 $x\leqslant 7.3$，所以 x 的最大值为7，选 B.

📖**总裁有话说：**方法一利用构造法，构造不等式；方法二利用极值法；

例2：（2020）总成绩＝甲成绩×30％＋乙成绩×20％＋丙成绩×50％，考试通过标准是：每部分 $\geqslant 50$ 分，且总成绩 $\geqslant 60$ 分，已知某人甲成绩70分，乙成绩75分，且通过了这项考试，则此人丙成绩的分数至少是（　　）.

A. 48　　　　　　B. 50　　　　　　C. 55　　　　　　D. 60　　　　　　E. 62

答案：B 解析：设丙的成绩为 x 分，则 $\begin{cases}70\times 30\%+75\times 20\%+x\times 50\%\geqslant 60,\\ x\geqslant 50,\end{cases}$ 解得 $\begin{cases}x\geqslant 48,\\ x\geqslant 50,\end{cases}$ 取交集有 $x\geqslant 50$，选 B.

例3：（2020）某网店对单价为55元，75元，80元的三种商品进行促销，促销策略是每单满200元减 m 元，如果每单减 m 元后售价均不低于原价的8折，那么 m 的最大值为（　　）.

A. 40　　　　　　B. 41　　　　　　C. 43　　　　　　D. 44　　　　　　E. 48

答案：B 解析：设折扣前的价格为 x 元，则 $x-m\geqslant 0.8x$，有 $m\leqslant 0.2x$，折扣前的价格最小为 $55+75+75=205$，故 $m\leqslant 0.2\times 205=41$，选 B.

例4：100名志愿者前去7处受灾严重地区救灾，规定每个人只能去一处灾区，每处受灾严重地区至少有一名志愿者前往，已知每处地区的志愿者人数各不相同，那么志愿者人数排第4的地区最多有（　　）人.

A. 25　　　　　　B. 24　　　　　　C. 23　　　　　　D. 22　　　　　　E. 21

答案：D 解析：要求排第4的地区人数最多，其余地区之和必须最少，因此排名第5，6，7的三个地区人数为3，2，1. 因此前4名的人数之和为 $100-(1+2+3)=94$ 人. 要想第四名尽量多，前三名应尽量少，故前4名地区应尽量接近，有 $94\div 4=23.5$，又因为每处地区志愿者人数各不相同，所

以排名 $1,2,3,4$ 的地区的人数应为 $25,24,23,22$，此时排第 4 的地区人数最多有 22 人，选 D.

九、考点精析：不定方程应用题

题型分类：

1. 方程的个数比未知数的个数多且仅多一个；

2. 方程的个数比未知数的个数多两个及以上.

方程个数比未知数个数多一个问题解题步骤：

第一步：列式；

第二步：消元；

第三步：根据奇偶性求解（质数不可约）.

方程个数比未知数个数多两个及以上问题解题：

利用整式除法解题.

例 1： (2020) 已知甲、乙、丙三人共捐款 3500 元，能确定每人的捐款金额.

(1) 三人的捐款金额各不相同.

(2) 三人捐款的金额都是 500 的倍数.

答案：E **解析：**条件(1) 只知三人捐款金额不同，不知其他，三人捐款之和为 3500，可列式甲＋乙＋丙＝3500，情况太多，无法确定每人捐款金额，条件(1) 不充分；

条件(2) 捐款金额为 500 的倍数，三人捐款之和可写为 500 甲＋500 乙＋500 丙＝3500，有甲＋乙＋丙＝7，情况太多，无法确定每人捐款金额，条件(2) 不充分.

联合也无法确定，因此不充分，选 E.

例 2： 在某次考试中，甲、乙、丙三个班的平均成绩分别为 80,81 和 81.5，三个班的学生得分之和为 6952，三个班共有学生（　　）.

 A. 85 名   B. 86 名   C. 87 名   D. 88 名   E. 90 名

答案：B **方法一解析：**

$80 <$ 三个班平均分 < 81.5，所以 $85.3 \approx \dfrac{6952}{81.5} <$ 总人数 $< \dfrac{6952}{80} = 86.9$，取整数，选 B.

方法二解析：

设甲、乙、丙三个班分别有 x,y,z 人，则 $80x + 81y + 81.5z = 6952$. 整式可化为 $80(x+y+z) + (y+1.5z) = 6952$，利用整式除法有 $6952 = 80 \times (x+y+z) + (y+1.5z)$，此时 $x+y+z$ 为商，$y+1.5z$ 为余数，$6952 \div 80 = 86$ 余 72，因此 $x+y+z = 86$，选 B.

总裁有话说：方法一利用构造不等式方法，方法二利用整式除法.

十、考点精析：数列应用题

题型分类：

1. 等差数列应用题.

2. 等比数列应用题.

常用等量关系:

1. 等差数列求和公式: $S_n = \dfrac{n(a_1 + a_n)}{2} = na_1 + \dfrac{n(n-1)}{2}d$.

2. 等比数列求和公式: $q = 1$ 时, $S_n = na_1$.

$$q \neq 1 \text{ 时}, S_n = \frac{a_1(1 - q^n)}{1 - q} = \frac{a_1(q^n - 1)}{q - 1}.$$

$$\text{无穷递缩等比数列求和} \ S_n = \frac{a_1}{1 - q}.$$

例1: 一个球从 100 米高处自由落下, 每次着地后又跳回前一次高度的一半再落下, 当它第 10 次着地时, 共经过的路程是( )米(精确到 1 米且不计任何阻力).

A. 300   B. 250   C. 200   D. 150   E. 100

答案:A 解析: 所走路程 $s = 100 + 2 \times 50 + 2 \times 25 + \cdots + 2 \times \dfrac{50}{2^8} = 100 + 100 \times$

$\left(1 + \dfrac{1}{2} + \dfrac{1}{2^2} + \dfrac{1}{2^3} + \cdots + \dfrac{1}{2^8}\right) = 100 + 100 \times \dfrac{1 \times \left(1 - \dfrac{1}{2^9}\right)}{1 - \dfrac{1}{2}} = 100 + 200 \times \left(1 - \dfrac{1}{2^9}\right) \approx 300$ 米, 选 A.

例2: 甲企业一年的总产值为 $\dfrac{a}{p}[(1 + p)^{12} - 1]$.

(1) 甲企业 1 月份的产值为 a, 以后每月产值的增长率为 p.

(2) 甲企业 1 月份的产值为 $\dfrac{a}{2}$, 以后每月产值的增长率为 $2p$.

答案:A 解析: 条件(1) 甲企业 1 月份产值为 a, 2 月份为 $a(1+p)$, 3 月份为 $a(1+p)^2$, $\cdots$, 依此类推, 12 月份产值为 $a(1+p)^{11}$, 因此一年的总产值为 $S_{12} = a + a(1+p) + a(1+p)^2 + \cdots +$ $a(1+p)^{11} = a[1 + (1+p) + (1+p)^2 + \cdots + (1+p)^{11}] = a \times \dfrac{1 - (1+p)^{12}}{1 - (1+p)} = \dfrac{a}{p}[(1+p)^{12} - 1]$, 条件(1) 充分;

条件(2) 一年的总产值为 $S_{12} = \dfrac{a}{2} + \dfrac{a}{2}(1+2p) + \dfrac{a}{2}(1+2p)^2 + \cdots + \dfrac{a}{2}(1+2p)^{11} = \dfrac{a}{2}[1 +$ $(1+2p) + (1+2p)^2 + \cdots + (1+2p)^{11}] = \dfrac{a}{2} \times \dfrac{1 - (1+2p)^{12}}{1 - (1+2p)} = \dfrac{a}{2} \times \dfrac{1}{2p}[(1+2p)^{12} - 1]$, 条件 (2) 与结论不同, 不充分, 选 A.

例3: 在一次数学考试中, 某班前 6 名同学的成绩恰好成等差数列, 若前 6 名同学的平均成绩为 95 分, 前 4 名同学的成绩之和为 388 分, 则第 6 名同学的成绩为( )分.

A. 92   B. 91   C. 90   D. 89   E. 88

答案:C 解析: 成绩成等差数列, 则 $\begin{cases} S_6 = 6a_1 + 15d = 95 \times 6, \\ S_4 = 4a_1 + 6d = 388, \end{cases}$ 解得 $\begin{cases} a_1 = 100, \\ d = -2, \end{cases}$ 则 $a_6 = a_1 + 5d$ $= 90$, 选 C.

十一、考点精析:分段函数应用题

解题步骤:

第一步:确定所求的值位于哪一段;

第二步:关注基数.

◆例1:为了调节个人收入,减少中低收入者的赋税负担,国家调整了个人工资薪金所得税的征收方案.已知原方案的起征点为2000元／月,税费分9级征收,前4级税率见下表:

级数	全月应纳税所得额 q(元)	税率(%)
1	$0 < q \leqslant 500$	5
2	$500 < q \leqslant 2000$	10
3	$2000 < q \leqslant 5000$	15
4	$5000 < q \leqslant 20000$	20

新方案的起征点为3500元／月,税费分7级征收,前3级税率见下表:

级数	全月应纳税所得额 q(元)	税率(%)
1	$0 < q \leqslant 1500$	3
2	$1500 < q \leqslant 4500$	10
3	$4500 < q \leqslant 9000$	20

若某人在新方案下每月缴纳的个人工资薪金所得税是345元,则此人每月缴纳的个人工资薪金所得税比原方案减少了(　　)元.

A. 825　　　　B. 480　　　　C. 345　　　　D. 280　　　　E. 135

答案:B　解析:按新方案分段交:先算出每段要交的税:$1500 \times 3\% = 45$ 元,$3000 \times 10\% = 300$ 元,所以此人的工资薪金为 $8000 = 3500(不交) + 1500(交3\%) + 3000(交10\%)$,即 $345 = 45 + 300$.按原方案交:$8000 = 2000(不交) + 500(交5\%) + 1500(交10\%) + 3000(交15\%) + 1000(交20\%)$,有 $500 \times 5\% + 1500 \times 10\% + 3000 \times 15\% + 1000 \times 20\% = 825$ 元,所以现在减少 $825 - 345 = 480$ 元,选 B.

十二、考点精析:线性规划应用题

线性规划问题是在限制条件成立的前提下求目标函数的优化问题,一般问题采用图解法,对于自变量为整数的问题利用穷举得到答案.

题型特征:往往存在两个方案.

解题方法:

1. 在边界点附近取值求解(一般为整数).

2. 图像法.

◆ **例1**：某公司计划运送180台电视机和110台洗衣机下乡，现有两种货车，甲种货车每辆最多可载40台电视机和10台洗衣机，乙种货车每辆最多可载20台电视机和20台洗衣机，已知甲、乙两种货车的租金分别是每辆400元和360元，则最少的运费是（　　）．

　　A.2560元　　　B.2600元　　　C.2640元　　　D.2580元　　　E.2720元

　　答案：B　**解析**：设甲、乙货车各需要x,y台，目标函数为$z=400x+360y$，要得到z的最小值有

约束条件$\begin{cases}40x+20y\geqslant180,\\10x+20y\geqslant110,\end{cases}$

即$\begin{cases}2x+y\geqslant9,\\x+2y\geqslant11,\end{cases}$利用穷举法可得$x=2,y=5$时，运费最少为2600元，选B．

■ **总裁有话说**：已知目标函数，要求目标函数最小值，又知甲车比乙车要贵，所以甲车尽可能少．

◆ **例2**：有一批水果要装箱，一名熟练工单独装箱需要10天，每天报酬为200元；一名普通工单独装箱需要15天，每天报酬为120元．由于场地限制，最多可同时安排12人装箱，若要求在一天内完成装箱任务，则支付的最少报酬为（　　）．

　　A.1800元　　　B.1840元　　　C.1920元　　　D.1960元　　　E.2000元

　　答案：C　**解析**：设需要熟练工、普通工分别为x,y人，目标函数即为$Z=200x+120y$，要求最

小值，即求满足在$\begin{cases}x+y\leqslant12,\\\dfrac{x}{10}+\dfrac{y}{15}\geqslant1\end{cases}$的条件下$Z$的最小值，当$x=y=6$时可以得到，$200\times6+120\times6$

$=1920$元，选C．

■ **总裁有话说**：二者相加要想得到最小值，那么二者越接近越好．

第三节　业精于勤

◆ 1.(200610)某人以6 km/h的平均速度上山，上山后立即以12 km/h的平均速度原路返回，那么此人在往返过程中每小时平均走（　　）km.

　　A.9　　　　B.8　　　　C.7　　　　D.6　　　　E.以上均不正确

◆ 2.(200110)从甲地到乙地，水路比公路近40 km，上午10:00一艘轮船从甲地行驶去乙地，下午1:00一辆汽车从甲地开往乙地，最后船、车同时到达乙地，若汽车的速度是每小时40 km，轮船的速度是汽车的$\dfrac{3}{5}$，则甲、乙两地的公路长为（　　）km.

　　A.320　　　B.300　　　C.280　　　D.260　　　E.以上均不正确

◆ 3.(2015)某人驾车从A地赶往B地，前一半路程比计划多用时45分钟，平均速度只有计划的80%，若后一半路程的平均速度为120千米/小时，此人还能按原定时间到达B地，则A,B两地的距离为（　　）千米.

　　A.450　　　B.480　　　C.520　　　D.540　　　E.600

◆ 4.(201110)一列火车匀速行驶时，通过一座长为250米的桥梁需要10秒，通过一座长为450

的桥梁需要 15 秒,该火车通过长为 1050 米的桥梁需要( )秒.

    A. 22   B. 25   C. 28   D. 30   E. 35

5. (199810) 在有上、下行的轨道上,两列火车相向而行,若甲车长 187 m,每秒行驶 25 m,乙车长 173 m,每秒行驶 20 m,则从两车头相遇到车尾离开,需要( )秒.

    A. 12   B. 11   C. 10   D. 9   E. 8

6. (200910) 一艘小轮船上午 8:00 起航逆流而上(设船速和水流速度一定),中途船上一块木板落入水中,直到 8:50 船员才发现这块重要的木板丢失,立即调转船头去追,最终于 9:20 追上木板. 由上述数据可以算出木板落入水中的时间是( ).

    A. 8:50   B. 8:30   C. 8:25   D. 8:20   E. 8:15

7. (201101) 某施工队承担了开凿一条长为 2400 m 隧道的工程,在掘进了 400 m 后,由于改进了施工工艺,每天比原计划多掘进 2 m,最后提前 50 天完成了施工任务,原计划施工工期是( )天.

    A. 200   B. 240   C. 250   D. 300   E. 350

8. (199901) 一项工程由甲、乙两队合作 30 天可以完成,甲队单独做 24 天后,乙队加入,两队合作 10 天后,甲队调走,乙队继续做了 17 天才完成,若这项工程由甲队单独完成,则需要( )天.

    A. 60   B. 70   C. 80   D. 90   E. 100

9. (200801) 将价值 200 元的甲原料与价值 480 元的乙原料配成一种新原料,若新原料每千克的售价分别比甲、乙原料每千克的售价少 3 元和多 1 元,则新原料的售价是( ).

    A. 15 元   B. 16 元   C. 17 元   D. 18 元   E. 19 元

10. (200801) 一个含有 25 张一类贺卡和 30 张二类贺卡的邮包总重量(不计包装重量)为 700 g.

    (1) 一张一类贺卡重量是一张二类贺卡重量的 3 倍.

    (2) 一张一类贺卡与两张二类贺卡的总重量是 $\dfrac{100}{3}$ g.

11. (200810) 整个队列的人数是 57.

    (1) 甲、乙两人排队买票,甲后面有 20 人,而乙前面有 30 人.

    (2) 甲、乙两人排队买票,甲、乙之间有 5 人.

12. (201712) 甲购买了若干件 A 玩具,乙购买了若干件 B 玩具送给幼儿园,甲比乙少花了 100 元,则能确定甲购买的玩具件数.

    (1) 甲与乙共购买了 50 件玩具.

    (2) A 玩具的价格是 B 玩具的两倍.

13. (201612) 某人从 A 地出发,先乘时速为 220 千米的动车,后转乘时速为 100 千米的汽车到达 B 地,则 A,B 两地的距离为 960 千米.

    (1) 乘动车的时间与乘汽车的时间相等.

    (2) 乘动车的时间与乘汽车的时间之和为 6 小时.

14. (201110) 甲、乙两人赛跑,甲的速度是 6 米 / 秒.

    (1) 乙比甲先跑 12 米,甲起跑后 6 秒追上乙.

    (2) 乙比甲先跑 2.5 秒,甲起跑后 5 秒追上乙.

15. (2016) 将 2 升甲酒精和 1 升乙酒精混合得到丙酒精, 则能确定甲、乙两种酒精的浓度.

(1) 1 升甲酒精和 5 升乙酒精混合后的浓度是丙酒精浓度的 $\dfrac{1}{2}$.

(2) 1 升甲酒精和 2 升乙酒精混合后的浓度是丙酒精浓度的 $\dfrac{2}{3}$.

16. (201110) 含盐 12.5% 的盐水 40 千克蒸发掉部分水分后变成了含盐 20% 的盐水, 蒸发掉的水分重量为 (   ) 千克.

  A. 19   B. 18   C. 17   D. 16   E. 15

17. (201612) 张老师到一所中学进行招生咨询, 上午接到了 45 名学生的咨询, 其中的 9 名同学下午又咨询了张老师, 占张老师下午咨询学生的 10%, 一天中向张老师咨询的学生人数为 (   ).

  A. 81   B. 90   C. 115   D. 126   E. 135

18. (201001) 某公司的员工中, 拥有本科毕业证, 计算机登记证, 汽车驾驶证的人数分别为 130, 110, 90, 又知只有一种证的人数为 140, 三证齐全的人数为 30, 则恰有双证的人数为 (   ).

  A. 45   B. 50   C. 52   D. 65   E. 100

19. (201001) 某居民小区决定投资 15 万元修建停车位, 据测算, 修建一个室内车位的费用为 5000 元, 修建一个室外车位的费用为 1000 元, 考虑到实际因素, 计划室外车位的数量不少于室内车位的 2 倍, 也不多于室内车位的 3 倍, 这笔投资最多可建车位的数量为 (   ).

  A. 78   B. 74   C. 72   D. 70   E. 66

20. (201412) 几个朋友外出游玩, 购买了一些瓶装水, 则能确定购买的瓶装水数量.

(1) 若每人分 3 瓶, 则剩余 30 瓶.

(2) 若每人分 10 瓶, 则只有 1 人不够.

21. (201101) 某年级共有 8 个班级, 在一次年级考试中, 共有 21 名学生不及格, 每班不及格的学生最多有 3 名, 则 (一) 班至少有 1 名学生不及格.

(1) (二) 班的不及格人数多于 (三) 班.

(2) (四) 班不及格的学生有 2 名.

22. (201410) A, B 两种型号的客车载客量分别为 36 人和 60 人, 租金分别为 1600 元 / 辆和 2400 元 / 辆, 某旅行社用 A, B 两种车辆安排 900 名旅客出行. 则至少要花租金 37600 元.

(1) B 型车租用数量不多于 A 型车租用数量.

(2) 租用车总数不多于 20 辆.

23. (201703) 甲、乙、丙三种货车载重量成等差数列, 2 辆甲种车和 1 辆乙种车的载重量为 95 吨, 1 辆甲种车和 3 辆丙种车的载重量为 150 吨, 则甲、乙、丙各一辆车一次最多运送货物 (   ).

  A. 125 吨   B. 120 吨   C. 115 吨   D. 110 吨   E. 105 吨

24. (201201) 某人在保险柜中存放了 M 元现金, 第一天取出它的 $\dfrac{2}{3}$, 以后每天取出前一天所取的 $\dfrac{1}{3}$, 共取了 7 次, 保险柜中剩余的现金为 (   ) 元.

  A. $\dfrac{M}{3^7}$ B. $\dfrac{M}{3^6}$ C. $\dfrac{2M}{3^6}$

D. $\left[1-\left(\dfrac{2}{3}\right)^{7}\right]M$ 　　　　　　　E. $\left[1-7\left(\dfrac{2}{3}\right)^{7}\right]M$

25. (200310) 某工厂人员由技术人员、行政人员和工人组成,共有男职工 420 人,是女职工的 $1\dfrac{1}{3}$ 倍,其中行政人员占全体职工的 20%,技术人员比工人少 $\dfrac{1}{25}$,那么该工厂有工人( )人.

A. 200　　　　B. 250　　　　C. 300　　　　D. 350　　　　E. 400

26. (201210) 第一季度甲公司的产值比乙公司的产值低 20%,第二季度甲公司的产值比第一季度增长了 20%,乙公司的产值比第一季度增长了 10%,则第二季度甲、乙两公司的产值之比是( ).

A. 96:115　　B. 92:115　　C. 48:55　　D. 24:25　　E. 10:11

27. (201310) 某物流公司将一批货物的 60% 送到了甲商场,100 件送到了乙商场,其余的都送到了丙商场.若送到甲、丙两商场的货物数量之比为 7:3,则该批货物共有( )件.

A. 700　　　　B. 800　　　　C. 900　　　　D. 1000　　　　E. 1100

28. 某公司举办了一场募捐活动,之后用募捐的收入购买了甲、乙、丙三种商品,这三种商品的单价分别为 30 元、15 元和 10 元.已知购得的甲商品与乙商品的数量之比为 5:6,乙商品与丙商品的数量之比为 4:11,且购买丙商品比购买甲商品多花了 210 元.则三种商品总数为( ).

A. 300　　　　B. 420　　　　C. 385　　　　D. 450　　　　E. 600

29. 散装商品以大包装和小包装两种规格售出,买大包装比小包装合算.

(1) 大包装比小包装重 25%,小包装比大包装售价低 20%.

(2) 小包装比大包装轻 20%,大包装比小包装售价高 20%.

30. 某企业生产总值连续两年持续增加.第一年的增长率为 p,第二年的增长率为 q,则该企业两年生产总值的年平均增长率为( ).

A. $\dfrac{p+q}{2}$ 　　　　　　B. $\dfrac{(p+1)(q+1)}{2}-1$ 　　　　C. $\sqrt{pq}$

D. $\sqrt{(p+1)(q+1)}$ 　　　　E. $\sqrt{(p+1)(q+1)}-1$

31. 某市有甲、乙两个仓库,两个仓库的屯粮之比为 3:4,乙仓库将 33 吨粮食转给甲仓库后,二者屯粮之比为 5:3,则甲乙两个仓库共屯粮( )吨.

A. 112　　　　B. 168　　　　C. 169　　　　D. 144　　　　E. 256

32. 商店将两件商品以相同的售价卖出,其中一件赢利 25%,结果商店却不赚不赔,那么另一件商品亏损了( ).

A. 15%　　　B. 16.7%　　C. 20%　　　D. 25%　　　E. 20%

33. 一辆车从甲地开往乙地,如果把车速提高 20%,可以比原定时间提前 1 小时到达.如果以原速行驶 120 km 后,再将速度提高 25%,则可提前 40 分钟到达.那么甲乙两地相距 k km.

(1) $k=270$.

(2) $k=290$.

34. 货船从武汉沿着长江顺水航行到南京,需要 6 天时间.该船以同样速度从南京逆水航行到武汉,则需要 9 天时间,那么一块木头漂浮物沿着长江从武汉漂流到南京,需要( )天.

A. 15　　　　B. 18　　　　C. 21　　　　D. 28　　　　E. 36

35. 一只小船从甲港到乙港逆流航行需2小时,水流速度增加一倍后,再从甲港到乙港航行需3小时,则水流速度增加后,从乙港返回甲港需航行( )小时.

    A.1   B.0.8   C.1.2   D.0.6   E.1.5

36. 甲、乙两列火车的速度比是$5:4$,乙车先出发,从B站开往A站,当走到离B站72千米的地方时,甲车从A站发车开往B站,两列火车相遇的地方离A,B两站距离之比是$3:4$,那么A,B两站之间的距离为( )千米.

    A.200   B.195   C.432   D.365   E.315

37. 一项工作甲、乙合作需要12天完成,若甲先做3天后,再由乙工作8天,共完成这件工作的$\frac{5}{12}$,则甲的工作效率是乙的( )倍.

    A.1.2   B.1.3   C.1.4   D.1.5   E.2

38. 工程由甲、乙两工程队合作12天可完成,甲工程队单独施工比乙工程队单独施工多用10天完成此项工程,如果甲工程队施工每天需付施工费3万元,乙工程队施工每天需付施工费5万元,甲工程队至少要单独施工( )天后,再由甲、乙两工程队合作施工完成剩下的工程,才能使施工费不超过93万元.

    A.14   B.15   C.16   D.17   E.18

39. 有一杯盐水的浓度为20%,先加入若干千克盐后浓度为30%,再加入若干千克水后浓度为10%,已知后加入的水比先加入的盐多15千克,则原来的盐水有( )千克.

    A.7   B.8   C.9   D.11   E.12

40. 某旅行团中若人数不超过30人,则飞机票每张价格为900元;若人数多于30人,则给予优惠,每多1人,机票每张减少10元,直至降为450元为止.另外,每团需付给航空公司包机费15000元.当旅行团不超过70人时,旅行社可获得最大利润时每团人数为( ).

    A.30   B.40   C.50   D.60   E.70

41. 100个人参加7个活动,每个人只能参加一个活动,每个活动至少有一个人参加,并且每个活动的参加人数不一样,那么参加人数从少到多排列,排第四的活动最多有( )人.

    A.21   B.22   C.23   D.24   E.25

42. (2018)有96位顾客至少购买了甲、乙、丙三种商品中的一种,经调查:同时购买了甲、乙两种商品的有8位,同时购买了甲、丙两种商品的有12位,同时购买了乙、丙两种商品的有6位,同时购买了三种商品的有2位,则仅购买一种商品的顾客有( )位.

    A.70   B.72   C.74   D.76   E.82

43. 实验室内有浓度分别为10%和25%的盐水各500 ml,从两种溶液中分别倒出一部分配出浓度为15%的盐水600 ml,如果将剩余的盐水混合,则该溶液的浓度为( ).

    A.$\frac{17}{80}$ B.$\frac{13}{30}$ C.$\frac{19}{60}$ D.$\frac{17}{30}$ E.$\frac{63}{80}$

44. 甲、乙两车同时从A,B两地出发相向而行,两车在距B地64 km处第一次相遇,相遇后各自按原速继续前进,在到达对方出发点后立即原路返回,途中在距离A地48 km处第二次相遇,则两次相遇点间的距离是( )km.

A.16   B.22   C.32   D.42   E.52

♣♫ 45.有 46 名学生参加三项课外活动,其中 24 人参加了绘画小组,20 人参加了合唱小组,参加朗诵小组的人数是既参加绘画小组又参加朗诵小组人数的 3.5 倍,又是三项活动都参加人数的 7 倍,既参加朗诵小组又参加合唱小组的人数相当于三项都参加人数的 2 倍,既参加绘画小组又参加合唱小组的有 10 人,参加朗诵小组的人数是( ).

A.21   B.22   C.23   D.24   E.25

♣♫ 46.文具店甲种笔标价 2 元,乙种笔标价 3 元,丙种笔标价 5 元,发财买三种文具若干支共付 20 元钱,后发现其中一种多买了想要退回两支,但收银处只有 10 元一张的人民币,无其他零钱可找,发财只得在退掉多买的 2 支的同时,对另外两种笔购买的数量进行调整,使得总钱数不变且每种笔至少一支,则发财最后购买了乙( )支.

A.0   B.1   C.2   D.3   E.4

♣♫ 47.调酒师为宾客准备了一些酒精度为 45% 的鸡尾酒,大受赞赏.唯独有 2 位酒量不佳的宾客,一位在酒里加入一定量的汽水稀释成度数为 36% 才敢畅饮,另一位则更不济,加入 2 份同样多的汽水才敢饮用,这位不甚酒力者喝的是度数为( )的鸡尾酒.

A.28%   B.25%   C.40%   D.30%   E.29%

♣♫ 48.一段路分为上坡、平地、下坡三段,上坡速度为 3 km/h,平地速度为 5 km/h,下坡速度为 10 km/h,上坡和平地行走用时相等,平地和下坡路程相同,则走完这段路的平均速度为( )km/h.

A.4   B.5   C.5.1   D.5.2   E.6

✦ 答案解析

1. 答案:B.设上山路程为 s km,则总时间为 $\left(\dfrac{s}{6}+\dfrac{s}{12}\right)$ h,从而每小时平均走 $\dfrac{2s}{\dfrac{s}{6}+\dfrac{s}{12}}=\dfrac{2}{\dfrac{1}{6}+\dfrac{1}{12}}$

$=2\times\dfrac{12}{3}=8$ km,选 B.

2. 答案:C.设甲、乙两地公路长为 x km,则水路长为 $(x-40)$ km,依题意有 $\dfrac{x}{40}+3=\dfrac{x-40}{40\times\dfrac{3}{5}}$,

即 $x=280$,选 C.

3. 答案:D.设一半路程为 s 千米,原计划速度为 v 千米/小时,有 $\begin{cases}\dfrac{s}{v}+\dfrac{3}{4}=\dfrac{s}{0.8v},\\[2mm]\dfrac{s}{v}-\dfrac{3}{4}=\dfrac{s}{120},\end{cases}$ 解得 $s=$

270,即 $2s=540$,选 D.

4. 答案:D.设火车车身长 l 米,由速度相等可得 $\dfrac{250+l}{10}=\dfrac{450+l}{15}$,得到 $l=150$.

所以 $v=\dfrac{250+150}{10}=40$ 米/秒,根据 $t=\dfrac{1050+l}{v}$,所以 $t=\dfrac{1050+150}{40}=30$ 秒,选 D.

总裁有话说:本题需要分清火车真实走过的路程即为自身车长与所走过的桥梁长,其次得到车长后需要计算火车速度,根据速度＝路程÷时间,得到最终时间.

5. **答案:E.** 从两车头相遇到车尾离开,两车共走 $173＋187＝360$ m,共同行进的速度为 $20＋25＝45$ m/s,故所花时间 $360÷45＝8$ s,选 E.

6. **答案:D.** 设静水中船速为 v_1,水流速度为 v_2,在轮船出发 t 分钟后木板落入水中,则由已知可得 $\dfrac{\Delta S}{\Delta V}=\dfrac{(50-t)[v_2+(v_1-v_2)]}{[(v_1+v_2)-v_2]}=30$,解得 $t=20$,选 D.

总裁有话说:本题综合了相对速度、逆水、顺水速度,其实很明显这道题忽略水速,假设船在静水中行驶,会非常简单.

7. **答案:D.** 设原计划每天掘进 x 米,则 $\dfrac{2400-400}{x}-\dfrac{2400-400}{x+2}=50$,即 $x^2+2x-80=0$,因此 $x=8$. 所以原计划施工工期是 $\dfrac{2400}{8}=300$ 天,选 D.

总裁有话说:可以将选项直接带入问题中,若总天数为 300 天,则每天掘进 $2400÷300=8$ 米,带入验证成立.

8. **答案:B.** 方法一:

设甲队每天完成 $\dfrac{1}{x}$,乙队每天完成 $\dfrac{1}{y}$(工程量看作1).

则 $\begin{cases} \dfrac{1}{x}+\dfrac{1}{y}=\dfrac{1}{30}, \\[2mm] \dfrac{24}{x}+\dfrac{10}{30}+\dfrac{17}{y}=1, \end{cases}$ 解得 $x=70$,选 B.

方法二:

设工程量为1,甲、乙两队每天的效率分别为 x,y.

$\begin{cases} (x+y)30=1, \\ 24x+10(x+y)+17y=1, \end{cases}$ 可得 $\begin{cases} x+y=\dfrac{1}{30}, \\ 34x+27y=1, \end{cases}$ 解得 $x=\dfrac{1}{70}$,故甲队单独做需要 70 天,选 B.

方法三:(转换工程量)

甲 30 天＋乙 30 天＝甲 34 天＋乙 27 天,移项后可得,甲 4 天＝乙 3 天,

则乙 30 天＝甲 40 天,所以甲单独做需要 $30＋40＝70$ 天,选 B.

9. **答案:C.** 设新原料售价为 x 元/千克,有方程 $\dfrac{200}{x+3}+\dfrac{480}{x-1}=\dfrac{200+480}{x}$,化简可得 $\dfrac{5}{x+3}+\dfrac{12}{x-1}=\dfrac{17}{x}$,得到 $x=17$,选 C.

总裁有话说:17 是质数不可约.注意混合前、混合后质量守恒,另外这题目如果说明混合后使总价值不变,会更严谨.

10. **答案:C.** 设一张一类贺卡重量是 x g,一张二类贺卡重量是 y g,

条件(1)$x=3y$,条件(2)$x+2y=\dfrac{100}{3}$,条件(1),(2)单独都不充分.

联合即 $\begin{cases} x=3y, \\ x+2y=\dfrac{100}{3}, \end{cases}$ 解得 $x=20,y=\dfrac{20}{3}$,则25张一类贺卡和30张二类贺卡的总重量为25×

$20+30×\dfrac{20}{3}=700\ \mathrm{g}$,条件充分,选C.

总裁有话说:结论需要两个要素才能确定,大前提没有给出实质性的数据,每个条件中均给了一个要素,联合秒杀选C.

11. 答案:E. 条件(1)只能确立甲后的人数,乙前的人数,并不能确定二者之间是否有人,因此不充分;

条件(2)只能确定甲、乙之间人数,并不能确定甲、乙前后是否有人,因此也不充分.

条件(1)和条件(2)联合也无法确定整个队列的人数,因为并没有告知甲、乙两人的先后顺序,所以联合也不充分,选E.

12. 答案:E. 条件(1)设甲购买了 A 玩具 x 件,乙购买了 B 玩具 $50-x$ 件,玩具单价未知,无法列方程,不充分;

条件(2)设 A 玩具价格为 $2p$,B 玩具价格为 p,但数量未知,也无法列方程,不充分.

条件(1)与条件(2)联合,得到 $(50-x)p-x×2p=100$,得到 $50-3x=\dfrac{100}{p}$,可是穷举有多个

解,例如 $\begin{cases} x=15, \\ p=20, \end{cases} \begin{cases} x=10, \\ p=5, \end{cases}$ 依旧无法确定甲购买的玩具件数,选E.

13. 答案:C. 条件(1)乘动车时间与乘汽车时间均设为 t,则 A,B 两地距离为 $320t$ km,时间可长可短,没有约束条件,故 $320t$ 也处于变动中,条件(1)不充分;

条件(2)乘动车时间与乘汽车时间之和为6 h,不能确定动车与汽车时间分配,不充分.

条件(1)与条件(2)联合.此时乘动车时间与乘汽车时间都为 $6÷2=3$ h,所以 A,B 两地距离为 $(220+100)×3=960$ km,充分,选C.

14. 答案:C. 设甲、乙速度分别为 x m/s,y m/s,由路程相等得:

条件(1) $6x=12+6y$,一个方程两个未知数,不能确定甲的速度;

条件(2) $5x=(5+2.5)y$,一个方程两个未知数,不能确定甲的速度.

联合条件(1)、条件(2)两个方程解得 $x=6$,充分,选C.

15. 答案:E. 设甲、乙的浓度为 x 和 y,丙的浓度为 $\dfrac{2x+y}{3}$.

条件(1) $\dfrac{x+5y}{6}=\dfrac{2x+y}{3}×\dfrac{1}{2}$,有 $x=4y$,条件(1)不充分;

条件(2) $\dfrac{x+2y}{3}=\dfrac{2}{3}×\dfrac{2x+y}{3}$,有 $x=4y$,条件(2)不充分.

两个条件联合依旧不能确定甲、乙浓度,选E.

总裁有话说:一个方程难解两个未知数.

16. 答案：E. 方法一：

设蒸发掉的水分重量为 $x\,\mathrm{kg}$，根据溶质不变，列方程可得

$40 \times 12.5\% = (40 - x) \times 20\%$，$x = 15$，选 E.

方法二：（比例法）

盐：水 $= 1 : 7$，蒸发后盐：水 $= 1 : 4$，水少了 3 份，

蒸发的水为 $\dfrac{40}{8} \times 3 = 15\,\mathrm{kg}$，选 E.

📖 **总裁有话说**：比例法中需要注意溶液＝溶质＋溶剂.

17. 答案：D. 下午人数为 $\dfrac{9}{10\%} = 90$ 人，所以上、下午总数为 $45 + 90 - 9 = 126$ 人，选 D.

18. 答案：B. 方法一：

$$\begin{cases} a + c + x + m = 110, & ① \\ a + b + y + m = 130, & ② \\ b + c + z + m = 90, & ③ \\ x + y + z = 140, & ④ \\ m = 30, & ⑤ \end{cases}$$

由 $\dfrac{① + ② + ③ - ④ - 3 \times ⑤}{2}$ 得到 $a + b + c = 50$，选 B.

方法二：

设恰有双证的人数为 x，由总人数公式得到 $130 + 110 + 90 = 140 \times 1 + x \times 2 + 30 \times 3$，解得 $x = 50$，选 B.

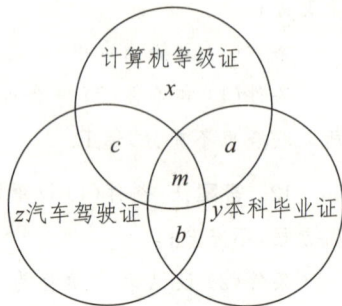

📖 **总裁有话说**：三个事件的容斥问题，万能方法将事件划分为互不相容的部分再根据已知条件列方程求解.

19. 答案：B. 设建设室内车位 x 个，室外车位 y 个.

由题意 $\begin{cases} 5000x + 1000y = 150000, \\ 2x \leqslant y \leqslant 3x, \end{cases}$ 满足 $\begin{cases} y = 150 - 5x, \\ 2x \leqslant y \leqslant 3x \end{cases}$ 的 x, y，要使 $x + y$ 达到最大，即 $7x \leqslant 150, 8x \geqslant 150$，$x$ 为正整数，则 x 可能取值为 $19, 20, 21$.

若 $x = 19$，则 $y = 55$，$x + y = 74$；

若 $x = 20$，则 $y = 50$，$x + y = 70$；

若 $x = 21$，则 $y = 45$，$x + y = 66$.

因此 $x + y$ 最大值为 74，选 B.

20. 答案：C. 设有 x 人，y 瓶水，则

条件(1) $y - 3x = 30$，条件(1) 不充分；条件(2) $\begin{cases} 10(x - 1) < y, \\ 10x > y, \end{cases}$ 条件(2) 也不充分.

条件(1) 和条件(2) 联合得到 $4\dfrac{2}{7} < x < 5\dfrac{5}{7}$，取整数 $x = 5$，$y = 45$，充分，选 C.

21. 答案：D. 结论为(一)班至少 1 名学生不及格，与结论相反为：(一)班 0 个不及格，又因为共有 21 名学生不及格，每班不及格学生最多有 3 名，所以其余班各 3 名不及格.

条件(1)三班最多 2 名,不是 3 名,则(一)班至少 1 名,条件(1)充分;

条件(2)四班有 2 名,也非 3 名,则(一)班至少 1 名,条件(2)充分,选 D.

22. 答案:A.设 A,B 两种车各用 x,y 辆,花费的总金额为 z 元,目标函数 $z=1600x+2400y$.

条件(1)可得约束条件为 $\begin{cases}36x+60y\geqslant 900,\\ y\leqslant x,\\ x,y\in \mathbf{N}^{+},\end{cases}$ 即 $\begin{cases}3x+5y\geqslant 75,\\ y\leqslant x,\\ x,y\in \mathbf{N}^{+},\end{cases}$ 画图可知最值在约束条件交

点或其附近取到,把约束不等式改为等式 $\begin{cases}3x+5y=75,\\ y=x,\end{cases}$ 解得 $x=9\dfrac{3}{8}$,因为不是自然数,所以在其

两边穷举,$x=9$ 时 $\begin{cases}y\geqslant 9\dfrac{3}{5},\\ y\leqslant 9,\end{cases}$ y 值矛盾,无解. $x=10$ 时 $\begin{cases}y\geqslant 9,\\ y\leqslant 10,\end{cases}$ 取 $y=9$,此时 $z=1600\times 10+$

$2400\times 9=37600$,条件(1)充分;

条件(2)可得约束条件为 $\begin{cases}36x+60y\geqslant 900,\\ y+x\leqslant 20,\\ x,y\in \mathbf{N}^{+},\end{cases}$ 即 $\begin{cases}3x+5y\geqslant 75,\\ y+x\leqslant 20,\\ x,y\in \mathbf{N}^{+},\end{cases}$ 画图可知在约束条件边界点

$\begin{cases}x=0,\\ y=15\end{cases}$ 上达到最小值 $z=1600\times 0+2400\times 15=36000$,条件(2)不充分,选 A.

🔖**总裁有话说**:整数解线性规划的最值在约束条件边界点或者附近达到.

23. 答案:E.甲、乙、丙成等差数列,设甲、乙、丙载重量分别为 $x-d,x,x+d$ 吨,则

$\begin{cases}2(x-d)+x=95,\\ (x-d)+3(x+d)=150,\end{cases}$ 即 $\begin{cases}3x-2d=95,\\ 4x+2d=150,\end{cases}$ 解得 $\begin{cases}x=35,\\ d=5,\end{cases}$ 所以甲、乙、丙各一辆车一次最

多运货 $(x-d)+x+(x+d)=3x=105$ 吨,选 E.

24. 答案:A.剩余的现金 $=M-\dfrac{2}{3}M-\dfrac{2}{3}M\times \dfrac{1}{3}-\dfrac{2}{3}M\times \left(\dfrac{1}{3}\right)^{2}-\cdots-\dfrac{2}{3}M\times \left(\dfrac{1}{3}\right)^{6}=M-$

$\dfrac{2}{3}M\left[1+\dfrac{1}{3}+\cdots+\left(\dfrac{1}{3}\right)^{6}\right]=\dfrac{M}{3^{7}}$,选 A.

🔖**总裁有话说**:从整体 M 中减去每天取出的量,相当于等比数列求和.

25. 答案:C.工厂共有职工 $420\div\dfrac{4}{3}+420=735$ 人,其中技术人员、工人共有 $735\times(1-20\%)$

$=588$ 人,工人共有 $588\div\left(1+\dfrac{24}{25}\right)=300$ 人,选 C.

🔖**总裁有话说**:考虑比例还原.

26. 答案:C.由题意可设第一季度甲公司的产值为 0.8,乙公司的产值为 1,第二季度甲公司的

产值为 $0.8\times1.2=0.96$,乙公司的产值为 $1\times1.1=1.1$,则第二季度甲、乙两公司的产值之比为

$0.96:1.1=48:55$,选 C.

27. 答案:A.设该批货物一共有 x 件,则由题意得 $\dfrac{60\%x}{40\%x-100}=\dfrac{7}{3}$,$x=700$,选 A.

🔖**总裁有话说**:甲的数量是 7 的倍数,总数=甲数量 $/60\%$,总数一定能被 7 整除,选 A.

28. 答案:C. 由题意可知购买甲、乙、丙三种商品数量之比为 $10:12:33$,即购买总数是 55 的倍数,选项只有 C 符合,选 C.

29. 答案:B. 条件(1):设小包装质量为 1,售价为 1,则单价为 1,大包装重量为 1.25,售价为 $\dfrac{1}{0.8}=1.25$,单价也为 1,两种规格一样划算,故条件(1)不充分;条件(2):设小包装质量为 1,售价为 1,则单价为 1,大包装质量为 $\dfrac{1}{0.8}=1.25$,售价为 1.2,单价为 $\dfrac{1.2}{1.25}=0.96<1$,故条件(2)充分,选 B.

30. 答案:E. 设平均增长率为 x,有 $(1+x)^2=(1+p)(1+q)$,解得 $x=\sqrt{(p+1)(q+1)}-1$,选 E.

31. 答案:B. 设甲、乙、两个仓库的屯粮分别为 $3k,4k,\dfrac{3k+33}{4k-33}=\dfrac{5}{3}\Rightarrow k=24\Rightarrow 24\times 7=168$,选 B.

32. 答案:B. 设两件商品的售价都是 100 元,那么成本和为 200 元,一件赢利 25%,则此件商品成本为 $\dfrac{100}{1.25}=80$ 元,那么另外一件商品的成本就为 120 元,亏损了 $\dfrac{120-100}{120}\times 100\%=16.7\%$,选 B.

33. 答案:A. 设原定计划对应量为 s,v,t,则有 $\begin{cases} s=vt, \\ s=\dfrac{6}{5}v(t-1), \\ s-120=\dfrac{5}{4}v\left(t-\dfrac{120}{v}-\dfrac{2}{3}\right), \end{cases}$ 解得 $\begin{cases} s=270, \\ v=45, \\ t=6, \end{cases}$ 选 A.

34. 答案:E. 设船在静水中的速度为 v_1,水速为 v_2,路程为单位 1,则 $\begin{cases} v_1+v_2=\dfrac{1}{6}, \\ v_1-v_2=\dfrac{1}{9}, \end{cases}$ 得 $v_2=\dfrac{1}{36}$,即木头需要漂流 36 天到达,选 E.

35. 答案:A. 设甲、乙两港间路程为 S,船在静水中的速度为 v_1,原水流的速度为 v_2,则 $\begin{cases} \dfrac{S}{v_1-v_2}=2, \\ \dfrac{S}{v_1-2v_2}=3, \end{cases} \Rightarrow \begin{cases} v_1=4v_2, \\ S=6v_2, \end{cases} \Rightarrow \dfrac{S}{v_1+2v_2}=\dfrac{6v_2}{6v_2}=1$,选 A.

36. 答案:E. 求出甲车行三份时乙车行的份数,再求 72 千米所占的份数,用除法就可求出全程的距离.已知当甲、乙两车的速度比为 $5:4$,甲车行了 3 份时,乙车就行了 $3\times\dfrac{4}{5}=2.4$ 份,72 千米相当于 $4-2.4=1.6$ 份,每份就相当于 $72\div 1.6=45$ 千米,所以两站之间的距离是 $45\times(3+4)=315$ 千米,选 E.

37. 答案:D. 设甲的工作效率为 x,乙的工作效率为 y,则 $\begin{cases} 12(x+y)=1, \\ 3x+8y=\dfrac{5}{12} \end{cases} \Rightarrow \dfrac{x}{y}=1.5$,选 D.

38. 答案：B.设乙单独完成需要 x 天,则甲单独完成需要 $x+10$ 天,由题意得,$\dfrac{12}{x+10}+\dfrac{12}{x}=1\Rightarrow x=20$.设甲工程队至少要单独施工 y 天后,再由甲、乙两工程队合作施工完成剩下的工程,才

能使施工费不超过 93 万元,由题意得,$3y+\dfrac{1-\dfrac{1}{30}y}{\dfrac{1}{30}+\dfrac{1}{20}}\times(3+5)\leqslant 93\Rightarrow x\geqslant 15$,选 B.

39. 答案：A.设原来的盐水有 x 千克,加入的盐有 y 千克,则 $\begin{cases}\dfrac{0.2x+y}{x+y}=30\%,\\[2mm]\dfrac{0.2x+y}{x+y+y+15}=10\%\end{cases}\Rightarrow\begin{cases}x=7,\\y=1\end{cases}$,选 A.

40. 答案：D.可设旅行团有 $30+x$ 人,此时单张机票为 $900-10x$ 元.

利润为

$$y=(30+x)(900-10x)-15000=-10(x-30)^2+21000.$$ 即 $x=30$(人数为 60)时利润最大,选 D.

41. 答案：B.要求某项活动人数达到最多,则其余项必须最少,可以得出前三项活动参加的人数为 $1,2,3$.而 $100-(1+2+3)=94$,$94\div 4=23\cdots\cdots2$.由于每个活动参加的人数不一样,所以后四项应为 $22,23,24,25$,选 B.

42. 答案：C.未知三个部分具体量,将三个部分划分为互不干涉的 7 个部分,将 7 个部分加在一起,即为总人数.即 $a+b+c+(8-2)+(12-2)+(6-2)+2=96$,得到 $a+b+c=74$,选 C.

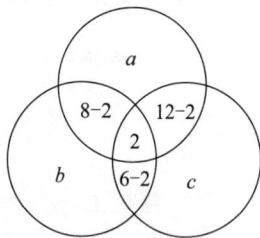

43. 答案：A.方法一：假设倒出浓度为 10% 的盐水 x ml,浓度为 25% 的盐水 y ml,

由题意可列式 $\begin{cases}x+y=600,\\10\%x+25\%y=15\%\times600,\end{cases}$ 解得 $\begin{cases}x=400,\\y=200,\end{cases}$ 所以剩余浓度为 10% 的盐水 100 ml,

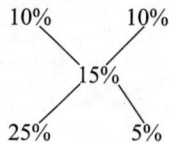

浓度为 25% 的盐水 300 ml.将剩余盐水混合后,该溶液的浓度为 $\dfrac{10\%\times100+25\%\times300}{300+100}=\dfrac{17}{80}$,选 A.

方法二：(十字交叉法)

根据十字交叉法可知,倒出的浓度为 10% 的盐水的体积：倒出的浓度为 25% 的盐水的体积 $=10\%:5\%=2:1$,即倒出浓度为 10% 的盐水的体积为 $600\times\dfrac{2}{2+1}=400$ ml,浓度为 25% 的体积为 $600\times\dfrac{1}{2+1}=200$ ml.所以剩余浓度为 10% 的盐水 100 ml,浓度为 25% 的盐水 300 ml.将剩余盐水混合后,该溶液的浓度为 $\dfrac{10\%\times100+25\%\times300}{300+100}=\dfrac{17}{80}$,选 A.

44. 答案：C.方法一：

设 A,B 两地相距 s km,则由题意可得,$\dfrac{64}{s-64}=\dfrac{s+48}{2s-48}$,解得 $s=144$,所以两相遇点之间的距离是 $144-64-48=32$ km,选 C.

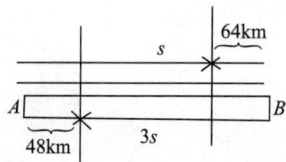

方法二:

设 A,B 两地相距 s km,由题意可知,甲、乙在第二次相遇时,乙共走了 $3 \times 64 = 192$ km,列式 $3 \times 64 = s + 48$,解得 $s = 144$,所以两相遇点之间的距离是 $144 - 64 - 48 = 32$ km,选 C.

45. 答案:A. 如右图,假设三项都参加的人数为 x,则由题意可知,参加朗诵小组的总人数为 $7x$,既参加朗诵小组又参加合唱小组的总人数为 $2x$,既参加绘画小组又参加朗诵小组总人数为 $2x$,所以 $24 + 20 + 7x - 2x - 2x - 10 + x = 46$,解得 $x = 3$.所以参加朗诵小组的人数为 21,选 A.

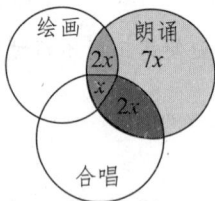

46. 答案:B. 由题干条件"但收银处只有 10 元一张的人民币,无其他零钱可找,发财只得在退掉多买的 2 支的同时,对另外两种笔购买的数量进行调整"可知退掉的笔不能为丙,因为 2 支丙的价格刚好为 $2 \times 5 = 10$ 元,所以退掉的 2 支笔为乙种笔.

设购买甲种笔 x 支,乙种笔 y 支,丙种笔 z 支,由题意可知

$$\begin{cases} 2x + 3y + 5z = 20, \\ y > 2, \end{cases} \quad \text{解得} \begin{cases} x = 3, \\ y = 3, \\ z = 1, \end{cases}$$

所以发财最后购买了乙 $3 - 2 = 1$ 支,选 B.

47. 答案:D. 设原有酒的体积为 100 ml,所以由题意可知,内含酒精质量为 45 g.

设汽水的体积为 x ml,则 $\dfrac{45}{x + 100} = 36\%$,解得 $x = 25$,所以另一位不胜酒力者喝的酒的度数为

$\dfrac{45}{100 + 25 \times 2} \times 100\% = 30\%$,选 D.

48. 答案:D. 设上坡和平地行走用时均为 t,则上坡路程均为 $3t$,平地和下坡路程为 $5t$,所以下坡所需时间为 $\dfrac{5t}{10} = \dfrac{t}{2}$,则该段路的平均速度 $v = \dfrac{3t + 5t + 5t}{t + t + \dfrac{t}{2}} = 5.2$ km/h,选 D.

挑战成硕

TIAO DENG CHENG SHUO

MBA
MPAcc
MEM
MPA

数学必背公式

管理类综合能力

$$a^{-\frac{p}{q}} = \frac{1}{\sqrt[q]{a^p}} \ (a \neq 0)$$

$$a^m \cdot a^n = a^{m+n}$$

$$a^2 - b^2 = (a+b)(a-b)$$

$$(a+b)^3 = a^3 + 3a^2b + 3ab^2 + b^3$$

$$(a-b)^3 = a^3 - 3a^2b + 3ab^2 - b^3$$

$$a^m \div a^n = a^{m-n} \ (a \neq 0)$$

目 录
CONTENTS

化简求值公式

1. 整数的质因数分解：

任何一个大于 1 的整数都能分解成若干个质数的乘积，即若 a 为大于 1 的整数，有 $a = p_1 \times p_2 \times p_3 \times \cdots \times p_n$，其中 p_1，p_2，p_3，$\cdots$，p_n 是质数，且要求 $p_1 \leqslant p_2 \leqslant p_3 \leqslant \cdots \leqslant p_n$，则这样的分解式唯一.

2. 整除的性质：

(1) 传递性，若 $c \mid b$，$b \mid a$，则 $c \mid a$.

(2) 若 $c \mid b$，$c \mid a$，则对于任意整数 m，n，有 $c \mid (ma + nb)$.

3. 带余除法：

设 a，b 是两个整数，其中 $b > 0$，则存在整数 q，r，使得 $a = bq + r$，$0 \leqslant r < b$ 成立，而且 q，r 都是唯一的，q 称为 a 被 b 除所得的不完全商，r 称为 a 被 b 除所得的余数.

4. 两个整数的乘积等于它们的最大公约数和最小公倍数的乘积，即 $ab = (a，b) \times [a，b]$.

5. 乘方运算：

当实数 $a \neq 0$ 时，$a^0 = 1$，$a^{-n} = \dfrac{1}{a^n}$，$a^m a^n = a^{m+n}$，$(a^m)^n = a^{mn}$，$\dfrac{a^m}{a^n} = a^{m-n}$.

6. 开方运算：

在运算有意义的前提下，$a^{\frac{n}{m}} = \sqrt[m]{a^n}$.

乘积的方根：$\sqrt[n]{ab} = \sqrt[n]{a} \times \sqrt[n]{b}$（$a \geqslant 0$，$b \geqslant 0$）.

分式的方根：$\sqrt[n]{\dfrac{a}{b}} = \dfrac{\sqrt[n]{a}}{\sqrt[n]{b}}$（$a \geqslant 0$，$b > 0$）.

7. 根式的方根：$(\sqrt[n]{a})^m = \sqrt[n]{a^m}\ (a \geqslant 0)$.

根式的化简：$\sqrt[np]{a^{mp}} = \sqrt[n]{a^m}\ (a \geqslant 0)$.

分母有理化：$\dfrac{1}{\sqrt{a}} = \dfrac{\sqrt{a}}{a}\ (a > 0)$.

8. 比的基本性质：

比的前项和后项同时乘或除以相同的数（0 除外），比值不变.

$a : b = k \Leftrightarrow a = bk$；$a : b = ma : mb\ (m \neq 0)$.

9. 比例：

如果 $a : b = c : d$，说明 a，b，c，d 成比例，也可写成 $\dfrac{a}{b} = \dfrac{c}{d}$，

其中 a，d 为比例外项，b，c 为比例内项.

10. 及格率 $= \dfrac{\text{及格人数}}{\text{总人数}} \times 100\%$ 　　　合格率 $= \dfrac{\text{合格数}}{\text{总数}} \times 100\%$

　　增长率 $= \dfrac{\text{增长量}}{\text{增前量}} \times 100\%$ 　　　利润率 $= \dfrac{\text{利润}}{\text{成本}} \times 100\%$

11. 比例的性质：

(1) 等式定理：$a : b = c : d \Rightarrow ad = bc$（将比例问题转化为等式问题）.

(2) 更比定理：$\dfrac{a}{b} = \dfrac{c}{d} \Leftrightarrow \dfrac{a}{c} = \dfrac{b}{d}$.

(3) 反比定理：$\dfrac{a}{b} = \dfrac{c}{d} \Leftrightarrow \dfrac{b}{a} = \dfrac{d}{c}$.

(4) 合比定理：$\dfrac{a}{b} = \dfrac{c}{d} \Leftrightarrow \dfrac{a+b}{b} = \dfrac{c+d}{d}$.

(5) 分比定理：$\dfrac{a}{b} = \dfrac{c}{d} \Leftrightarrow \dfrac{a-b}{b} = \dfrac{c-d}{d}$.

(6) 合分比定理：$\dfrac{a}{b} = \dfrac{c}{d} \Leftrightarrow \dfrac{a+b}{a-b} = \dfrac{c+d}{c-d}$.

(7) 等比定理：$\dfrac{a}{b} = \dfrac{c}{d} = \dfrac{e}{f} = \dfrac{a+c+e}{b+d+f}$.

以上公式的任一分母均不为 0.

12. 绝对值定义：

$$|a| = \begin{cases} a, & a \geqslant 0, \\ -a, & a < 0. \end{cases}$$

$\dfrac{|a|}{a} = \dfrac{a}{|a|} = \begin{cases} 1, & a > 0, \\ -1, & a < 0, \end{cases}$ 即 $\dfrac{|a|}{a}$，$\dfrac{a}{|a|}$ 有且只有两个值 1

或 -1.

性质：

(1) 非负性：$|a| \geqslant 0$，任何实数 a 的绝对值为非负.

(2) 对称性：$|-a| = |a|$，互为相反数的两个数的绝对值相等.

(3) 平方性：$|a|^2 = a^2$.

(4) 根式性：$\sqrt{a^2} = |a|$.

(5) 若 $b > 0$，则 $|a| < b \Leftrightarrow -b < a < b$；$|a| > b \Leftrightarrow a < -b$ 或 $a > b$.

(6) $-|a| \leqslant a \leqslant |a|$，任何一个实数都在其绝对值的相反数和绝对值之间.

(7) 运算性质：$|a \times b| = |a| \times |b|$，$\left|\dfrac{a}{b}\right| = \dfrac{|a|}{|b|}(b \neq 0)$.

13. 若代数式 $ax^2 + bx + c$ 是完全平方式，则有：

(1) $b^2 - 4ac = 0$.

(2) $ax^2 + bx + c$ 可表示为 $(dx + e)^2$，即有 $ax^2 + bx + c = (dx + e)^2 = d^2 x^2 + 2dex + e^2$.

根据多项式对应相等有：$\begin{cases} a = d^2, \\ b = 2de, \\ c = e^2. \end{cases}$

14. 因式定理：$f(x)$ 中如果有 $(ax - b)$ 的因式，则 $f(x)$ 能被 $(ax - b)$ 整除，即 $f\left(\dfrac{b}{a}\right) = 0$.

余式定理：$f(x)$ 除以 $(ax - b)$ 的余式为 $f\left(\dfrac{b}{a}\right)$.

15. 奇数 $\pm$ 奇数 $=$ 偶数   奇数 $\times$ 奇数 $=$ 奇数
    奇数 $\pm$ 偶数 $=$ 奇数   奇数 $\times$ 偶数 $=$ 偶数
    偶数 $\pm$ 偶数 $=$ 偶数   偶数 $\times$ 偶数 $=$ 偶数

16. 等比定理法：

(1) 等比定理：$\dfrac{a}{b} = \dfrac{c}{d} = \dfrac{e}{f} = \dfrac{a + c + e}{b + d + f}$，注意分母不为 0 不能保证分母之和也不为 0，要进行讨论.

(2) 合比定理：$\dfrac{a}{b} = \dfrac{c}{d} \Leftrightarrow \dfrac{a + b}{b} = \dfrac{c + d}{d}$（等式左右同加 1）.

(3) 分比定理：$\dfrac{a}{b} = \dfrac{c}{d} \Leftrightarrow \dfrac{a - b}{b} = \dfrac{c - d}{d}$（等式左右同减 1）.

17. 形如 $y = |x - a| + |x - b|$：
设 $a < b$，则当 $x \in [a, b]$ 时，y 有最小值 $|a - b|$.
形如 $y = |x - a| + |x - b| + |x - c|$：
设 $a < b < c$，则当 $x = b$ 时，y 有最小值 $|a - c|$.
形如 $y = |x - a| - |x - b|$：
y 有最小值 $-|a - b|$，最大值 $|a - b|$.
具有非负性的式子：$|a| \geqslant 0$，$a^2 \geqslant 0$，$\sqrt{a} \geqslant 0$.
若已知 $|a| + b^2 + \sqrt{c} = 0$ 或 $|a| + b^2 + \sqrt{c} \leqslant 0$，可得 $a = b = c = 0$.

18. 裂项相消法：

(1) $\dfrac{1}{n(n + k)} = \dfrac{1}{k}\left(\dfrac{1}{n} - \dfrac{1}{n + k}\right)$，若 $k = 1$，则 $\dfrac{1}{n(n + 1)} = \dfrac{1}{n} - \dfrac{1}{n + 1}$.

(2) $\dfrac{1}{\sqrt{n + k} + \sqrt{n}} = \dfrac{1}{k}(\sqrt{n + k} - \sqrt{n})$，若 $k = 1$，则 $\dfrac{1}{\sqrt{n + 1} + \sqrt{n}}$

$$= \sqrt{n+1} - \sqrt{n}.$$

(3) $n \times n! = (n+1)! - n!$.

(4) $\dfrac{n}{(n+1)!} = \dfrac{1}{n!} - \dfrac{1}{(n+1)!}$.

(5) $\dfrac{1}{(2n-1)(2n+1)} = \dfrac{1}{2}\left(\dfrac{1}{2n-1} - \dfrac{1}{2n+1}\right)$.

(6) $\dfrac{1}{n(n+1)(n+2)} = \dfrac{1}{2}\left[\dfrac{1}{n(n+1)} - \dfrac{1}{(n+1)(n+2)}\right]$.

19. 公式法：

(1) 完全平方式：$a^2 \pm 2ab + b^2 = (a \pm b)^2$.

变形：①$(a+b)^2 - 4ab = (a-b)^2$.

②$(a-b)^2 + 4ab = (a+b)^2$.

③$(a+b)^2 - 2ab = a^2 + b^2$.

④$(a-b)^2 + 2ab = a^2 + b^2$.

⑤$a + b \pm 2\sqrt{ab} = (\sqrt{a} \pm \sqrt{b})^2$.

⑥$a^2 + b^2 + ab = (a+b)^2 - ab = (a-b)^2 + 3ab$.

⑦$a^2 + b^2 - ab = (a+b)^2 - 3ab = (a-b)^2 + ab$.

⑧$a^2 + b^2 + c^2 - ab - bc - ac = \dfrac{1}{2}\left[(a-b)^2 + (a-c)^2 + (b-c)^2\right]$.

若 $a^2 + b^2 + c^2 - ab - bc - ac = 0$，则 $a = b = c$.

⑨$(a-b)^2 + (b-c)^2 + (c-a)^2 = 3(a^2+b^2+c^2) - (a+b+c)^2$.

(2) 平方差公式：$a^2 - b^2 = (a+b)(a-b)$.

(3) 和差立方：

①$(a+b)^3 = a^3 + 3a^2b + 3ab^2 + b^3$.

②$(a-b)^3 = a^3 - 3a^2b + 3ab^2 - b^3$.

③$(a+b)^n = C_n^0 a^0 b^n + C_n^1 a^1 b^{n-1} + C_n^2 a^2 b^{n-2} + \cdots + C_n^n a^n b^0$.

(4) 立方和差公式：

①$a^3 + b^3 = (a+b)(a^2 - ab + b^2)$.

②$a^3 - b^3 = (a-b)(a^2 + ab + b^2)$.

③$a^3 + b^3 + c^3 - 3abc = (a+b+c)(a^2 + b^2 + c^2 - ab - bc - ac)$.

$(5) a^2 + b^2 + c^2 \pm ab \pm bc \pm ac = \dfrac{1}{2} [(a \pm b)^2 + (a \pm c)^2 + (b \pm c)^2]$.

$(6) (a + b + c)^2 = a^2 + b^2 + c^2 + 2ab + 2bc + 2ac$.

当 $\dfrac{1}{a} + \dfrac{1}{b} + \dfrac{1}{c} = 0$ 时，则 $(a + b + c)^2 = a^2 + b^2 + c^2$.

$(7) xy + mx + ny + mn = (x + n)(y + m)$.

$xy + x + y + 1 = (x + 1)(y + 1)$.

$xy - mx - ny + mn = (x - n)(y - m)$.

$xy - x - y + 1 = (x - 1)(y - 1)$.

$(8) \dfrac{n}{x} + \dfrac{m}{y} = 1 \Leftrightarrow (x - n)(y - m) = mn$.

20. $f(x) = a_0 + a_1 x + a_2 x^2 + a_3 x^3 + \cdots + a_n x^n$（$n$ 为奇数）：

$(1) a_0 = f(0)$，$x = 0$.

$(2) a_0 + a_1 + a_2 + \cdots + a_n = f(1)$，$x = 1$.

$(3) a_0 - a_1 + a_2 - \cdots - a_n = f(-1)$，$x = -1$.

$(4) a_0 + a_2 + a_4 + \cdots + a_{n-1} = \dfrac{f(1) + f(-1)}{2}$.

$(5) a_1 + a_3 + a_5 + \cdots + a_n = \dfrac{f(1) - f(-1)}{2}$.

$(6) (a_0 + a_2 + a_4)^2 - (a_1 + a_3)^2 = f(1) \times f(-1)$.

函数、方程、不等式公式

1. 奇偶性：

设 $f(x)$ 在定义域上满足 $f(-x)=-f(x)$，则 $f(x)$ 为奇函数.

设 $f(x)$ 在定义域上满足 $f(-x)=f(x)$，则 $f(x)$ 为偶函数.

2. 集合的运算：

交换律：$A \cap B=B \cap A$；$A \cup B=B \cup A$.

结合律：$A \cup (B \cup C)=(A \cup B) \cup C$；$A \cap (B \cap C)=(A \cap B) \cap C$.

分配对偶律：$A \cap (B \cup C)=(A \cap B) \cup (A \cap C)$；$A \cup (B \cap C)=(A \cup B) \cap (A \cup C)$.

同一律：$A \cup \varnothing=A$；$A \cap U=A$（U 为全集）.

吸收律：$A \cup (A \cap B)=A$；$A \cap (A \cup B)=A$.

容斥原理：$A \cup B \cup C=A+B+C-A \cap B-B \cap C-C \cap A+A \cap B \cap C$.

3. 一元二次函数：

一般式：$y=ax^2+bx+c(a \neq 0)$.

顶点式：$y=a\left(x+\dfrac{b}{2a}\right)^2+\dfrac{4ac-b^2}{4a}(a \neq 0)$.

两根式（零点式）：$y=a(x-x_1)(x-x_2)(a \neq 0)$.

4. 对数函数：

如果 $a>0$ 且 $a \neq 1$，$M>0$，$N>0$，那么

$\log_a MN=\log_a M+\log_a N$.

$\log_a \dfrac{M}{N}=\log_a M-\log_a N$.

$\log_a M^n=n \log_a M$.

7

$$\log_a \sqrt[n]{M} = \frac{1}{n} \log_a M.$$

$$a^{\log_a N} = N.$$

换底公式：$\log_a M = \dfrac{\log_b M}{\log_b a}$，有 $\log_a b \times \log_b c \times \log_c a = 1$.

5. 一元二次方程：

（1）求根公式：$x = \dfrac{-b \pm \sqrt{b^2 - 4ac}}{2a}(b^2 - 4ac \geqslant 0)$.

（2）判别式：$\Delta = b^2 - 4ac$.

$\Delta = b^2 - 4ac > 0$ 时，方程有两个不相等的实根.

$\Delta = b^2 - 4ac = 0$ 时，方程有两个相等的实根.

$\Delta = b^2 - 4ac < 0$ 时，方程没有实根.

（3）韦达定理：描述根与系数之间的关系.

若 x_1，x_2 为方程 $ax^2 + bx + c = 0(a \neq 0$ 且 $\Delta = b^2 - 4ac \geqslant 0)$ 的

两个实根，则 $x_1 + x_2 = -\dfrac{b}{a}$，$x_1 x_2 = \dfrac{c}{a}$，$|x_1 - x_2| = \dfrac{\sqrt{b^2 - 4ac}}{|a|}$.

6. 不等式性质：

（1）对称性：如果 $x > y$，那么 $y < x$；如果 $y < x$，那么 $x > y$.

（2）传递性：如果 $x > y$，$y > z$，那么 $x > z$.

（3）加法原则：如果 $x > y$，而 z 为任意实数或整式，那么 $x + z > y + z$；

同向可相加：如果 $a > b$，$c > d$，那么 $a + c > b + d$，如果 $a > b$，$c < d(-c > -d)$，那么 $a - c > b - d$.

（4）乘法原则：如果 $x > y$，$z > 0$，那么 $xz > yz$；如果 $x > y$，$z < 0$，那么 $xz < yz$；

正数同向可相乘：如果 $a > b > 0$，$c > d > 0$，那么 $ac > bd$；

如果 $a > b > 0$，$d > c > 0\left(\dfrac{1}{c} > \dfrac{1}{d} > 0\right)$，那么 $\dfrac{a}{c} > \dfrac{b}{d}$.

（5）乘、开方性：如果 $x > y > 0$，那么 $x^n > y^n$（n 为正数），$x^n < y^n$（n 为负数），$\sqrt[n]{x} > \sqrt[n]{y} > 0$.

(6) 倒数性：如果 $a > b$，$ab > 0$，那么 $\dfrac{1}{a} < \dfrac{1}{b}$.

7. 不等式求解：

(1) 不等式的两边同乘（或除以）一个正数，不改变不等号的方向.

若 $a > b$，$c > 0$，那么 $ac > bc\left(\text{或}\dfrac{a}{c} > \dfrac{b}{c}\right)$.

(2) 不等式的两边同乘（或除以）一个负数，必须改变不等号的方向.

若 $a > b$，$c < 0$，那么 $ac < bc\left(\text{或}\dfrac{a}{c} < \dfrac{b}{c}\right)$.

(3) 不等式的两边都加上（或减去）同一个数（或式子），不等号的方向不变.

若 $a > b$，那么 $a \pm c > b \pm c$.

8. 根的分布问题：

已知方程 $ax^2 + bx + c = 0(a > 0)$ 的根的情况

(1) 正负根：

① 方程有两个不等正根 $\Leftrightarrow \begin{cases} \Delta > 0, \\ x_1 + x_2 > 0, \\ x_1 \times x_2 > 0. \end{cases}$

② 方程有两个不等负根 $\Leftrightarrow \begin{cases} \Delta > 0, \\ x_1 + x_2 < 0, \\ x_1 \times x_2 > 0. \end{cases}$

③ 方程有一正根有一负根 $\Leftrightarrow x_1 \times x_2 < 0 \Leftrightarrow ac < 0$

(2) 区间根：

① 若 $a > 0$，方程的一根大于 k，另一根小于 k（k 为某一实数）则 $a \times f(k) < 0$.

② 若 $a > 0$，方程的根 $x_1 \in (m, n)$，另一根 $x_2 \in (s, t)$，$x_1 < x_2$，则

$$\begin{cases} f(m) \times f(n) < 0, \\ f(s) \times f(t) < 0. \end{cases}$$

③ 若 $a > 0$，方程的根 x_1 和 x_2 均位于 $(m，n)$ 上，则

$$\begin{cases} f(m) > 0, \\ f(n) > 0, \\ m < -\dfrac{b}{2a} < n, \\ \Delta \geqslant 0. \end{cases}$$

④ 若 $a > 0$，方程的根 $x_1 > x_2 > m$，则

$$\begin{cases} \Delta > 0, \\ f(m) > 0, \\ -\dfrac{b}{2a} > m. \end{cases}$$

（3）有理根：若一元二次方程 $ax^2 + bx + c = 0(a \neq 0)$ 的系数 $a，b，c$ 均为有理数，方程的根为有理数，则 Δ 需能开方.

（4）整数根：若一元二次方程 $ax^2 + bx + c = 0(a \neq 0)$ 的系数 $a，b，c$ 均为整数，方程的根为整数，则

$$\begin{cases} \Delta \text{ 为完全平方数,} \\ x_1 + x_2 = -\dfrac{b}{a} \in \mathbf{Z}, \\ x_1 x_2 = \dfrac{c}{a} \in \mathbf{Z}. \end{cases}$$

即 a 是 $b，c$ 的公约数.

9. 韦达定理推广公式：

（1）$\dfrac{1}{x_1} + \dfrac{1}{x_2} = \dfrac{x_1 + x_2}{x_1 x_2} = -\dfrac{b}{c}$.

（2）$\dfrac{1}{x_1^2} + \dfrac{1}{x_2^2} = \dfrac{(x_1 + x_2)^2 - 2x_1 x_2}{(x_1 x_2)^2}$.

（3）$|x_1 - x_2| = \sqrt{(x_1 - x_2)^2} = \sqrt{(x_1 + x_2)^2 - 4x_1 x_2} = \dfrac{\sqrt{b^2 - 4ac}}{|a|}$

$= \dfrac{\sqrt{\Delta}}{|a|}$.

10. 根式方程与不等式：

(1) 若存在根式方程 $\sqrt{f(x)}=g(x)$，则 $\begin{cases} f(x)=g^2(x), \\ f(x)\geqslant 0, \\ g(x)\geqslant 0. \end{cases}$

(2) 若存在根式不等式 $\sqrt{f(x)}\geqslant g(x)$，则 $\begin{cases} f(x)\geqslant g^2(x), \\ f(x)\geqslant 0, \\ g(x)\geqslant 0 \end{cases}$

或 $\begin{cases} f(x)\geqslant 0, \\ g(x)<0. \end{cases}$

(3) 若存在根式不等式 $\sqrt{f(x)}\leqslant g(x)$，则 $\begin{cases} f(x)\leqslant g^2(x), \\ f(x)\geqslant 0, \\ g(x)\geqslant 0. \end{cases}$

(4) 若存在根式不等式 $\sqrt{f(x)}>\sqrt{g(x)}$，则 $\begin{cases} f(x)>g(x), \\ f(x)\geqslant 0, \\ g(x)\geqslant 0. \end{cases}$

11. 绝对值方程、不等式求解：

项目	绝对值 几何意义	平方法去绝对值	零点分段讨论去绝对值
方程 $\|x\|=a$ $(a>0)$	$x=\pm a$	$\|x\|^2=x^2=a^2$， 即 $x^2-a^2=0$， 故 $x=\pm a$.	$a=\|x\|=\begin{cases} x, & x\geqslant 0, \\ -x, & x<0. \end{cases}$ 即 $x=\pm a$.
不等式 $\|x\|>a$ $(a>0)$	$x<-a$ 或 $x>a$	$\|x\|^2=x^2>a^2$， 即 $x^2-a^2>0$， $(x-a)(x+a)>0$， 有 $x<-a$ 或 $x>a$.	$a<\|x\|=\begin{cases} x, & x\geqslant 0, \\ -x, & x<0. \end{cases}$ 即 $x<-a$ 或 $x>a$.
不等式 $\|x\|<a$ $(a>0)$	$-a<x<a$	$\|x\|^2=x^2<a^2$， 即 $x^2-a^2<0$， $(x-a)(x+a)<0$， 有 $-a<x<a$.	$a>\|x\|=\begin{cases} x, & x\geqslant 0, \\ -x, & x<0. \end{cases}$ 即 $-a<x<a$.

12. 绝对值三角不等式：

(1) $||a|-|b|| \leqslant |a-b| \leqslant |a|+|b|$.

左边等号成立的条件：$ab \geqslant 0$；右边等号成立的条件：$ab \leqslant 0$.

(2) $||a|-|b|| \leqslant |a+b| \leqslant |a|+|b|$

左边等号成立的条件：$ab \leqslant 0$；右边等号成立的条件：$ab \geqslant 0$.

13. 均值不等式：

当 $a，b \in (0，+\infty)$ 时，有 $\dfrac{2}{\dfrac{1}{a}+\dfrac{1}{b}} \leqslant \sqrt{ab} \leqslant \dfrac{a+b}{2} \leqslant \sqrt{\dfrac{a^2+b^2}{2}}$，

当且仅当 $a=b$ 时等号成立.

当 $a，b，c$ 是正实数时，有 $\dfrac{a+b+c}{3} \geqslant \sqrt[3]{abc}$，当且仅当 $a=b=c$ 时等号成立.

数列公式

1. 等差数列通项公式：

$(1) a_n = a_1 + (n-1)d.$

$(2) a_n = a_m + (n-m)d \ (n \neq m).$

$(3) a_n = nd + (a_1 - d).$

2. 等差数列求和公式：

$(1) S_n = na_1 + \dfrac{n(n-1)}{2}d.$

$(2) S_n = \dfrac{n(a_1 + a_n)}{2}.$

$(3) S_n = \dfrac{d}{2}n^2 + \left(a_1 - \dfrac{d}{2}\right)n.$

3. 等比数列通项公式：

$(1) a_n = a_1 q^{n-1}.$

$(2) a_n = a_m q^{n-m}.$

$(3) a_n = \dfrac{a_1}{q} q^n.$

4. 等比数列求和公式：

$(1) S_n = \begin{cases} na_1, & q = 1, \\ \dfrac{a_1(1-q^n)}{1-q}, & q \neq 1. \end{cases}$

$(2) S_n = \dfrac{a_1(1-q^n)}{1-q}$ 可变形为：$S_n = \dfrac{a_1(q^n-1)}{q-1} = \dfrac{a_1}{q-1} \times q^n - \dfrac{a_1}{q-1}.$

5. 等差数列性质：

(1)(角标和性质) 在等差数列 $\{a_n\}$ 中，若 m，n，p，$q \in \mathbf{Z}^+$，$m+n=p+q$，则 $a_m+a_n=a_p+a_q$，反之不一定成立. 该性质可以推广到 3 项或多项，但等式两边的项数必须一样. 特别地，若 $m+n=2p$，则 $a_m+a_n=2a_p$.

(2)(等距离性质) 若 $\{a_n\}$ 是等差数列，公差为 d，a_k，a_{k+m}，a_{k+2m}，$\cdots(k$，$m \in \mathbf{N}^+)$ 组成的数列仍是等差数列(相隔等距离的项组成的数列仍然是等差数列)，公差为 md.

(3)(片段和性质) 若 S_n 为等差数列的前 n 项和，则 S_n，$S_{2n}-S_n$，$S_{3n}-S_{2n}$ 仍为等差数列，其公差为 n^2d.

(4) 奇偶性：

若等差数列有 $2n$ 项，则 $S_奇-S_偶=-nd$，$\dfrac{S_奇}{S_偶}=\dfrac{a_n}{a_{n+1}}$.

若等差数列有 $2n+1$ 项，则 $S_奇-S_偶=a_{n+1}=a_{中间项}$，$\dfrac{S_奇}{S_偶}=\dfrac{n+1}{n}$.

(5) 若等差数列 $\{a_n\}$、$\{b_n\}$ 的前 n 项和用 S_n 和 T_n 表示，则通项公式之比 $\dfrac{a_k}{b_k}=\dfrac{S_{2k-1}}{T_{2k-1}}$.

(6) 若 $\{a_n\}$ 是等差数列，则 $\left\{\dfrac{S_n}{n}\right\}$ 也为等差数列，其首项与 $\{a_n\}$ 的首项相同，公差为 $\{a_n\}$ 数列公差的 $\dfrac{1}{2}$(低频).

(7) 若 $a_m=n$，$a_n=m$，则 $a_{n+m}=0$(推导：因为 $d=\dfrac{a_n-a_m}{n-m}=-1$ 所以 $a_{n+m}=a_n+md=0$).

(8) 若 $S_n=m$，$S_m=n$，则 $S_{n+m}=-(n+m)$.

(9) $\dfrac{S_n}{n}-\dfrac{S_m}{m}=\dfrac{(n-m)d}{2}$.

6. 等比数列性质：

(1)(角标和性质) 在等比数列 $\{a_n\}$ 中，若 m，n，s，$t \in \mathbf{Z}^+$，$m+n=s+t$，则 $a_m \times a_n = a_s \times a_t$. 反之不成立. 该性质可以推广到 3 项或多项，但等式两边的项数必须一样.

(2)(等距离性质) 若 $\{a_n\}$ 是等比数列，公比为 q，a_k，a_{k+m}，a_{k+2m}，$\cdots(k$，$m \in \mathbf{N}^+)$ 组成的数列仍是等比数列(相隔等距离的项组成的数列仍然是等比数列)，公比为 q^m.

(3)(片段和性质) 若 S_n 为等比数列的前 n 项和，则 S_n，$S_{2n} - S_n$，$S_{3n} - S_{2n}$ 仍为等比数列，其公比为 q^n.

(4) 等比数列的奇数项，仍组成一个等比数列，新公比是原公比的平方；等比数列的偶数项，仍组成一个等比数列，新公比是原公比的平方. 当等比数列项数 n 是偶数时，$S_{偶} = S_{奇} \times q$；n 是奇数时，$S_{奇} = a_1 + S_{偶} \times q$.

(5) 若数列 $\{a_n\}$、$\{b_n\}$ 为等比数列，则 $\{\lambda a_n\}(\lambda \neq 0)$，$\{|a_n|\}$，$\left\{\dfrac{1}{a_n}\right\}$，$\{a_n^2\}$，$\{ma_nb_n\}(m \neq 0)$ 仍为等比数列.

7. 构造数列：

$a_{n+1} = qa_n + d$，等号两边同时加一个常数 $C = \dfrac{d}{q-1}$，构造新等比数列.

几何公式

1. **三角形求面积：**

（1）三角形面积五式：

$$①S = \frac{1}{2}ah = \frac{1}{2}ab\sin\angle C = \sqrt{p(p-a)(p-b)(p-c)} = rp = \frac{abc}{4R},$$

其中，h 是 a 边上的高，$\angle C$ 是 a，b 边所夹的角，$p = \frac{1}{2}(a + b + c)$，$r$ 是三角形内切圆的半径，R 是三角形外接圆的半径.

② 等腰直角三角形的面积：$S = \frac{1}{2}a^2 = \frac{1}{4}c^2$，其中 a 为直角边，c 为斜边.

③ 等边三角形的面积：$S = \frac{\sqrt{3}}{4}a^2$，其中 a 为边长.

（2）求三角形面积两法：① 等积法，等底等高面积相等.
②（相似边之比）^{2} ＝面积之比.

2. **长方形周长与面积：**

两边长分别为 a，b，则面积 $S = ab$，周长 $C = 2(a + b)$，对角线长度为 $\sqrt{a^2 + b^2}$.

3. **菱形周长与面积：**

周长 $C = 4 \times$ 边长，面积 $S = $ 对角线乘积的一半.

4. **正方形周长与面积：**

周长 $C = 4 \times$ 边长，面积 $S = $ 边长的平方.

5. 梯形周长与面积：

面积 $S = \dfrac{1}{2}(a+b)h = $ 中位线 $\times$ 高；中位线 $= \dfrac{1}{2}(a+b)$.

6. 圆的周长与面积：若圆的半径是 r，则面积 $S = \pi r^2$，周长 $C = 2\pi r$.

扇形面积与弧长：若圆的半径是 r，圆心角为 A（度数），则扇形面积 $= \dfrac{A^\circ}{360^\circ}\pi r^2$，扇形弧长 $= \dfrac{A^\circ}{360^\circ}2\pi r$，扇形周长 $= 2r + \dfrac{A^\circ}{360^\circ}2\pi r$.

7. 中线定理：

$$AB^2 + AC^2 = \dfrac{1}{2}BC^2 + 2AI^2$$

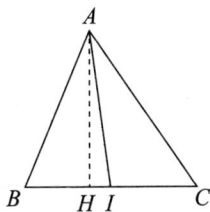

8. 角平分线定理：

$$\dfrac{AB}{AC} = \dfrac{MB}{MC}$$

角平分线长 $AM^2 = AB \times AC - BM \times CM$.

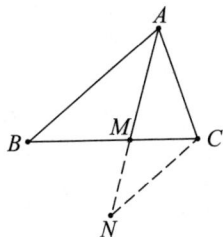

9. 相交弦定理：

若圆内任意弦 AD、弦 BC 交于点 P，则 $PA \cdot PD = PC \cdot PB$.

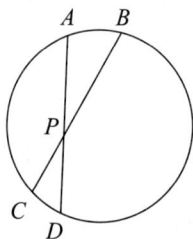

10. 燕尾定理：

在三角形 ABC 中，AD，BE，CF 相交于同一点 O，有

$S_{\triangle AOB} : S_{\triangle AOC} = BD : CD$.

$S_{\triangle AOB} : S_{\triangle COB} = AE : CE$.

$S_{\triangle BOC} : S_{\triangle AOC} = BF : AF$.

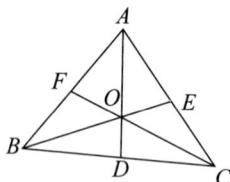

11. 鸟头定理：

$$\frac{S_{\triangle ADE}}{S_{\triangle ABC}} = \frac{AD}{AB} \times \frac{AE}{AC} = \frac{\frac{1}{2} AD \times AE \times \sin A}{\frac{1}{2} AB \times AC \times \sin A}$$

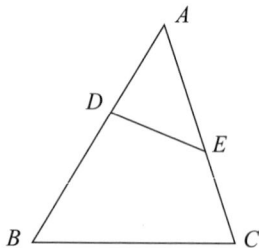

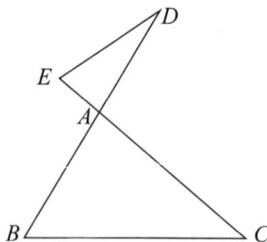

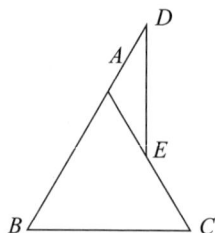

12. **蝶形定理：**

(1) 任意四边形被对角线分为面积为 S_1，S_2，S_3，S_4 的四部分，则有

①$S_1 : S_2 = S_4 : S_3$ 或 $S_1 \times S_3 = S_2 \times S_4$.

②$AO : OC = (S_1 + S_2) : (S_4 + S_3)$.

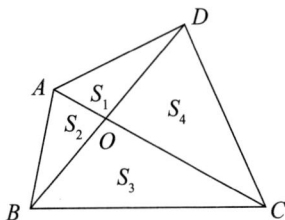

(2) 任意梯形被对角线分为面积为 S_1，S_2，S_3，S_4 的四部分，则有

①$S_1 : S_3 = a^2 : b^2$，$S_1 : S_2 = a : b$，$S_2 = S_4$.

②$S_1 : S_3 : S_2 : S_4 = a^2 : b^2 : ab : ab$.

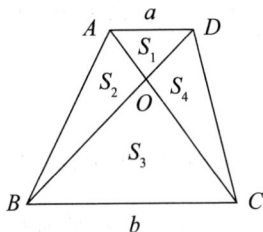

13. **立体几何公式：**

(1) 长方体：

① 体积：$V = abc$.

② 表面积：$F = 2(ab + bc + ac)$.

③ 体对角线：$l = \sqrt{a^2 + b^2 + c^2}$.

④ 当 $a = b = c$ 时为正方体，正方体体积为 a^3，表面积为 $6a^2$，体对角线为 $\sqrt{3}\,a$.

(2) 圆柱体：

设高为 h，底面半径为 r.

① 体积：$V = Sh = \pi r^2 h$.

② 侧面积：$S = 2\pi rh$（侧面展开为长为圆柱底面周长 $2\pi r$，宽为 h 的长方形）.

③ 表面积：$F = 2\pi rh + 2\pi r^2$.

④ 等边圆柱体（轴截面是正方形，$h = 2r$），体积为 $2\pi r^3$，侧面积为 $S = 4\pi r^2$，表面积为 $6\pi r^2$.

（3）球体：

设球的半径为 r.

① 体积：$V = \dfrac{4}{3}\pi r^3$.

② 表面积：$S = 4\pi r^2$.

14. 解析几何公式.

（1）斜率公式：

① 对于过两个已知点 $(x_1，y_1)$ 和 $(x_2，y_2)$ 的直线，若 $x_1 \neq x_2$，则该直线的斜率 $k = \dfrac{y_1 - y_2}{x_1 - x_2} = \dfrac{y_2 - y_1}{x_2 - x_1}$，两点中点坐标为 $\left(\dfrac{x_1 + x_2}{2}，\dfrac{y_1 + y_2}{2}\right)$.

② 已知直线一般式 $Ax + By + C = 0(B \neq 0)$，则斜率 $k = -\dfrac{A}{B}$.

③ 设 α 为直线的倾斜角（直线向上的方向与 x 轴正半轴所成的角），$\alpha \in [0，\pi)$，则斜率 $k = \tan\alpha\left(\alpha \neq \dfrac{\pi}{2}\right)$.

（2）直线方程：

① 点斜式：已知直线过点 $(x_0，y_0)$，斜率为 k，则直线的方程为 $y - y_0 = k(x - x_0)$.

② 斜截式：已知直线过点 $(0，b)$，斜率为 k，则直线的方程为 $y = kx + b$，b 为直线在 y 轴上的纵截距.

③ 截距式：已知直线过点 $A(a，0)$ 和 $B(0，b)(a \neq 0，b \neq 0)$，则直线的方程为 $\dfrac{x}{a} + \dfrac{y}{b} = 1$.

④ 一般式：$Ax + By + C = 0$（A，B 不同时为零）.

（3）距离公式：

① 两点间的距离公式：$d = \sqrt{(x_1 - x_2)^2 + (y_1 - y_2)^2}$.

② 点到直线的距离公式：$d = \dfrac{|Ax_0 + By_0 + C|}{\sqrt{A^2 + B^2}}$.

③ 平行直线间的距离：已知 $l_1: Ax + By + C_1 = 0$ 与 $l_2: Ax + By + C_2 = 0$ 之间的距离为 $d = \dfrac{|C_1 - C_2|}{\sqrt{A^2 + B^2}}$.

（4）圆的方程：

① 当圆心为 $(0, 0)$，半径为 r 时，圆的标准方程为：$x^2 + y^2 = r^2$.

② 当圆心为 (a, b)，半径为 r 时，圆的标准方程为 $(x - a)^2 + (y - b)^2 = r^2$.

③ 圆的一般方程为：$x^2 + y^2 + Dx + Ey + F = 0$（$D^2 + E^2 - 4F > 0$）.

一般方程标准化常用配方法：

$$\left(x + \frac{D}{2}\right)^2 + \left(y + \frac{E}{2}\right)^2 = \frac{D^2 + E^2 - 4F}{4} \quad (D^2 + E^2 - 4F > 0),$$

圆心 $C\left(-\dfrac{D}{2}, -\dfrac{E}{2}\right)$，半径 $r = \dfrac{\sqrt{D^2 + E^2 - 4F}}{2}$.

（5）正方形、矩形、菱形的判定问题：

① 若有 $|ax - b| + |cy - d| = e$，则 $a = c$ 时，图形表示正方形，$a \neq c$ 时，图形表示菱形. 围成的面积均为 $S = \dfrac{2e^2}{ac}$，其中 b、d 只影响图形的中心位置，不影响图形的面积.

② 若有 $|xy| - a|x| - b|y| + ab = 0$，其中 a，b 都大于 0，当 $a = b$ 时，该式子表示正方形，当 $a \neq b$ 时，该式子表示矩形，围成的面积均为 $S = 4|ab|$.

（6）半圆的判定问题：

若圆的方程为 $(x - a)^2 + (y - b)^2 = r^2$，则

① 右半圆的方程为 $(x - a)^2 + (y - b)^2 = r^2$（$x \geqslant a$）或者 $x =$

$\sqrt{r^2-(y-b)^2}+a$；

② 左半圆的方程为$(x-a)^2+(y-b)^2=r^2(x\leqslant a)$或者$x=-\sqrt{r^2-(y-b)^2}+a$.

③ 上半圆的方程为$(x-a)^2+(y-b)^2=r^2(y\geqslant b)$或者$y=\sqrt{r^2-(x-a)^2}+b$.

④ 下半圆的方程为$(x-a)^2+(y-b)^2=r^2(y\leqslant b)$或者$y=-\sqrt{r^2-(x-a)^2}+b$.

（7）直线与直线的位置关系：

直线间的位置关系	斜截式直线： l_1：$y=k_1x+b_1$ l_2：$y=k_2x+b_2$	一般式直线： l_1：$A_1x+B_1y+C_1=0$ l_2：$A_2x+B_2y+C_2=0$
l_1与l_2相交	$k_1\neq k_2$ 若两条直线不垂直，则直线夹角α满足： $\tan\alpha=\left\|\dfrac{k_1-k_2}{1+k_1k_2}\right\|$	$\dfrac{A_1}{A_2}\neq\dfrac{B_1}{B_2}$
l_1与l_2重合	$k_1=k_2$且$b_1=b_2$	$\dfrac{A_1}{A_2}=\dfrac{B_1}{B_2}=\dfrac{C_1}{C_2}$
l_1与l_2平行	$k_1=k_2$且$b_1\neq b_2$	$\dfrac{A_1}{A_2}=\dfrac{B_1}{B_2}\neq\dfrac{C_1}{C_2}$
l_1与l_2垂直	$k_1k_2=-1$	$A_1A_2+B_1B_2=0$

（8）点与圆的位置关系：

点$P(x_1,y_1)$与圆$(x-a)^2+(y-b)^2=r^2$的位置关系：

① 当$(x_1-a)^2+(y_1-b)^2>r^2$时，点P在圆外.

② 当$(x_1-a)^2+(y_1-b)^2=r^2$时，点P在圆上.

③ 当$(x_1-a)^2+(y_1-b)^2<r^2$时，点P在圆内.

(9) 直线与圆的位置关系：

直线与圆的位置关系有三种 $\Bigg($ 设圆心到直线的距离为 d，

$d = \dfrac{|Ax + By + C|}{\sqrt{A^2 + B^2}}$，圆的半径为 r $\Bigg)$.

几何法：① 相离：$d > r$.

②　相切：$d = r$.

③　相交：$d < r$.

相交时，直线被圆所截得的弦长为 $l = 2\sqrt{r^2 - d^2}$；

(10) 特殊对称：

	点坐标$(x，y)$	直线方程 $Ax + By + C = 0$
关于 x 轴对称	$(x，-y)$	$Ax - By + C = 0$
关于 y 轴对称	$(-x，y)$	$-Ax + By + C = 0$
关于原点对称	$(-x，-y)$	$-Ax - By + C = 0$
关于直线 $y = x$ 对称	$(y，x)$	$Ay + Bx + C = 0$
关于直线 $y = -x$ 对称	$(-y，-x)$	$Ay + Bx - C = 0$

排列组合公式

1. 组合数公式：

(1) $C_n^m = \dfrac{P_n^m}{P_m^m} = \dfrac{n(n-1)(n-2)\cdots(n-m+1)}{m!} = \dfrac{n!}{m!(n-m)!}$.

(2) $C_n^m = C_n^{n-m}$.

(3) $C_{n+1}^m = C_n^m + C_n^{m-1} \, (m \leqslant n)$.

(4) $C_n^0 = 1$，$C_n^n = 1$.

2. 排列数公式：

(1) $A_n^m = P_n^m = n(n-1)(n-2)\cdots(n-m+1) = \dfrac{n!}{(n-m)!}$.

(2) $A_n^n = P_n^n = n(n-1)(n-2)\cdots 2 \cdot 1 = n! \, (n!$ 称为 n 的阶乘$)$.

(3) $A_n^0 = 1$，$0! = 1$.

3. 事件的关系：

(1) 如果事件 A 的发生必然导致事件 B 的发生，则称事件 B 包含事件 A，或称事件 A 包含于事件 B，记为 $B \supset A$ 或 $A \subset B$.

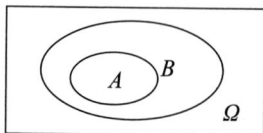

(2) 如果事件 B 包含事件 A，且事件 A 包含事件 B，即 $B \supset A$ 且 $B \subset A$，即两个事件 A 与 B 中任一事件发生必然导致另一事件的发生，则称事件 A 与 B 相等，记为 $A = B$.

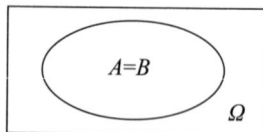

（3）两个事件 A 与 B 至少有一事件发生，这一事件叫做事件 A 与 B 的并事件或和事件，记为 $A \bigcup B$.

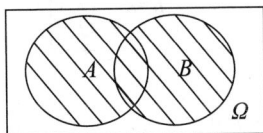

n 个事件 A_1，A_2，$\cdots$，A_n 中至少有一事件发生，这一事件叫做事件 A_1，A_2，$\cdots$，A_n 的并，记为 $\bigcup\limits_{i=1}^{n} A_i$.

（4）两个事件 A 与 B 都发生，这一事件叫做事件 A 与事件 B 的交，记为 $A \bigcap B$ 或 AB.

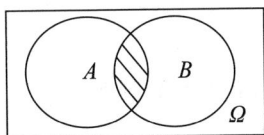

n 个事件 A_1，A_2，$\cdots$，A_n 都发生，这一事件叫做 A_1，A_2，$\cdots$，A_n 的交，记为 $\bigcap\limits_{i=1}^{n} A_i$.

（5）如果两事件 A 与 B 不可能同时发生，记为 $AB = \varnothing$，称两事件 A 与 B 是互不相容的（或互斥的）.

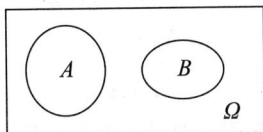

（6）如果两事件 A 发生，而 B 不发生，记为 $A - B$，称为 A 与 B 的差事件.

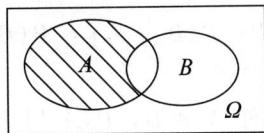

（7）如果两事件 A 与 B 是互不相容的，并且它们中必有一事件发生，即两事件 A 与 B 有且仅有一事件发生，即 $AB = \varnothing$ 且 $A + B = \Omega$. 则称事件 A 与事件 B 是对立的（互逆的），称事件 $B(A)$ 是事件 $A(B)$ 的对立事件. 记为 $B = \overline{A}$ 或 $A = \overline{B}$.

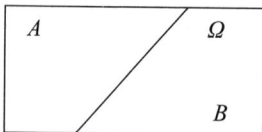

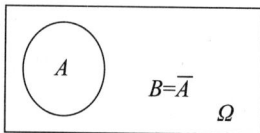

（8）事件的运算：

① 交换律：$A \cup B = B \cup A$；$AB = BA$.

② 结合律：$(A \cup B) \cup C = A \cup (B \cup C)$；
$(A \cap B) \cap C = A \cap (B \cap C)$.

③ 分配律：$A(B \cup C) = AB \cup AC$；
$A \cup (BC) = (A \cup B)(A \cup C)$.
$A(B \cap C) = AB \cap AC$；
$A \cap (BC) = (A \cap B)(A \cap C)$.

④ 德摩根律：$\overline{A \cup B} = \overline{A} \cap \overline{B}$；$\overline{A \cap B} = \overline{A} \cup \overline{B}$.

⑤ 减法运算：$A - B = A - AB = A\overline{B}$.

4．概率：

概率性质：概率具有以下 7 个不同的性质：

性质 1：$P(\varnothing) = 0$.

性质 2：有限可加性，当 n 个事件 A_1，$\cdots$，A_n 两两互不相容时，有 $P(A_1 \cup \cdots \cup A_n) = P(A_1) + \cdots + P(A_n)$.

性质 3：对于任意一个事件 A，$P(A) = 1 - P(\overline{A})$.

性质 4：当事件 A，B 满足 A 包含于 B 时，$P(B - A) = P(B) - P(A)$，$P(A) \leqslant P(B)$.

性质 5：对于任意一个事件 A，$P(A) \leqslant 1$.

性质 6：对于任意两个事件 A 和 B，$P(B - A) = P(B) - P(A \cap B)$.

性质 7：（加法公式）对任意两个事件 A 和 B，$P(A \cup B) = P(A) + P(B) - P(A \cap B)$，$P(A \cup B) \leqslant P(A) + P(B)$，只有 A、B 两个事件互斥时，才有 $P(A \cup B) = P(A) + P(B)$，推广到三个事件有 $P(A \cup B \cup C) = P(A) + P(B) + P(C) - P(AB) - P(BC) - P(AC) + P(ABC)$.

5. 古典概型：

$$P(A) = \frac{m}{n} = \frac{A \text{ 所包含的基本事件的个数}}{\text{基本事件的总数}}.$$

6. 伯努利概型：

设在一次试验中，事件 A 发生的概率为 $P(0<P<1)$，则在 n 重伯努利试验中，事件 A 恰好发生 k 次的概率为：$P_n(k) = C_n^k P^k (1-P)^{n-k} (k=0,1,2,\cdots,n)$.

推论：

① 直到第 k 次试验才首次发生的概率为 $P(1-P)^{k-1} (k=1,2,\cdots)$.

② 做 n 次伯努利试验，直到第 n 次试验才发生了 k 次，概率为 $C_{n-1}^{k-1} P^k (1-P)^{n-k} (k=0,1,2,\cdots,n)$（之前 $n-1$ 次试验中才成功了 $k-1$ 次，第 n 次试验是发生的，前后独立）.

③ n 次试验中至少成功 1 次的概率为 $1-(1-p)^n$，从反面考虑，即一次都没有成功；n 次试验中至多成功 1 次的概率为 $(1-p)^n + C_n^1 P^1 (1-P)^{n-1}$，从正面考虑，即成功 0 次或 1 次.

应用题公式

1. 常用比例关系：

(1) 变前量为 a，变化率为 $p\%$，则变后量为 $a(1+p\%)$.

(2) 变前量为 a，变化率为 $p\%$，则连续变化了 n 期后，变后量为 $b=a(1+p\%)^n$.

(3) 恢复变前量：$a(1+p\%)(1-x)=a$，$x=\dfrac{p\%}{1+p\%}(x < p\%)$（先增后减）.

$a(1-p\%)(1+x)=a$，$x=\dfrac{p\%}{1-p\%}(x > p\%)$（先减后增）.

(4) 甲是乙的 $p\% \Leftrightarrow$ 甲 $=$ 乙 $\times p\%$.

(5) 甲比乙大 $p\% \Leftrightarrow$ 甲 $=$ 乙 $\times (1+p\%)$.

(6) 甲比乙大 $p\% \neq$ 乙比甲小 $p\%$.

(7) 若甲：乙 $=a:b$，乙：丙 $=c:d$，则甲：乙：丙 $=ac:bc:bd$.

2. 常用路程等量关系：

(1) 路程一定，速度与时间成反比（题干中只有一个元素时常用）.

(2) 时间一定，速度之比 $=$ 路程之比（题干中包含多个元素时常用）.

T 一定，$\dfrac{S_{甲}}{V_{甲}}=\dfrac{S_{乙}}{V_{乙}}$，有 $\dfrac{V_{甲}}{V_{乙}}=\dfrac{S_{甲}}{S_{乙}}$.

(3) 速度一定，时间之比 $=$ 路程之比（题干中包含多个元素时常用）.

V 一定，$\dfrac{S_{甲}}{T_{甲}}=\dfrac{S_{乙}}{T_{乙}}$，有 $\dfrac{T_{甲}}{T_{乙}}=\dfrac{S_{甲}}{S_{乙}}$.

(4) 甲、乙两元素直线相遇：$TV_{甲}+TV_{乙}=S$（相遇问题找速度和，注意题目中甲、乙元素行驶时间可能会不同）.

（5）甲、乙两元素直线追及：$T = \dfrac{S}{|V_甲 - V_乙|}$.

（6）甲、乙两元素环线追及：甲、乙从 A 地同时出发，同向而行，在 B 地甲追上乙，如右图所示：

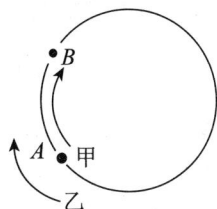

甲第一次追上乙，则有 $S_甲 - S_乙 = S$；

甲每次追上乙，甲比乙多跑一圈，若追上 n 次，则有 $S_甲 - S_乙 = n \times S$，由时间相等可得 $\dfrac{V_甲}{V_乙} = \dfrac{S_甲}{S_乙} = \dfrac{S_乙 + n \times S}{S_乙}$.

（7）甲、乙两元素环线相遇：甲、乙从 A 地同时出发，逆向（相背）而行，在 B 地甲、乙相遇，如右图所示：

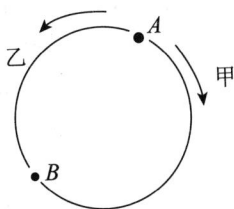

等量关系：$S_甲 + S_乙 = S$.

每相遇一次甲与乙路程之和为一圈，若相遇 n 次，则有 $S_甲 + S_乙 = n \times S$，由时间相等，可得 $\dfrac{V_甲}{V_乙} = \dfrac{S_甲}{S_乙} = \dfrac{n \times S - S_乙}{S_乙}$.

（8）顺水路程 ＝（船速 ＋ 水速）× 顺水时间.

逆水路程 ＝（船速 － 水速）× 逆水时间.

顺水速度 ＝ 船速 ＋ 水速.

逆水速度 ＝ 船速 － 水速.

静水速度 ＝ $\dfrac{顺水速度 ＋ 逆水速度}{2}$.

3. 工程问题公式：

工作总量 ＝ 工作时间 × 工作效率（$S = VT$）.

4. 浓度问题公式：

溶液 ＝ 溶质 ＋ 溶剂.

浓度 ＝ $\dfrac{溶质}{溶液} \times 100\% = \dfrac{溶质}{溶质 ＋ 溶剂} \times 100\%$.

不断稀释公式：设从 V 升溶液中，每次倒出 a_i 再用等量的水补足，则最终浓度 $=$ 初始浓度 $\times \dfrac{(V-a_1)(V-a_2)\cdots(V-a_k)}{V^k}$.

浓度为 $p\%$ 的 L 升溶液，倒出 M 升溶液再补足等量的水，则浓度变为：$p\% \times \dfrac{L-M}{L}$.

5. 集合问题公式：

（1）两个集合问题：

如图所示，可知公式：$A \bigcup B = A + B - A \bigcap B$.

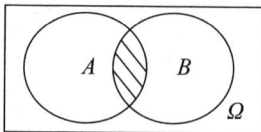

（2）三个集合问题.

题型特征：

已知三个部分具体的量，利用相加之后减重合求解；

未知三个部分具体的量，将三个部分划分为互不干扰的 7 个部分，将 7 个部分加在一起，即为总人数。

如图所示，可知公式：

① $A \bigcup B \bigcup C = A + B + C - A \bigcap B - A \bigcap C - B \bigcap C + A \bigcap B \bigcap C$.

② $A \bigcup B \bigcup C = \Omega - \overline{A} \bigcap \overline{B} \bigcap \overline{C}$.

③ $n(A) + n(B) + n(C) = $ Ⅰ（只有一个）$+$ Ⅱ（只有两个）$\times 2 +$ Ⅲ（三个都有）$\times 3$.

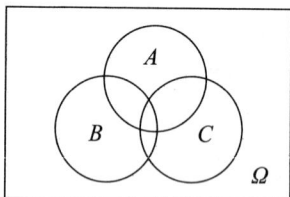

时代的考题已经列出，我们的答案正在写就。